COSMIC CHRONICLES
# 우주 연대기

**우주 사용 설명서**

# 우주연대기

초판 1쇄 발행 | 2021년 9월 15일
초판 2쇄 발행 | 2022년 5월 27일

지은이 | 프레드 왓슨
옮긴이 | 조성일
펴낸곳 | 시간여행
펴낸이 | 김경배
디자인 | 디자인[연:우]
등   록 | 제313-210-125호 (2010년 4월 28일)
주   소 | 경기도 고양시 덕양구 지도로 84, 5층 506호(토당동, 영빌딩)
전   화 | 070-4350-2269
이메일 | jisubala@hanmail.net

종   이 | 화인페이퍼
인   쇄 | 한영문화사

ISBN 979-11-90301-15-2 (03440)

\* 이 책의 내용에 대한 재사용은 저작권자와 시간여행의 서면 동의를 받아야만 가능합니다.
\* 잘못 만들어진 도서는 구입한 곳에서 바꾸어 드립니다.

# COSMIC

우주 사용 **설명서**

# 우주 연대기

# CHRONICLES

지은이 **프레드 왓슨** | 옮긴이 **조성일**

시간여행

# 천문학에 대하여

이 이야기는 완전한 암흑, 말 그대로 태양의 완전한 빛의 식(蝕, 천체가 가려진다는 현상)에서부터 시작한다. 그냥 평범한 식이 아닌, 이 식은 달 그림자가 프랑스, 이탈리아, 그리고 옛 유고슬라비아를 관통하며 진행됨에 따라 그려지는 것을 최초로 텔레비전에 생방송한 것이다. BBC 천문 해설가의 대부인 패트릭 무어는 세르비아의 자스트에레박 산의 정상에서 식이 진행되는 동안 라이브 해설을 제공했다.

하지만 내 기억으로는 구름이 많이 끼어있었다. 그렇다 하여도, 패트릭은 야외 방송 장비를 산 정상까지 운반해준 황소들을 포함해 아직도 할 이야기는 넘쳐났다. 예견했듯이, 당연히 그들은 완벽한 암흑에 깜빡 잠들고 말았다. 패트릭은 분노했을지라도 식이 한창 진행되는 동안 시청자들이 사실 보고 싶은 건 그게 아니지만, 프로듀서는 바로 투광 조명등을 켜 시청자들이 졸고 있는 동물들을 볼 수 있게 했다.

요크셔의 추운 겨울 아침, 이 모든 것을 흑백 TV로 보고 있던 열여섯 살의 나에겐 잠은 안중에도 없었다. 그 순간, 난 천문학자가 되기로 했다. 내가 천문학자가 되기로 한 것은 과학자들이 태양 코로나(光環)의 비밀을 밝히기 위해 망원경을 사용하는 모습이 생방송 되었기 때문이었을지도 모른다. 코로나의 외기권(지구 대기권의 최외곽을 형성하는 대기층)은 거의 60년이 지나고도 여전히 그것이 어떻게 작동하는지 완벽하게 알지 못했다. 아니면 시청자에게 그 순간 무엇이 일어나고 있는지 그대로 전해주는 것이 패트릭의 진행 기술이었을지도 모르겠다. 패트릭은 시간의 절반이나 구름 때문에 거의 아무것도 볼 수 없었지만 말이다.

대학을 졸업하고 8년 하고도 반년이 지난 후, 나를 사로잡은 또 다른 TV 프로그램이 있었다. 이번엔 닐 암스트롱이란 녀석이 달 위를 걷고 있는 것을 보여주고 있었다. 그때 나는 나중에 내 경력에 들어가는, 천문학자들을 위한 커다란 망원경을 만드는 유명한 영국 회사에서 일하고 있었다.

그 당시 나는 자외선으로 우주를 조사할 수 있는 새로운 우주 망원경을 만드는 일을 하고 있었다. 내가 일하던 회사는 백 년이 넘은, 정말로 오래되어서 몇 톤이나 하는 무거운 망원경을 만들고 있었다. 그렇게 무거운 망원경은 위성 장비로 변환되지 않았고, 필요한 가벼운 거울을 만드는 데 많은 문제가 있었다. 그렇지만, 결국 유럽 최초의 천문 위성인 TD-1A라는 맘에 들지 않는 이름으로 내 망원경은 로봇 우주선을 타고 우주로 갔다.

수년간, 나는 천문학과 우주과학의 여러 분야에서 많은 경험을 쌓았는데, 결국 새로운 관리의 세계가 나를 끌고 들어갔다. 그래서 나는 거의 20년 동안 북서 뉴 사우스 웨일스에 있는, 옛날에 앵글로-오스트레일리아천문대로 불렸던 사이딩스프링천문대의 두 개의 망원경을 작동시키는 두 나라의 벤처인 오스트레일리아천문광학AAO의 총 책임 천문학자였다. 두 개의 망원경 중 하나인 3.9m짜리 앵글로-오스트레일리아 망원경은 아직도 오스트레일리아 영토에서 가장 큰 가시광선 광학망원경으로 남아 있다.

그렇지만 2010년에 정중하지만 냉정한 영국 방식으로 영국이 손을 떼게 되면서 오스트레일리아 정부만 지금의 오스트레일리아천문대 또는 AAO가 된 천문대 운영을 맡게 되었다. 그리고 8년 후, 유럽의 중요한 천문대와 전략적 파트너십을 맺으면서 한층 더 역할이 커진 AAO는 대학의 일부가 되었다.

사이딩 스프링에 있던 망원경들은 이제 오스트레일리아 국립대가 운영하게 되었고, 시드니에 있는 기구제작 부문에 의해 새 이름을 갖게 되었다. 그 이름이 바로 오스트레일리아천문광학 또는 AAO이다. AAO에 대해 확실하게 말할 수 있는 한 가지는 로고에 돈을 아끼는 법을 알고 있다는 점이다. 로고는 1991년부터 똑같았고, 아직도 자랑스럽게 그 조직의 유산임을 분명히 보여주고 있다.

그래서 이러한 재조정 동안 그 대표 천문학자에게 무슨 일이 있었는가? 천문대의 체계는 바뀌었고, 그의 관리 역할은 교육과 오스트레일리아 방송국ABC에 썩 괜찮은 분량으로 내 얼굴을 비추는 봉사활동쪽으로 바뀌었다. 그리하여 AAO의 수호자인 정부 부서는 2018년 이후, 나에게 부탁하기 시작했다. 모두를 위한 천문과 우주과학 소통에 적극적으로 나서는 내 역할이 줄어들지 않았으니 나에게는 매우 좋은 일이었다.

하지만, 내 새 직업을 뭐라고 부르는 게 좋을까? 누가 그러더라. 대중 천문학자라고 바꾸면 내 사무실 문의 이름 중 네 글자만 바꾸면 될 거라고. 우리는 말이 안 된다고 웃어버렸다. '경찰이 대중 천문학자가 도망 중이라고 경고했습니다. 접근하거나 잡으려 하지 마십시오.' 그런데 오스트레일리아의 훌륭한 과학기술부 장관인 카렌 앤드류스가 좋다고 하니 뭐 별수 있겠는가?

대중 천문학자로서 나는 전 세계의 연구자들과 일하며 오스트레일리아 공영 방송에 그들에 관한 최신 소식을 전달할 수 있는 것을 즐길 수 있었다. 누가 관심을 가졌냐는 것은 말할 것도 없다. 지난 수년간, 소행성 자원 채굴에서부터 천체물리학과 갈릴레오 그리고 만유인력에 이르기까지 재밌고 특이한 라디오 방송 소재를 고를 수 있는 것은 내 특권이었다. 그리고 그것을 책으로 엮을 수 있다는 것이 얼마나 보배로운 일인가.

그래서 《우주 연대기》는 '대중 천문학자'가 뽑은 매우 흥미로운 천문학에 관해 이야기한다. 이것은 독자에게 좀 덜 알려진 천문학과 우주과학 선구자들의 이야기를 전달할 기회이다. 이 책을 통해서 예전에는 생각하지 못했던 일들이 미래에는 어떻게 바뀔지 함께 살펴보자. 몇몇 현장 연구는 매우 빠르게 바뀌기 때문에 여러분이 이 책에서 읽을 지식은 2019년 중반의 스냅 사진 같은 것이다.

이 책을 통해 여러분이 무엇을 발견할지 알아보자. 우리는 천문학이나 우주 관련 책에서 흔히 찾아볼 수 없는 우리의 행성에 관한 주제부터 먼저 시작할 것이다. 제1부의 초점은 인간과 행성 그리고 하늘 사이의 마법 같은 접점이다. 예를 들어, 일몰 장관에 관한 설명이나 천문학에서 시민 과학 장소를 어디서 찾을 수 있겠는가? 태양계가 생성되면서 남겨진 잔해들로 인해 우리 행성이 끊임없이 충격을 받는 것은 말할 것도 없다. 또한 우리는 멋진 달의 근원을 찾기 위한 여행을 떠나기 전에 급성장하는 우주 경제에 대해서도 알아볼 것이다. 첫 문워크의 50주기를 기념하는 해에 이 책을 쓰고 있다는 것이 얼마나 적절한가.

조금 전에 언급한 갈릴레오에 관해서, 우리는 태양계를 탐구하는 이 섹션의 시작 단계에서 그의 범죄에 대해 재조명해볼 것이다. 천문학의 역사는 과학에 멋진 통찰력을 보여주는데, 여러분이 나중에 알게 되겠지만, 그 논란은 갈릴레오에서 멈추지 않는다. 현재 진행되고 있는 행성 연구에서 태양계 밖의 생명체 존재를 발견할지도 모른다는 절반 이상의 가능성을 주시하고 있음을 알 수 있다. 이 섹션의 몇몇 장은 우리가 태양계의 바깥쪽 가장자리에 있는 신비한 행성을 찾는 최신 정보로 마무리하기에 앞서 그 흔적을 따라간다.

그런 다음 우리는 더 넓은 우주로 향할 것이다. 이 책에서 우리는 현대 천체물리학의 인기 주제들은 꽤 완벽하다. 천체 주위 빛의 반향, 불가사의한 전파 폭발, 블랙홀의 원리 등. 그리고 한 개도 아니고, 우주에 스며든 두 종류의 수수께끼 같은 물질은 우리가 그것이 무엇인지 모르기 때문에 천문학자들을 어리석어 보이게 만든다. 그리고 모두를 만족시키기 위해 마지막에는 우리는 짝사랑에 관해 로맨틱한 시각으로 알아볼 것이다.

멋진 연구에 대해서 그리고 또한 우리 과학의 궁금하고 때로는 웃기는 역사에 관해서 책을 쓸 수 있다는 것을 내가 얼마나 고마워하고 있는지 말로 다 할 수 없다. 솔직히 이것은 거의 식蝕을 보고 있는 만큼이나 좋다.

- 프레드 왓슨

# 차 례

## PART 1
# 지구와 우주

## PART 2
# 행성 탐험

PART 3

# 우주에 관하여

일출 시 캔버라 근처에서 관측된 어두컴컴할 때 나타나는 광선의 장엄한 전시. 광선은 사진작가 뒤의 구름을 통해 빛나는 태양의 바로 맞은편 지점으로 수렴하는 것처럼 보인다. -마니 오그

보라 분홍색 '금성 벨트'로 덮인 지구 그림자는 시드니 북부의 나라빈 라군에서 일몰 직후 동쪽 지평선 위로 떠 오른다. 그림자는 대기 속에서 입체적인 모양을 하고 있어 '해질녘 쐐기'라고 불린다.

-제임스 왓슨

유명 물리학자 브라이언 콕스는 2017년 점성학 생방송 동안 지름 3.9미터짜리 앵글로-오스트레일리아 망원경 때문에 왜소해졌다. 사이딩스프링천문대에 있는 이 망원경은 오스트레일리아에 설치된 같은 종류의 망원경 중 가장 크다. 앙헬 로페스 –산체스

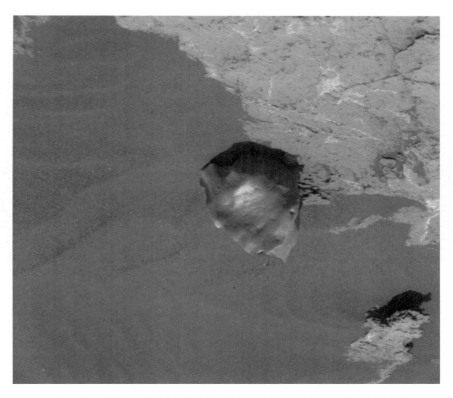

NASA의 큐리오시티 탐사선이 화성의 게일 분화구 모래에서 촬영한 14*cm* 길이의 니켈-철 운석. 세 개의 작은 점은 큐리오시티의 레이저가 운석의 화학 성분을 조사한 위치를 나타낸다.

-NASA/JPL-Caltech/MSSS

[위] 새벽의 파수. Pan-STARRS 1은 하와이 마우이섬의 산꼭대기에서 잠재적으로 위험한 소행성을 탐색한다. 남동쪽으로 125㎞ 떨어진 빅 아일랜드의 마우나케아 정상이 4,200m 떨어져 있다. -롭 라트코브스키/하와이대학교/STScI-H-p1912a-f

[위 오른쪽] 서오스트레일리아 머치슨 전파천문대에 있는 오스트레일리아 대형 전파망원경 어레이의 안테나. 와자리 야마치 족의 장로 어니 딩고는 그것들을 '땅에서 자라는 아름다운 거대한 흰색 야생화'에 비유했다. - 저자

[아래 오른쪽] 이륙이 아니라 착륙이다. 아름답게 안무 된 동작에서 스페이스 X의 팰컨 헤비 부스터 3개 중 2개는 2019년 4월 로켓의 첫 상업 발사 이후 재사용을 위해 케이프 커내버럴에 착륙했다. 세 번째 부스터는 바다에 안전하게 착륙했다. -스페이스X

[위] 우주복은 필요 없다. 완보동물이나 물곰은 우주의 진공에서 살아남을 수 있는 흔한 무척추동물이다. 이끼 낀 환경에 있는 완보동물의 색상이 강화된 전자 현미경 사진은 400배의 배율을 가지고 있다. −과학 사진 라이브러리

[위 왼쪽] 심우주기상관측 위성은 지구와 태양 사이의 위치에서 우주 날씨를 모니터한다. 여기에서 이 위성은 또한 달의 뒷면을 포착하여 우리 위성이 지구와 비교하여 얼마나 어두운지를 보여준다. −DSCOVR NASA/NOAA

[아래 왼쪽] 칠레 북부 세로 파라날에 있는 유럽남방천문대의 초대형 망원경 단지의 일몰 전경. 각각의 대형 외함에는 독립적으로 또는 동반자와 함께 사용할 수 있는 8.2m 망원경이 있고, 전경의 작은 돔과 함께 사용할 수 있다. −G 휘데폴 ESO

[위] 2018년 4월 유럽우주국(ESA) 화성 익스프레스가 화성 북극에서 촬영한 화성 먼지구름 앞면. 그것은 곧 화성 전체에 폭풍을 불러온 특히 강한 먼지 폭풍 계절의 시작을 예고했다.
—화성 익스프레스, ESA/DLR/FU 베를린


[오른쪽] 지저분하게 생긴 큐리오시티는 2018년 6월 폭풍우가 잠잠할 때 화성 수동 렌즈 이미저를 사용해 이 자화상을 모자이크 처리했다. —NASA, JPL-Caltech, MSSS

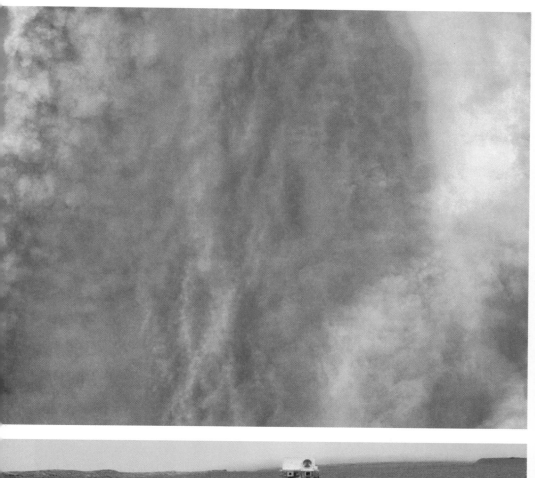

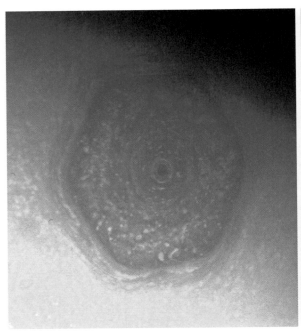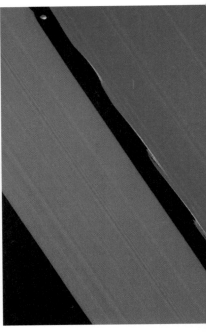

[위 왼쪽] 미국항공우주국(NASA) 영상 전문가 발 클라밴스의 토성 북극 육각형 실색 묘사는 2013년 6월 카시니호가 촬영한 단색 이미지를 사용한다. 이 특별한 모양은 행성의 극지방 제트 기류에 있는 파도에서 비롯됩니다.

-NASA/제트추진연구소(JPL)-캘리포니아공과대학/우주과학연구소/발 클라밴스

[위 가운데] 42$km$의 킬러갭은 토성의 주 A 고리의 바깥 가장자리에 가까운데, 너비 8킬로미터 짜리 위성 다프니스에 의해 발생한다. 위성의 중력에 의해 유도되는 고리 경계 파동을 보여주는 이 놀라운 카시니 이미지에서 다프니스는 왼쪽 위에 있다.

-NASA/제트추진연구소-캘리포니아공과대학/SSL/케빈 M. 길

[위 오른쪽] 2009년 카시니 이미지에서 태양에 의해 역광을 받은 토성의 위성 엔셀라두스는 얼어붙은 표면에서 뿜어져 나오는 얼음 결정의 분수를 드러낸다. 지구상 바다에서 시작된 이 분수에는 생명의 흔적이 있을 수 있다. 고리와 토성의 작은 위성 판도라도 보인다.

- NASA/제트추진연구소-캘리포니아공과대학/우주과학연구소

[아래 오른쪽] 토성의 거대한 위성 타이탄은 또 다른 인상적인 카시니 이미지에서 얼음 위성 레아 뒤에 숨어 있다. 차이는 분명하다. 타이탄의 불투명한 대기는 레아의 심하게 분화된 표면과 대조를 이룬다.

-NASA/제트추진연구소-캘리포니아공과대학/우주과학연구소

[위] 불길한 전조의 파란 거품. 기술적으로 울프-레이에 성운으로 알려진 이 빛나는 먼지와 가스 구체는 그것을 분출한 불안정한 별을 둘러싸고 있다. 우리 태양계에서 3만 광년 떨어진 곳에 있는 별은 결국 장엄한 초신성 폭발로 수명을 다할 것이다. −ESA/허블 및 NASA

[위] 가스와 먼지의 뒤틀린 미로가 경찰 별 V838 외뿔소자리를 둘러싸고 있다. 2002년 1월, 이 별의 눈부신 분출로 인해 팽창하는 빛 껍질이 만들어졌고, 이제 주변의 물질을 장엄한 빛의 메아리로 비추고 있으며, 여기에서 허블 망원경이 포착했다. −NASA, ESA 및 H 본드(STScI)

[왼쪽] 논란의 여지 없는 북쪽 하늘의 진주, 근처의 은하 메시에 81. 그것의 고요하고 아름다운 나선 팔은 뜨거운 푸른 별들의 형성을 촉발하는 숨어 있는 기체를 통과하는 밀도파로 알려진 교란에서 비롯된다. −NASA, ESA 및 허블 헤리티지 팀(STScI/AURA)

[왼쪽] 이 허블 망원경 이미지의 중심에서 멀리 떨어진 은하는 렌즈와 같은 역할을 하기 위해 주변의 공간을 왜곡하여 훨씬 더 멀지만, 훨씬 더 밝은 퀘이사의 네 개의 별도 이미지로 장식한다. 그런 착시현상은 아인슈타인의 일반상대성이론에 의해 예측된다.

−ESA/허블, NASA, 수유(잉카제국) 등

[오른쪽] 이 이미지에서 은하단의 렌즈와 같은 효과는 멀리 떨어진 배경 은하를 아인슈타인 고리로 알려진 불완전한 원으로 왜곡했다. 일반 와인 잔의 바닥은 이러한 중력 왜곡의 유사점을 보여준다 −ESA/허블 및 NASA

[왼쪽] 이 우주 바탕화면은 우리가 우주에서 볼 수 있는 모든 것의 배경이 된다. 하늘 전체를 덮고 있는 그것은 고대 빅뱅의 섬광으로, 우리 망원경으로 138억 년 동안 여행하는 동안 우주의 팽창 때문에 극초단파로 확장되었다. 색상은 오늘날의 은하계에 씨앗을 뿌린 온도의 작은 변화를 나타낸다. -ESA/플랑크 협업

[오른쪽] 약간 우스꽝스러운 태도에도 불구하고 이 두 신사는 태양의 화학 원소를 명확하게 식별함으로써 19세기 물리학에 혁명을 일으켰다. 구스타프 키르히호프(왼쪽)와 로베르트 분젠(오른쪽)은 1850년대와 60년대에 하이델베르크 대학에서 공동으로 현대 분광학을 개척했다.
                    -에드가 파스 스미스 이미지 컬렉션, 펜실베이니아 대학교.

[왼쪽 아래] 만약 단 하나의 이미지가 우주의 놀라운 복잡성을 선언한다면, 바로 이것이다. 풍요로운 은하단 아벨 370은 40억 광년 떨어져 있지만, 신기루 같은 중력 효과로 인해 3배 이상 떨어진 은하의 일그러진 모습을 드러낸다. -NASA, ESA 허블, HST 프런티어 필드

**일러두기**

• ( ) 안의 지문은 옮긴이의 주이다.

# 지구와 우주

## CHAPTER

## CHAPTER 01

# 쉬지 않는 지구

## 세상의 길

    만약 여러분이 나와 같이 천체의 전형적인 곳에 갈 수 있다고 하자. 우주 전체에서 발견되는 평균 조건을 찾아볼 수 있는 곳 말이다. 우리가 어디에 있을 것 같은가? 아마도 이국적인 식물과 이상하고 다채로운 생물 중에서 사치스러운 것인 외계 행성의 표면일까? 아니면 뜨거운 별의 눈부신 칙칙한 대기에 가까이 있을까? 고질적인 자기장이 우리에게 치명적인 플라스마(플러스를 띠는 양전하와 마이너스를 띠는 음전하로 구성된 이온화된 기체) 폭발을 일으키는 곳일까. 블랙홀 안으로 빠지고 있을까? 아니면 어쩌면 그냥, 아무 데나 일까?

    마지막 대답이 진실과 가장 가깝다고 할 수 있다. 우주의 전형적인 곳은 비어 있고, 춥고 어둡다. 그리고 우리의 어떤 경험으로도 그것이 얼마나 비어 있고, 얼마나 춥고, 얼마나 어두운지를 정량화할 수 없다. 운이 좋으면, 보통 성인 남성 15명이 들어갈 수 있는 1m³ 공간에서 수소 원자 하나를 발견할 수 있을지도 모른다. 여러분이 경험할 온도는 절대 0도보다 2.7도 높은 온도이거나 −270℃이다. 추운 거다. 그리고 아무런 도움을 받지 않은 생눈엔 암흑 그 자체이다.

하지만 걱정하지 마시라. 여기에다 여러분을 두고 떠나지는 않을 거니까. 이 전형적인 지점에서 우리는 그 장소를 향해 빛의 속도로 1억 년 정도의 여행할 수 있고, 우주에 있는 별과 먼지 그리고 빛나는 가스를 가진 엄청나게 거대한 원반체 그 자체가 우리 눈앞에 드러날 것이다. 그 원반체는 이제 시야에 들어오기 시작하는 몇몇 다른 빛의 소용돌이들 사이에 있지만, 매우 특별해 이름도 가지고 있다. 그 이름은 "우리 은하"라고 알려져 있다.

우리가 그것에 빛의 속도로 접근함에 따라 또 다른 10만 년은 우리를 교외에 데려다주는데, 별들의 아지랑이와 그사이에 먼지가 끼어 있는 수소 구름처럼 보인다. 그리고 눈에 띄지 않는 별 하나에 시선을 맞추면 엄청나게 많은 작은 파편들이 그 주위를 돌고 있는 4개의 작은 돌덩이와 4개의 큰 기체로 된 별난 행성의 모둠을 보게 된다. 별에서 나온 세 번째 행성은 때때로 적갈색의 반점으로 인해 파란색과 흰색의 색상이 중단되어 약간 특이해 보인다. 주위에 고리들로 둘러싸여 있는 이상한 행성과 비교하면 아무것도 아니지만 말이다.

마침내 단단한 땅에 닿았는데, 우리는 고향 행성을 체크해 볼 수 있는 곳이 거기만 한 곳을 찾을 수 없을 것이다. 우리는 지금 나미비아의 남쪽 다마라랜드 황야에 있다. 주위를 둘러싼 집만 한 크기의 철분을 듬뿍 함유한 화강암 바위들은 해가 뜨면서 태양 색을 더하며 분홍빛으로 물들였다.

　이 사막 풍경에는 귀중한 작은 초목이 있고, 지구 표면의 불안한 역사는 우리 앞에 있는 산들의 흔들리는 척추에서 분명하게 드러난다. 그것들은 약 1억 3천만 년 전, 녹아 있던 바위가 인도 중북부의 곤드와나 초대륙(지구상의 여러 대륙이 모여서 만든 하나의 거대 대륙)이 부서지면서 그 부서진 틈새로 쏟아져 나온 시간을 보여준다. 그것의 잔존물이 현재의 아프리카, 남아메리카, 남극, 오스트레일리아 그리고 인도 대륙이다.

　두께 60~250km인 지각 또는 암석권의 판과 같은 조각이 끊임없이 움직이고 있음을 알게 된 것은 20세기 중반 지구물리학의 큰 업적 중 하나이다. 이것은 때가 온 이론이었고, 반세기 동안의 이 회의론은 1960년대 여드름투성이였던 나의 십 대 학생 시절에 드디어 끝났다. 지구의 맨틀(표면 아래 2,900km에 걸쳐 있는 부드러운 암석의 밑에 깔린 층)은 열 흐름에 대한 새로운 수학적 모형화는 상승하는 점성암 기둥들이 대륙판에서 정말로 맹렬한 속도로 움직이고 있다는 것을 보여줬다.

　라바 램프(유색 액체가 들어 있는 장식용 전기 램프)를 생각해보라. 그럼 내가 무슨 얘기를 하는지 알 수 있을 것이다. 그리고 물론 '맹렬한 속도'는 지질학에서 거의 사용하지 않는 단어인 것을 나도 알고 있지만, 이 경우는 예외이다. 아프리카 대륙판과 남아메리카 대륙판은 1년에 2~3cm씩 분리된다. 이는 대략 손톱이 자라는 속도와 비슷하다.

　그것은 거의 남극과 북극까지 뻗어 있는 해저 지형인 대서양 중앙해령(대서양의 중앙부를 S자형을 이루며 남북으로 뻗어 있는 해저산맥)을 형성하고, 아이슬란드의 오직 젊은 화산 지형에서 바다 표면을 부술 수 있는 이 두 판 사이의 경계는 계속 넓어지고 있다. 우리는 종종 재앙적인 지진으로 판이 모이는 곳인 일본, 수마트라, 뉴질랜드와 같은 지역에서 지각 활동에 대해 듣곤 했지만, 사실 우리 행성의 역학을 아마도 가장 잘 볼 수 있는 곳은 아이슬란드에서다. 섬이 끊임없이 반으로 갈라져 있어서 화산 활동은 아주 흔한 일이다.

우리가 아는 한, 지구는 적어도 현재 판 구조를 갖는 태양계에선 특이하다고 여겨진다. 그리고 판 구조의 격렬한 지질학은 풍부한 미생물 반응을 자극하여 표면 위와 표면 근처에서 풍부한 화학작용을 일으켜 왔다.

이를테면, 약 30억 년 전, 생명체의 탄생 같은 것을 초래했다고 할 수 있다. 오늘날, 생명은 무수한 형태로 불타오르고 있다. 심지어 성스러운 사막 코끼리들이 매우 열악한 조건에도 적응력을 보여주는 이곳 다마랄란드에서 조차. 그리고 우리 모두 생물학적 적응의 궁극적 결과물을 안다. 그것은 우주에서 가장 복잡한 완전체를 만들어냈다. 대단한 '호모 사피엔스(현생 인류)'의 뇌 말이다.

오늘 밤 해가 지자마자, 깨끗한 나미비아 하늘은 태양계 유명인들의 축제가 펼쳐질 것이다. 서쪽에 석양이 깊게 드리우면 토성이 북동쪽에서 그 명성을 드러내는 동안 금성은 저 높이 거대한 목성이 뜰 것을 예고한다. 하지만 목성 근처의 가느다란 초승달이 모두의 관심을 끌 것이다. 이쯤에서 달의 원반은 지구반사광(밤하늘에 전체 지구로부터 반사된 햇빛)에 목욕하고 있고, 그것의 어스름한 표면은 초승달 모양의 햇빛에 비친 뿔들 사이에서 희미하게 시야에 들어온다.

지구반사광은 실용적 과학적 쓸모를 가지고 있으며, 그 효용성은 몇 년 전 캐나다와 프랑스 천문학자들에 의해 탐구되었다. 지구반사광은 바다, 육지, 구름, 만년설, 도시, 마을, 골프 코스 및 비어 가든 등 지구 전체 햇빛의 총합이다. 15장에서 설명하는 무지개 분광학을 이용해 모든 것을 분석하면, 천문학자들이 미래에 다른 별의 행성들을 관찰하는 기술 효율성을 시험하여 우리 행성의 생명체 증거를 찾아볼 수 있다.

우리 대부분은 달을 당연하게 여기지만, 사실 그 중력의 영향은 지구 생명체의 진화에 중추적인 역학을 해왔다. 예를 들어, 해안선이 하루에 두 번 잠기면서 좋은 환경을 만들어줌에 따라 바다의 조수는 물 환경에서 건조한 육지로 점차 이주하는 동물의 삶에 큰 영향을 끼쳐왔을지도 모른다. 그리고 더 근본적으로, 커다란 위성이 지구를 돌며 '플라이휠(회전 에너지를 저장하는데 사용되는 회전 기계 장치)' 역할을 해 우리 행성의 자전축 기울기를 안정화해서 간신히 현재의 기울기인 23.5도로 지켜왔다고 여겨진다. 그것은 생물학적 진화에 좋은 안정된 기후 계절을 증진했다. 그리고 비교적 짧은 시간 척도(대략 10만 년)에 걸쳐 기울기의 변화가 크기(약 20도까지)로 유명한 화성과 같은 행성과 큰 대조를 이룬다.

우리 행성은 생명체의 진화에 도움을 준 또 다른 두 개의 특징을 가지고 있다. 하나는 행성의 절반보다 큰 지름 6,970km의 니켈철로

된 핵이다. 녹아 있는 바깥 핵의 중심부는 엄청난 압력을 받는 지름 2,440km의 단단한 금속 구인데, 그 온도는 최근 6,500℃로 예상됐다. 액체 코어의 대류는 지구 자기장을 발생시키고, 효과적으로 행성의 표면과 대기를 태양풍에 의한 파괴적인 폭발로부터 방어하는 보호막인 자기권을 생성시킨다. 이 태양풍은 결코 온순한 산들바람이 아니라, 태양에서부터 전기를 띤 아원자(원자보다 작은 것을 말함) 입자의 에너지 흐름일 뿐이다.

불규칙한 간격으로 발전기 같은 지구의 고체 상태와 액체 코어 사이의 교류가 지자기장을 급감시키거나 때때론 그 반대를 초래한다. 이것은 19세기 중반부터 자기장의 세기가 10~15% 정도의 감소로 관찰된 거로 봐서는 향후 2천 년 내에 다시 일어날지도 모른다. 그래서 어떤 지구자기도 자기권이나 생명에 대한 위협과 같지 않다? 그렇지는 않다. 태양의 자기장이 지구의 금속 코어와 상호작용하는 것은 적어도 우리의 취약한 환경을 부분적으로 보호할 자성을 유도한다.

그리고 드디어 지구의 대기는 우리가 숨 쉬는 공기만 제공해주는 것이 아니다. 매일 지구를 공격하는 50톤급이나 되는 큰 운석 같은 물질(초당 11~72km의 속도)이 지구 표면의 95km 또는 더 높은 곳에서 피해가 없게 증발시킨다. 물체가 더 낮은 대기권에 진입하거나 운석 상태로 육지로 추락할 만큼 오랫동안 살아 있는 일은 비교적 흔하지 않다.

이것에 관해선 4장에서 자세히 읽어볼 수 있을 것이다. 아원자 크기로 되돌아가면 대기는 지구 표면에서 은하 우주선(우리 은하 전체 공간을 날아다니고 있는 고속의 입자)의 방사선량을 실질적으로 감소시킨다. 다시 위험한 입자. 확실히, 우리 행성의 공기 담요가 없다면 우리는 단연코 열악한 환경에 처했을 것이다.

하지만 대기는 지속적으로 엄청난 지구물리력 사이에서 섬세하게 균형을 맞추고 있다. 대기의 장기간 지속력에 결정적인 것은 이산화탄소의 온실효과와 맨틀과 우리가 숨 쉬는 공기 사이의 순환이다. 이것은 지구의 판 구조에 따라 자연 온도 조절 장치를 제공한다. 겹쳐지는 대륙판들이 충돌할 때, 해양판은 이웃 대륙 밑으로 미끄러져 들어가게 되는데, 이것을 섭입(지구 표층을 이루는 판이 서로 충돌하여 한쪽이 다른 쪽의 밑으로 들어가는 현상)이라 한다.

이러한 섭입 현상과 함께, 대기에서 떨어진 탄소층은 바다 바닥으로 가게 된다. 바닷물의 윤활제 역할로 섭입된 판을 맨틀 깊숙이 내려앉을 수 있게 도와주며, 이것이 탄소 함유량을 풍부하게 한다. 수렴 선을 따라 일어난 화산 폭발은 이산화탄소로 대기권으로 올라온 탄소를 밀어내고, 거기서부터 결국 다시 바다 바닥으로 떨어지게 된다. 이 복잡한 과정의 섬세한 균형을 참작해도, 한 세기 동안의 화석연료 소비 때문에 생긴 추가적 대기권 이산화탄소는 지구 온도에 매우 큰 영향을 끼치고 있는 점은 놀랄 일도 아니다.

여기 말라붙은 다마라랜드의 고지대, 황무지인 이곳의 대기는 매우 얇고 햇빛은 강렬하다. 그것은 커다란 화강암 덩어리의 깊은 그림자를 따라 계속되는 몸부림을 눈에 띄게 한다. 무수한 종류의 아프리카 야생동물들이 살아남으려는 몸부림 말이다. 그리고 그것은 여러분

지질학적 시간이 지남에 따라 지구 대기의 이산화탄소 함량은 판 구조론에 의해 조절된다. 이산화탄소는 직접 또는 비를 통해 바닷물에 유입되어 해저에 탄소질 암석을 형성한다. 이것들은 섭입과 화산 활동을 통해 대기로 재활용된다. _저자, USGS 이후과 나와 같은 방문자에게 메시지를 보낸다. 단연코 우리 행성에 관한 전형적인 면이란 것은 없다. 우리의 행성은 매우 비범한 세계이고, 대기를 보살피는 일은 우리가 더 잘해야 한다. 매우 더 잘해야 한다.

하지만, 인류의 회복력을 동경하는 자이자, 열정적인 낙천주의자인 나는 나미비아의 끈질긴 동식물처럼 우리가 고친다는 것에 한 표를 걸고 싶다. 재생 가능한 에너지에 관한 풀뿌리운동은 독일 정치가이자 태양광발전 지지자였던 고 헤르만 스키어가 10여 년 전에 예견한 일이고, 오늘날 진짜로 현실이 되고 있다. 효과가 빨리 발휘되어 이웃 행성에서 30억 년 전에 고생했던 것처럼 제어가 안 되는 온실효과의 위험을 피할 수 있으면 좋겠다. 표면 온도가 약 470°C를 웃돌고, 상층에 황산이 뿌려지는 대기로 인해 금성은 방문해보고 싶은 황무지의 종류가 아니다. 아무리 비정형적인 일이라 해도 말이다.

## CHAPTER 02

# 터미네이터

## 해질녘 사용법

17층 높이의 돔에 보관된 앵글로-오스트레일리아 망원경은 그 지름이 3.9m인 최첨단 장비들의 집합체로 희미한 천체의 타깃을 자세히 조사하고 자료를 모을 수 있는 접시형 거울을 뽐내고 있다. 그 망원경의 탐사 범위는 태양계에 가까운 소행성에서부터 초신성(보통 신성보다 1만 배 이상의 빛을 내는 신성)으로 알려진 폭발하는 별과 퀘이사(보통 별과 비슷하게 생겼으면서 강한 전파를 내는 천체)로 알려진 불량한 어린 은하계와 같은 탐지 가능한 가장 먼 물체에 이르기까지 아우른다.

그리고 우주에서 탐사하기 유리한 지점은 뉴사우스웨일스의 가밀라라이어족 말로 '구부러진 산'이란 뜻을 지닌 워럼벙글 대에 위치한 사이딩 스프링 산 정상이다. 사이딩 스프링은 캔버라에서 북쪽으로 450km, 시드니에서 북서쪽으로 350km 떨어져 있다. 주요 도시에서 멀리 떨어져 있어서 그곳의 밤하늘은 수천만 년 전 첫 인류가 하늘을 바라봤을 때와 마찬가지로 오염이 안 된 청정한 밤하늘을 유지한다. 그렇더라도, 더보나 길간드라처럼 다른 더 가까운 센터와 함께 지평선에서 멀리 있는 시드니의 불빛을 분간할 수 있다.

이것이 1970년대 초에 만들어졌을 때, 앵글로-오스트레일리아 망원경은 이 행성에서 가장 큰 망원경 중 하나였다. 하지만, 현재는 세계 각국의 천문학자들은 두 배나 큰 거울을 갖춘 10여 개의 망원경을 사용하고 있다. 이 정도 크기의 기구들은 다국적 협력을 하는 경향이 있지만, 그것의 물리적 위치는 서쪽 대륙 해안지방에서 멀지 않은 높은 산 정상의 몇몇 곳에 집중돼 있다.

대기의 안정된 조건이 절묘하게 잘 갖춰진 이곳은 온도가 높고 염분이 많은 해류 때문에 흐릿하게 보이는 것에서 자유롭다. 그리하여 하와이, 카나리아섬, 미국 남서부, 칠레 북쪽, 남아프리카에 최신 광학 천문시설이 있다. 그렇지만 15장에서 다루겠지만 사이딩 스프링의 역할이 다했다고 말할 수는 없다. 더 영리한 기술은 현장의 어두운 하늘과 결합하여 이 천문대가 현대 천문학의 최첨단을 지키게 하고 있다.

나는 앵글로-오스트레일리아 망원경과 더 작은 형제 같은 영국 슈미트 망원경으로 알려진 광각廣角 기구를 사용하며 20년 넘게 지냈다. 나는 사이딩 스프링 산의 모든 겉모습을 볼 수 있었다. 완벽한 밤 조건을 예견해주는 수정처럼 맑은 석양에서부터 습도가 이슬점보다 훨씬 더 높게 치솟는 때인 안개에 갇힌 우중충한 새벽까지 말이다.

물론, 지구의 대기는 천문대에서 수행할 수 있는 과학에 매우 중요한 역할을 한다. 온도, 압력, 습도, 투명도, 대기의 난기류 및 광공해로부터 해방의 입장에서 그 성격은 지상 천문학자들에게는 상투적인 것들이다. 결국 우리는 살아 있게 해주는 변덕스러운 가스의 베일을 통해 모든 정보를 모으고 있다.

흥미롭게 나는 사이딩 스프링에 있는 시절, 별을 바라보는 단순한 즐거움에 관해서는 대기가 하늘만큼이나 큰 매력이 될 수 있다는 것을 발견했다. 그리고 그것은 하늘의 돔 구형이 대낮에서 어둠으로 또는 그 반대로 바뀌는 마법 같은 시기에는 특히 더 그렇다.

천문학자들은 이 중간지대를 수 세기 동안 천문학자들이 사용해 왔지만, 지금은 영화산업에 의해 납치된 지구의 '터미네이터'를 통과하는 우리의 길과 일치한다는 것을 인식하고 있다. 천문학에서 이 단어는 고요하게 아름다운 뜻을 함축하고 있는데, 영화에서 고요함과는 거리가 멀다.

그렇다면 이 맥락에서 터미네이터란 무엇인가? 그것을 이해하려면, 여러분은 우주의 잘 관찰할 수 있는 곳에서 행성 또는 행성의 위성을 쳐다보고 있다고 상상해야 한다. 그에 더해, 여러분은 모든 태양계 물체가 그렇듯이 행성이나 위성은 태양에 의해 조명되고 있음을 상상해봐야 한다. 그 나머지는 쉽다. 왜냐하면, 터미네이터는 단순히 햇빛이 비치는 부분과 어둠의 부분을 나누는 선이기 때문이다.

수성이나 달과 같이 대기권이 없는 세계의 터미네이터는 놀랍도록 급격히 어둠으로부터 밝음을 그리면서 매우 선명하게 정의된 경계이다. 하지만 공기 담요가 있는 지구 같은 행성의 터미네이터는 행성의 조명된 면이 점차 밤의 어두운 면 속으로 합쳐지면서 흐릿한 선으로 그려진다. 그러한 이유는 대기에 있는 분자들이 터미네이터의 기하학적인 경계를 넘어서 태양의 빛을 산란시키기 때문이다.

그렇다면 이젠 우리의 관점을 다시 지구 표면으로 이동해 보자.

행성이 축을 중심으로 회전하면서 우리는 파란색 또는 회색의 낮 하늘이 점차 빛이 감소하면서 밤의 어둠으로 변화하거나 몇 시간 후에는 그 반대의 것을 경험하며 24시간마다 두 번씩 터미네이터를 맞이한다. 황혼과 새벽을 분리하는 시간이 얼마나 많은가는 여러분이 있는 곳의 위도와 일 년 중 무슨 계절인지에 달려 있다.

지구 회전이 터미네이터를 통해 우리를 지나칠 때, 땅거미가 진 기간은 우리가 거의 알아차리지 못한다. 하지만 여러분이 볼 줄 안다면 사실, 이때가 대기와 천문 현상의 풍부한 모음이 자체적으로 나타나는 시간이다. 여러분이 예상할 수 있듯이 낮과 밤 중간지대로 일련의 이벤트는 대칭적이다.

그 둘은 똑같은데, 다만 시간상 정반대일 뿐이다. 그래서 다음에 할 설명은 모든 순서가 바뀌는 것을 제외하고는 새벽부터 해질녘까지 똑같이 적용된다. 대부분의 우리는 해질녘을 새벽보다 더 자주 경험하기 때문에, 우리는 해질녘에서 이벤트 순서를 기준 삼아보자. 다른 건 다 제쳐두고, 저녁놀이 하루 중 보다 로맨틱한 시간이다.

저녁놀 현상을 이해하려면 왜 낮 하늘이 밝은지에 대해 먼저 물어봐야 한다. 위대한 사상가들이 고대부터 곰곰이 생각했던 질문이지만, 그 질문에 대한 답은 1871년에 출판된 영국 과학자 레일리 경[1842~1919]의 연구 전까진 완전히 얻지 못했었다. 다시 한번 말하면, 이것은 대기의 빛 산란 효과인데, 곧 그 미묘함을 만나게 된다.

하지만 1960년대 후반과 70년대 초반에 아폴로 우주인이 촬영한 달 표면 사진을 본 사람이라면 누구나 달의 낮 동안에 찍힌 사진에는 하늘 자체가 검은색이라는 걸 안다. 대기 없이 달은 빛을 산란시킬 수단이 없다. 그래서 태양 광선은 달 표면(또는 이상한 우주인 같은 달 표면에 서 있는 어느 것이나)에 닿을 때까진 아무것도 비출 수 없다. 사실 그것이 완벽하게 맞는 말이라고는 볼 순 없다.

특정 상황에서 미세한 달 먼지구름은 태양이 달 가장자리에 나타나기 직전에 궤도를 돌고 있는 우주 비행사들이 알아챌 만큼 충분한 양의 정전기력에 의해 상승한다. 하지만 그것은 달의 하늘을 밝게 만들 수 있을 만큼의 양에는 턱없이 적은 양이다.

그래서 다시 지구로 돌아와서, 만약 대기의 구름이 아니었다면, 우리의 하늘은 항상 파란색일 것이다. 파란색은 햇빛이 공기 분자와 에어로졸(먼지 입자나 아주 작은 방울)과 상호 작용을 하면서 나오는 특이한 양상에서 비롯된다.

빛은 이런 입자들과 상호 작용하면서 사방으로 퍼지게 되지만, 파란색 성분이 빨간색보다 훨씬 더 많이 산란한다. 햇빛이 대기를 통과하면서 파란빛이 추출된다. 이것은 태양이 그 자체적으로 살짝 노란색으로 보이는 이유다. 하지만 하늘의 다른 곳에서도 다시 나타난다. 사실, 태양의 무지개 스펙트럼 중 보라색 빛은 파란빛보다 더 강하게 산란하지만, 이것은 또한, 대기에 더욱 강하게 흡수되어 버린다. 이것이 왜 우리의 하늘이 현란한 보라색이기보다 진한 파란색인 이유다.

구름이 끼면 파란색은 물론 가려지지만, 하늘은 여전히 밝다. 구름은 멋진 하얀색부터 불길해 보이는 회색까지 중립적인 색조를 가지고 있다. 구름 안에 색이 없음 또한 결코 우연이 아니다. 다시 한번 햇빛은 산란하고 있지만, 이번에는 분자들이나 에어로졸보다 훨씬 큰 물방울들에 의해 산란하고 있다. 그리고 그것들은 레일리의 파란색 우위의 법칙을 따르지 않는다. 물방울들은 무지개의 모든 색깔을 똑같이 산란시킴으로써 중립적인 하얀빛(흐릿한 날에는 회색빛)을 만들어 낸다.

내가 여러분에게 소개해주고 싶은 황혼 현상은 사방으로 깨끗한 시야를 가지고 있을 때 가장 잘 경험할 수 있다. 빌딩, 나무, 언덕, 산, 모래 폭풍, 활화산 그리고 그 밖 정신을 산란하게 하는 것들에서 벗어나라. 가능하다면 바다 한가운데가 절대적으로 완벽하다. 하지만 남아프리카의 높은 카루(남아프리카의 건조성 고원)나 아시아의 스텝 지대(나무가 없는 광활한 초원), 미국 서남부의 사막 같은 평지 또한 이러한 관측에 이상적이다. 광활한 하늘을 가진 곳으로는 오스트레일리아 내륙은 말할 것도 없다. 가끔 뉴사우스웨일스의 서부 플레인스로 여행을 떠나보라. 간 김에 사이딩스프링천문대를 들르는 것도 잊지 마시라. 하지만 여러분이 어디에 있든, 황혼을 경험하기 위해서는 화창한 밤을 선택하시라.

가능하다면 하루가 끝날 때까지 한두 시간 정도 시간을 비워 지구 터미네이터를 지날 때 어떤 일이 일어나는지 지켜보라. 일몰은 가장 먼저 찾아야 할 분위기 있는 마법이다. 태양이 점점 내려오면서 지평선에 가까워질 때, 여러분은 태양 주위의 하늘이 눈에 띄게 노랗거나 살짝 불그스름하게 변하는 것을 눈치챌 수 있을 것이다. 그것이 왜 그런가 하면, 태양 빛이 하늘이 높을 때보다 훨씬 더 두꺼운 대기를 통해 이동하고 있고 푸른빛 제거를 강화하고 심지어 역시 붉은빛의 일부도 산란하기 때문이다.

만약 약간의 구름이 태양을 가리고 있고 대기 중에 먼지나 수분이 있다면, 여러분은 종종 하늘에서 빛줄기가 그 위치에서 복사되고 있는 것을 볼 수 있다. 이 빛줄기는 생김새와 다르게 실제로 평행임에도 불구하고 '부챗살빛'(저녁 빛)으로 알려져 있다. 풍경 예술가들에게 사랑받고 있는 이것의 부챗살 모양은 원근법에 따라 태양에서부터 아주 멋진 부챗살 모양으로 퍼져나가고 있는 것처럼 보인다. 때때로, 아주 희미한 부챗살 빛줄기는 아주 맑은 하늘에서는 해가 진 후에도 볼 수 있다.

이전과 마찬가지로 그것들의 존재는 태양 빛의 덩어리를 가리는 구름의 존재를 배신하지만, 이 구름은 서쪽 지평선보다 훨씬 아래, 너무 멀리 떨어져 있기에 보는 이들에게는 보이지 않는다.

아직 해가 하늘에 떠 있을 때, 해를 등져보아라. 그리고 동쪽을 바라보라. 가끔 여러분은 태양 정반대의 동쪽 지평선 바로 아래 한 지점으로 모이고 있는 보다 많은 부챗살빛을 볼 수 있다. 이 지점은 똑똑하게도 '대일점(태양의 정반대편)'이라고 불리는데, 한곳으로 모이고 있는 빛줄기들을 기다려보라… '대일부챗살빛'이다.

더욱 놀라운 것은 이 대일부챗살빛은 해가 지고 난 후에도 찾아볼 수 있다. 그것들의 모이는 점은 이젠 동쪽 지평선보다 위에 있고, 특히 구름 없는 하늘에서는 약간 비어 보이기 때문이다. 이것은 사이딩 스프링과 같은 산 정상에선 꽤 자주 일어나는 현상이다.

딱 한 번, 마치 커다란 금빛 무지개와 같이 이쪽 지평선에서 저쪽 지평선으로 하늘을 가로질러 부채살빛이 아치를 그리고 있는 것을 본 적이 있다. 아마도 대기 중에 에어로졸 수치가 높은 눅눅한 시드니 여름밤이었다. 정말 멋진 광경이었다.

만약 서쪽 지평선이 명확하고 해가 질 때쯤 구름 한 점 없다면, '초록 섬광(해가 뜨거나 질 무렵에 태양 위쪽 테두리가 몇 초 동안 초록색으로 빛나는 현상)'을 찾아볼 가치가 있다. 천문학자들의 친구나 지인은 종종 이 초록 섬광을 천문학자들의 열띤 상상력의 한 자락이라고 불평하곤 하지만, 이 초록 섬광은 실제 물리 현상이다. 사진으로 찍을 수도 있는 현상이다.

이 현상은 지구 대기가 프리즘처럼 작용하기 때문에 매우 짧은 수직 무지개 스펙트럼(프리즘으로 햇빛을 분산하면 빨간색에서 보라색까지의 연속된 색광으로 갈라지면서 생기는 빛의 띠)으로 분산되어 생기는 현상이다. 대부분 우리는 단순히 이 현상을 알아차리지 못한다.

그러나 해가 질 무렵, 태양 원반이 수평선을 가로질러 활 아래쪽의 휜 부분의 첫 번째 접촉에서 최종 실종까지의 비율이 감소하는 것을 볼 수 있다. 오스트레일리아 위도에선 이 과정이 약 2분 동안 지속한다. 그리고 오른쪽 끝에는 미세한 밝기가 남아 있다. 아주 때때로 대기가 완벽하게 안정되면 사라지기 전에 1~2초 정도 밝은 초록색으로 변한다.

이 시점에서 일어나는 일은 태양의 스펙트럼 중 빨간색과 노란색

요소들이 이제 대기의 프리즘 현상 때문에 지평선 아래로 가라앉았다는 점이다. 이 최종 은색에서 오직 초록과 파란빛만 남는다. 우리 눈은 파란빛보다 초록빛에 더욱 민감한데, 그래서 우리는 이 초록색의 증강을 본다. 이 현상은 진짜 아주 잠깐 일어나지만, 이것이 일어나고 있을 때 오해의 여지는 없다.

이 초록 섬광을 목격하는 데 한 가지 문제점은 태양이 얼마나 가까이 있는지 계속 확인하기 때문에 눈이 부실 수도 있다. 아무리 다른 곳을 보려고 노력해도 우리별의 빛나는 원반은 우리의 관심이 필요하다. 이러한 이유로, 이 초록 섬광은 태양 원반 첫 번째 조각이 먼 지평선 위로 나타날 때인 새벽에 보는 게 가장 좋다. 물론 어디를 봐야 하는지는 당연히 알아야 하지만, 밝아지고 있는 하늘에서 찾아보는 것은 그렇게 어려운 일은 아니다. 내가 본 최고의 초록 섬광은 새벽에 본 것이었다.

초록 섬광이 있든 없든, 태양이 수평선 아래로 사라진 후에 가장 시적인 저녁놀 현상 중 하나를 목격하기 위해 다시 동쪽을 보라. 대부분 우리가 알아차리지 못하는 것은 다반사지만, 여러분이 실제로 무엇을 보고 있는지를 알게 되면 절대 잊을 수 없다. 맑은 날 해진 후에, 동쪽 지평선을 쭉 따라서 분홍이 도는 보라색 빛 띠가 얹어진 푸른 회색빛의 띠를 볼 수 있다. 해가 수평선 너머 더 아래로 지면서 이 푸른 회색빛 띠는 얇은 아치 형태로 넓어지고, 그 정점은 저녁놀의 정반대 지점에 있다. 동시에 이 분홍빛은 더욱 도드라져서 그 회색빛 아치와 파란 하늘의 나머지 부분을 구분하는데, 때때로 아주 멋진 광채가 나타난다.

여기서 보고 있는 것은 해가 지면서 동쪽에서 멋지게 떠오르는, 대기에 드리워진 지구 그림자이다. 해가 지자마자 여러분은 실제로 그림자 안에 있고, 오스트레일리아 위도에서 시간당 1,500km의 영역 안의 지구 자전 때문에 날카로운 위쪽 가장자리에서 동쪽으로 움직인다. 이러한 이유로 그림자는 곧 흐릿해지고, 회색 아치와 어두워지는 하늘은 점점 분홍색 빛이 사라지면서 점차 일정한 푸른 회색빛으로 합쳐지게된다.

이 재밌는 그림자 효과는 그만큼 재밌는 이름을 가지고 있다. 그 푸른 회색빛 아치는 '황혼 쐐기(대기의 입체형 모양 때문)'로 알려져 있으며, 반면 분홍색 빛은 좀 더 수수께끼같이 '금성 띠'로 알려져 있다. 로마 여신 비너스라고도 알려진 그리스 여신 아프로디테의 거들 또는 가슴걸이인 '아프로디테의 띠'를 가리킨다. 분홍빛이 도는 보라색은 대기가 석양의 붉은 빛을 관찰자 쪽으로 직접 산란시키고, 지구 그림자의 경계를 따라 여전히 밝게 빛나는 하늘의 파란빛과 섞인다는 사실에서 비롯된다. 흔히 볼 수 있는 정말로 아름다운 현상이지만 대부분 사람은 놓친다.

하늘이 어두워지면서, 우주는 스스로 자신의 웅장함을 보여주기 시작한다. 물론, 행성과 별 그리고 은하계들은 항상 그 자리에 있지만, 그것들은 낮 하늘의 밝음에 숨겨져 있다. 한두 개의 물체는 하늘보다 밝아서 낮에도 찾아볼 수 있다.

달이 그중 하나인데, 어떤 때는 또 다른 물체로 금성이 보인다. 때때로 금성은 행성이 몇 달 간격으로 분리되어 한꺼번에 며칠 동안 차

## 보이는 것

파란 하늘

밝은 분홍빛 도는 보라색

흐릿한 푸른빛 도는 회색

해진 후의 동쪽 수평선

## 일어난 일

대기층

파란 하늘

후방산란 된 햇빛

강하게 붉게 빛나는
햇빛

지구 그림자

동쪽                  지구 회전                  서쪽

해질 무렵, 붉게 후방 산란한 햇빛이 파란 하늘과 섞이면서 지구 그림자 위쪽 가장자리에 보라색 '금성 띠Belt of Venus'를 형성한다. 행성이 회전하면서 관찰자는 그림자 쪽으로 옮겨지고, 그러면 '금성 띠'는 빠르게 보이지 않게 된다. 돌고 있는 지구는 여기에서는 북쪽에서 보인다. _저자

지하는 최고의 광채로 알려진 그 자리나 가까이 있을 때인 해가 아직 하늘에 있는 동안에는 작은 점 같은 빛으로 보인다.

이러한 현상의 발생은 지구의 친척 자매 행성의 정교한 춤에 의해 좌우되고, 인터넷을 통해 그 세부정보를 확인해 볼 수 있다('Venus greatest brilliance'라고 검색). 그러나 조심해야 한다. 왜냐하면, 이 현상이 일어날 때, 행성은 비교적 하늘의 태양에 가깝기 때문이다. 실수로 눈에 직사광선을 쏘일까 봐 두려워 망원경이나 쌍안경을 사용하는 것은 될 수 있으면 피하는 게 좋다. 눈을 데면 아주 심각할 것이다.

그래도 황혼으로 돌아가자. 태양이 수평선 저 밑으로 떨어지면 비교적 밝은 별과 행성들은 꾸준히 더 잘 보인다. 여러분은 천문학자가 황혼을 여전히 대기로 산란하는 햇빛의 수준을 달리함으로써 구별되는 세 단계로 정의한다는 사실에 흥미를 느낄 수 있다.

'상용박명(일출 전과 일몰 후에도 일정 기간 밝은 것)'은 태양이 수평선 아래로 6도 정도 있을 때까지 지속하며, 흔들림이 유지되는 동안에 하늘은 여전히 꽤 밝다. 해가 12도 정도 수평선 아래에 있는 '항해박명'이 그 뒤를 따르는데, 그다음엔 해가 수평선 아래 18도에 있을 때까지 지속하는 '천문박명'이 이어진다. 이 정의는 19세기 말에 시작되었는데, 정의가 좀 생뚱맞아 보이지만, 천문박명 끝 무렵 하늘에 산란하여 있는 빛이 전혀 없게 이름 붙여진 것이다. 그때쯤이면 하늘은 '공식적으로' 어둡다.

다음에 무엇이 일어나느냐는 달의 위상에 달려 있다. 대부분 도시와 마찬가지로 빛 공해의 영향을 받는 장소에서 하늘을 보고 있든 아니든 상관없다. 만약, 보름달이라면 놀라울 정도로 하늘을 비추어 다른 인공적 빛의 도움 없이도 쉽게 길을 찾을 수 있다. 하지만 만약 달이 가느다란 초승달이거나 하늘에서 아예 찾아볼 수 없다면, 특히 여러분이 도시 불빛으로부터 멀리 떨어져 있다면, 여러분은 하늘을 가로지르는 우리 은하계의 밝은 띠를 볼 수 있을지도 모른다. 이것이 우리 은하계 원반의 두께를 통해 볼 수 있는 우리의 관점이고, 태양은 단지 약 4,000억 개 별 중 하나일 뿐이다.

이것을 목격하려면 빛 공해가 전혀 없고 달 없는 하늘이어야 되지만 한 번 보면 절대 놓칠 수 없는 현상이 또 하나 있다. 그것은 천문박명이 끝난 후 약 30분 정도 서쪽 지평선에서 위쪽으로 비치는 희미한 빛기둥이다. 이 빛기둥은 '황도광'이라고 불리는데, 그 축은 황도(천구天球에서 태양의 궤도)를 따라 놓여 있다. 즉 하늘을 통과하는 태양과 행성의 경로이다. 오스트레일리아 위도에서 황도가 연중 다른 시기보다 좀 더 수직으로 서 있을 때인 봄밤 어두워진 후 찾아보라. 그렇지만 남쪽 수평선을 따라 좀 더 멀리 있는 우리 은하계와 헷갈리지 않도록 조심하라.

과학자들이 이 광경이 어떻게 일어나는지 알아내는 데 오랜 시간이 걸렸다. 나의 위대한 과학 영웅 중 한 명인 노르웨이 물리학자 크리스티안 비르켈란1867~1917은 20세기 첫 10년 이상을 태양의 아원자 입자들과 지구 대기 사이의 전자기적 상호작용에 의해 일어나는 것이라고 완전히 잘못 짚었다.

비르켈란은 19세기가 끝나갈 즈음에 극지방의 오로라 현상이 이

상호 작용 때문에 일어나는 것이라고 정확히 찾아냈지만, 이 황도광의 경우, 그의 직감이 그 자신을 배신했다. 더욱 세세한 빛의 관측을 위한 이집트 체류가 1차 세계대전 때문에 중도에 짧게 끝나버리자, 그는 고향 오슬로로 돌아갈 계획을 세웠다. 적대행위를 피하고자(과학자들이 오로라 연구를 경멸하고 있던 영국도 마찬가지), 그는 카이로에서 도쿄를 거쳐 오슬로로 돌아가기로 했다. 많이 돌아가는 길이었는데, 슬프게도 그가 1917년 6월 15일 수면제 과다복용으로 죽은 곳이 도쿄였다.

하지만 과학자들은 머지않아 전자기적 상호 작용보다 훨씬 따분한 이유로 황도광이 생긴다는 걸 알아냈다. 하늘의 파란색처럼 햇빛이 지구 대기가 아닌 지구 궤도의 원반 속 행성 간의 먼지 입자들에 의해 산란하는 산란 현상이다. 이 먼지 입자들은 레일리 경의 파란색 편향 산란법칙에 따르지 않을 만큼 하늘의 구름과 똑같이 크지만 황도광은 무색이다.

황도광에 관하여 언급해야만 하는 또 다른 측면이 있다. 이 이야기는 영국의 한 젊은 천문학 학생이 런던 임페리얼 컬리지에서 이 주제에 관한 박사학위 연구를 시작했을 때인 1970년대 초반으로 거슬러 올라간다.

그의 임무는 고도가 높은 테네리페(스페인령 카나리아 제도에서 가장 큰 섬)에 있는 테이데천문대에서 1년에 걸쳐 황도광의 무지개 스펙트럼을 관찰하는 일이었다. 그는 예민했지만 경력은 곤란하게도 음악으로 바뀌어야 했고, 음악은 꽤 잘했다. 완전히 버려졌다가 그는 2000년대 초 다시 연구에 몰두하여 2007년 8월 오랫동안 잃어버렸던(그리고 의심의 여지 없이 받을 자격이 충분한) 박사학위를 받고 졸업했다. 지금은 저명한 천문학자인 그는 퀸의 리드 기타리스트인 브라이언 메이로 더 잘 알려져 있다. 우주 과학에 좀 노는 아이들이 오도록 하는 것에 록스타만 한 사람이 없다는 사실은 모두의 입에 회자하여야 한다.

하지만 놀랍게도 학계가 황도광에 보인 관심은 거의 아니 아예 없었다. 사실 브라이언의 연구가 30년이 넘는 시간이 흘렀음에도 구시대적으로 여겨지지 않았으니 말이다. 그래서인지 이 일에서 그의 타이밍은 완벽했다. 최근 몇 년 동안, 태양계의 희미한 먼지 가득한 원반은 천문학자들 사이에서 관심이 높아지고 있다. 지금은 그것이 행성들이 형성됐을 때 만들어진 가스와 먼지구름의 화석이라고 여겨진다. 그것은 우리에게 많은 것을 이야기해준다. 어쩌면 젊은 천문학자가 연구 경력에 걸림돌이 되는 음악에 마음이 기운 것보다도 훨씬 더 많은 이야기 말이다.

## CHAPTER 03

# 눈에 띄는 시민 과학

## 사람들이 한 연구

"내 얼간이 같은 측면은 그저 황홀할 뿐이야!"

틀림없다. 이것은 방금 지구에서부터 600광년이나 떨어져 있는 4개의 행성 태양계를 발견한 사람이다. 그의 이름은 앤드류 그레이인데, 천문학자가 아니다. 이 발견을 했을 때, 그는 먼 북오스트레일리아 다윈 출신으로 평생 천문학에 관심을 가진 26살의 자동차 정비공이었다. 천 개가 넘는 별 밝기 그래프인 광도곡선을 세세하게 훑은 고집은 나중에 크게 보상받았다. 덧붙여 TV 생방송까지도 말이다.

TV 생방송은 오스트레일리아 국영방송 ABC의 사흘 밤에 걸쳐 방영된 블록버스터 점성학 생방송이었다. 이 쇼는 시민 과학의 열풍을 일으켰고, 그리고 그 도전은 광대한 우주의 데이터에서 행성이 멀리 별들의 궤도를 돌고 있는 숨길 수 없는 특징을 찾는 것이었다.

태양계의 외계행성으로 알려진 이 물체들은 지난 20년 동안 많이 발견되었고, 현재는 4,000개가 넘는 것으로 알려져 있다. 하지만 직접 관찰된 개수는 매우 적고, 발견된 외계행성 대부분은 모항성의 빛이 아주 미세한 효과를 줘서 자신을 스스로 드러냈다. 예를 들어 점성학 생방송 데이터는 별 10만 개를 들여다보는 것이 주요 임무인 NASA(미항공우주국)의 케플러 우주선에서 새롭게 다운로드 되었다.

단지 그것을 바라보는 것이 아니라 별의 원반을 가로지르는 행성의 길을 밝혀주는 빛 밝기의 미세한 감소를 기록할 수 있기를 바라면서 바라보는 것이다. 소위 이 '통과법'은 현재 알려진 행성 대부분을 망라한 외계행성을 찾기 위한 오늘날의 황금 표준이라고 할 수 있다. 앤드류는 단지 하나가 아니라 네 개의 행성을 통과하는 별을 발견했다.

그의 발견에서 진짜 믿기 어려운 것은 1995년에 처음 발견된 외계행성과 어떻게 대비 되느냐이다. 모든 것이 다르다. 기술, 인터넷 액세스, 대중의 관심 수준, 심지어 열정적인 아마추어 천문학자가 최전선의 과학 연구에 참여할 수 있도록 허용해주는 사회적 환경, 그리고 "다윈 출신의 자동차 정비공일 뿐인 내가 수년간 대학을 다닌 사람들과 나란히 내 이름을 올려 출판할 수 있다니, 정말 멋진 일이 아닌가." 앤드류, 나도 그렇게 생각하네. 경의를 표하고 싶군.(그리고 기록을 위해 분명히, 쇼가 진행되는 동안 똑같은 4개의 행성계 발견에서 아주 근소한 차이로 놓친 수십 명의 오스트레일리아 사람들에게도 경의를 표한다.)

천문학 생방송은 시민 과학에 크게 이바지했다.

그렇다면 시민 과학이 무엇이며, 어떻게 작동하는가? 사전적 정의는 "보통 전문 과학자들과 공동 프로젝트의 한 부분으로 일반 대중이

자연계에 대한 정보를 수집하고 분석"하는 것을 말한다. 하지만 시민 과학은 시민에게서 무엇이 기대하느냐가 달려 있듯 사람에 따라 그 의미가 다를 수 있다. 그리고 공개 모집(대중crowd과 아웃소싱outsourcing의 합성어로 대중들의 참여로 해결책을 얻는 방법)과 같은 비슷한 단어들도 있다. 그것들이 똑같은 말 아닌가?

유명한 스위스 천체 물리학자이자 시민 과학 지지자인 케빈 샤빈스키는 이것에 대해 꽤 확고하다. 그의 잘 알려진 프로젝트인 은하계 동물원을 참고하면, 그는 "우리는 이것을 시민 과학이라고 부르는 것을 선호합니다. 왜냐하면, 여러분이 무엇을 하고 있는지를 더 잘 설명하기 때문입니다. 여러분은 평범한 시민이지만 과학을 하고 있습니다. 공개 모집은 여러분이 마치 군중의 한 명이라고 들리지만, 단순히 군중 중 한 사람이 아닙니다. 여러분은 협력자입니다. 여러분은 참여함으로써 적극적으로 과학의 과정에 참여하고 있는 겁니다"라고 말한다. 시민 과학은 인터넷이나 소셜 미디어 같은 현대 기술에 의해 촉진된다. 하지만 시민 과학의 역사는 그보다 훨씬 오래되었다. 그리고 특히 천문학이란 학문 분야에서 특별히 유익했다.

19세기에는 시간과 돈이 있고 이러한 활동에 참여할 수 있는 교육받은 대부분의 중상류층이었던 남성이나 여성들이 과학적 접근으로 시험관이나 현미경, 또는 기압계를 교묘하게 사용하던 많은 사례를 볼 수 있었다. 그들의 결과물은 종종 출판(영국 정비사와 과학의 세계 저널과 심지어 네이처)하여 일류 과학 잡지에 실렸지만, 오늘날 시민 과학으로 인식할 수 있도록 체계화시킨 접근은 실제 천문학에서였다.

예를 들어, 작은 망원경을 장착한 아마추어 천문학자들이 별들의 밝기를 측정하는 데에 오랫동안 이바지했다. 밝기의 정도가 변하는 별들(상상을 초월한 변광성으로 알려진)의 빛 변동을 감시하는 데에 아마추어들이 아주 가치 있는 서비스를 제공했다.

이런 정보는 변이가 별 내부에서 일어나는 물리적 과정 입장에서 이해할 수 있는 전문 분야에 공급되었다. 1911년 전까지만 해도 변광성 관측자들은 미국변광성관측자협회에 의해 시민과학자 집단으로 구성되었다. 소수의 전문가가 국가의 아마추어 천문학자들의 자료에 더 폭넓게 기대었던 뉴질랜드보다 아마추어와 전문가의 공생이 성공적이었던 곳은 없다.

다시 한번 말하지만, 천문학에 대한 아마추어 커뮤니티의 특별한 가치는 뉴질랜드만이 아니라 전 세계적으로 인상적이다. 그것은 과학에 이바지하는 것 이상으로 확장된다(천문학은 이것이 여전히 가능한 몇 안 되는 과학 중 하나임에도 불구하고). 더욱 중요한 것은 누구나 참여할 수 있게끔 접근하기 쉽고 널리 사용 가능한 경로를 보장하는 점이다. 아마추어 커뮤니티의 회원들은 천문학을 대중화시키기 위해 많은 일을 한다. 강의를 주선하거나 토론 포럼, 스타 파티, 스타비큐, 그리고 별 관찰의 즐거움 및 함정을 사람들에게 소개하기 위해 고안된 과도할 정도로 많은 이벤트 등을 주선한다. 이러한 열정이 넘치는 많은 개개인은 시민 과학을 수행할 수 있는 능력은 금상첨화이다.

비교적 다른 시민 과학은 가정용 컴퓨터가 분산 컴퓨팅 네트워크로 모여진 SETI@home 프로젝트에 의해 개척되었다. 이는 보다 현명한 소프트웨어가 SETI에 참여하는 대형 전문 전파 망원경의 많은 양의 데이터를 분석할 수 있게 해준다. SETI는 외계 지능에 대한 다양한 방향성 검색을 총칭하는 용어이다.

전파 천문학에서 가장 생산적인 자연 우주 특징은 우주의 차가운 수소에서부터 나온다. 이 구석구석 스며드는 방사선은 특유의 파장을 가지고 있고, 1950년대부터 연구돼왔다. 전파 천문학을 사용한 지 10년쯤 지났을 때, SETI 지지자들은 서로에게 신호를 보내고 싶어 하는 은하계 문명들이 똑같은 파장을 사용할지도 모른다고 주장했다.

그리하여 첫 관측 SETI 프로그램은 기존의 전파 천문학 연구에 사용되는 수신기에 감시 시스템을 추가했다. 이 공식은 오늘날에도 계속 사용하고 있다. 예상되는 통신 신호의 도드라지는 특질은 1999년 5월 SETI@home 출시로 이어진 양상인 컴퓨터 감지에 적합하다.

이 벤처기업은 유휴 가정용 컴퓨터의 예비 기능을 사용하여 추가된 감시 시스템의 데이터 세트를 검색하여 인터넷을 통해 결과를 보고한다. 실제 일부 전파 망원경은 기존 연구 프로그램에 편승하는 것이 아니라 전용 SETI 관측을 수행한다. 최근 주목할 만한 예는 브레이크스루 리슨(우주에서 지능적인 외계 통신을 찾는) 프로젝트이다.

외계 정보에 대한 탐색은 엄청난 대중적 호소력 때문에 의심의 여지가 없어서 자선기금 유치에 성공했다. 후한 기부금은 유리 밀너라는 이름을 가진 거물 러시아 투자자가 주도권을 잡은 브레이크스루재단에서 나왔다. 밀너는 고 스티븐 호킹을 비롯한 여러 과학계 거물들과 함께 2015년에 다각적인 탐사 벤처를 시작했는데, 그 첫 번째 사업이

브레이크스루 리슨이다.

그것은 의심의 여지 없이 가장 야심 찬 SETI 프로젝트이다. 오스트레일리아의 파크스천문대와 웨스트버지니아의 그린뱅크천문대에 있는 두 대의 주요 전파 망원경의 총 관측시간의 4분의 1 구매에 1억 미국 달러를 사용했는데, 기존 기술에도 도움이 될 것이다. SETI@home은 데이터 분석의 필수 구성 요소이다.

시간이 오래됐음에도 불구하고 SETI는 지금까지 외계 통신에 대한 명확한 후보자를 찾지 못했다. 두 가지 이벤트가 눈에 띈다. 그 유명한 1977년 8월 15일의 '와우 시그널(인쇄물에 적힌 코멘트를 촉발한 전파 방사능의 짧은 폭발)과 2015년 5월 러시아 전파 과학자들이 발견한 궤도를 도는 행성을 가진 것으로 알려진 별의 방향에서 오는 신호. 그것은 결국 비밀 군사 위성에서 나온 것으로 밝혀졌다.

SETI@home은 기계 지능에 잘 맞는 작업이지만 일부 대규모 천문 관측 프로그램은 인간 패턴 인식 기능에 더 적합하다. 이것이 바로 실제 시민 과학이 그 자체로 등장하는 곳이다. 그중 하나는 천체 물리학자 케빈 샤빈스키(몇 페이지 전에 만났음)와 크리스 린토트가 2007년 옥스퍼드에서 설립한 은하계 동물원 프로젝트이다.

마찬가지로, 은하계 동물원은 인간의 눈과 뇌의 능력에 매우 적합하며, 현재 가장 큰 규모의 멀리 떨어진 은하계 조사를 진행하고 있다. 물론 은하계는 수십억 개의 별이 모여 있는 거대한 집합체이지만, 별들은 다양한 모양, 크기, 색상 및 기타 특성이 있다.

과학자들은 다양한 범주에서 은하계의 기원과 진화를 광범위하게 이해하고 있지만, 그것들의 매우 많은 수를 연구해야만 상세한 특성을 입증하고 별난 특이치를 발견할 수 있다. 관측 가능한 우주에는 약 2조 개의 은하가 있고, 세계적인 대형 망원경에 의해 상당 부분을 촬영했는데, 그 분류작업은 시민 과학이 맡기에 아주 적합하다.

은하계 동물원은 역사를 통틀어 몇 개로 유형화할 수 있다. 하이라이트는 현재 '그린피 은하'로 알려진 작은 별 모양의 천체들과 같은 새로운 범주의 은하계 발견을 포함한다(그렇게 생겼기 때문에). 그리고 그것은 또한 몇몇 매우 특이한 천체의 식별로 이어졌다.

네덜란드 학교 교사인 하니 반 아르켈이 발견한 희귀한 빛 반향인 하니의 천체를 누가 잊겠는가? 나중에 더 깊이 있게 빛 반향에 대해 얘기하겠지만, 하니의 천체는 특별하고 웅장한 규모의 빛 반향이다. 은하계 크기의 가스 구름이 지나가는 침입자에 의해 어린 은하계에서 찢겨져 나왔다.

그러나 이 소동은 어린 은하계의 퀘이사(우주 끝에서 발견된 새로운 천체로 밝기가 보통 은하계의 100배나 되는 준항성 천체) 폭발로 알려진 무언가를 바꾸었고, 그 중심에 있는 블랙홀은 극지방에서 강렬한 자외선을 방출하고 있는 동안 주변으로부터 엄청난 양의 가스를 소비하기 시작했다.

다음에는 방사선이 가스 구름을 자극하여 빛 반향과 비슷한 방식으로 빛나게 했다. 하지만 지금쯤 퀘이사는 다시 꺼졌기 때문에 우리가 볼 수 있는 것은 청순해 보이는 어린 은하계이다. 그 은하계는 야생처럼 생긴 빛나는 가스 덩어리 옆에 있는 하니의 천체이다.

이와 같은 이야기들은 은하계 동물원의 과학적 가치를 부각시킨다. 하니의 천체는 이전에 볼 수 없었다. 2017년 옥스퍼드에서 열린 10주년 회의는 10년 동안 생성된 1억 2천 5백만 개의 은하계 분류와 60개의 동료 과학 논문 검토를 기념했다. 과학은 심지어 은하계 이미지에 대한 인식 편견에 관한 심리학적 연구로까지 확장되었다.

그러나 그 프로젝트에는 사회학적 가치도 있다. 온라인 은하계 동물원 포럼은 진정한 공동체 정신을 낳았다. 카리브해에 기반을 둔 한 다작의 기여자는 "은하계 동물원에서 시작할 때 첫눈에 반한 사랑이었다"라고 표현했다. 이 벤처는 현재 광범위한 분야를 망라하는 거의 50개의 시민 과학 프로젝트를 커버하는 주니버스라고 불리는 종합 웹 포털을 통해 접속하고 있다.

따라서 시민 과학은 별 관찰 생방송에서 크게 쓰였다. 이 장의 시작 부분에서 설명했던 이벤트는 방송이 영국BBC과 오스트레일리아ABC 텔레비전용의 별도 판으로 사이딩스프링천문대에서 선보인 2017년으로 거슬러 올라간다. 대스타 천문학자 브라이언 콕스가 주최한 이 프로그램은 프로와 아마추어 천문학, 시민과학과 때때로 잘 알려지지 않은 천문학 일을 하는 가장 많은 사람을 위한 기록적인 시도를 포함한다.

생방송인 만큼, 우리는 보통 저녁 중반에 BBC 버전이 방송되기 위해서는 오스트레일리아에서는 동트기 전에 방송해야 했다. 천문학자들에게 이른 아침은 전혀 새로운 것이 아니지만, 오전 4시 30분에 최종 예행연습과 스튜디오 메이크업은 확실히 새로운 것이었다. 그리고 결국, 방송 기획자들은 영국과 오스트레일리아 양국에서 백만 명이 넘는 관객 수에 기뻐했다. 이 일은 두 나라에서 수십만 명의 열정을 활용할 수 있는 소셜 미디어의 잠재력을 부각했다. 적어도 오스트레일리아에서 매년 반복할 가치가 있는 모험이라고 그들을 설득한 그 무엇보다도 그 이상이었다.

또한, BBC 버전의 방송에서는 독특한 오스트레일리아 시민 과학 프로젝트인 사막 화구 네트워크(오스트레일리아의 카메라 네트워크)의 '하늘에서의 화구(오스트레일리아의 혁신적인 시민 과학 프로그램)'를 집중 조명하였다. 네트워크 자체는 밝은 유성을 찾기 위해 서오스트레일리아와 남오스트레일리아의 밤하늘을 지속적으로 스캔하는 50대의 자동카메라로 구성되어 있지만, 그 결과는 시민 과학 참여자들의 관찰로 강화된다. 이 데이터를 함께 사용하면 화구를 3차원으로 추적할 수 있어서 과학적 분석을 위해 운석이 땅에서 회수될 가능성이 커진다. 이 프로젝트는 커틴 대학의 필 블랜드에 의해 주도되었고, BBC는 프로젝트의 광물학자이자 암석학자인 그레첸 베네딕스와 인터뷰했다.

2017 별 관찰 생방송 프로그램에 포함된 두 개의 실시간 시민 과학 프로젝트는 현대 천문학에서 가장 중요한 두 가지 문제를 다루었다. BBC는 해왕성보다 20배 정도 떨어진 곳에 있는 태양을 공전하는 가상의 세계인 제9행성 탐사에 초점을 맞췄다.

그 얘기는 나중에 더 자세하게 설명하겠다. 이 프로젝트는 오스트레일리아 국립대학의 사이딩스프링천문대의 스카이매퍼망원경으로 수집한 이미지를 비교하는 작업이었다. 이 작업은 천천히 움직이는 물체를 찾기 위해 검사하던 중 서로 다른 날짜에 주어진 하늘 영역에서 촬영한 세 장의 별도 사진을 갖고 하는 비교였다.

　시리즈의 마지막 쇼 동안, 영상 사이에서 적절한 양의 움직임과 함께 하늘에서 정확히 오른쪽 부분에 물체를 보여주는 것처럼 보이는 일련의 모습을 발견했을 때, 별 관찰 생방송은 흥분으로 가득 찼다. 슬프게도, 같은 물체의 천천히 움직이는 세 장의 이미지가 아니라 알려진 세 개의 다른 소행성의 이미지가 캡처된 것으로 밝혀졌다. 따라서 제9행성은 별 관찰 생방송에서 찾기 어려웠다. 그러나 나중에 보게 되겠지만, 관측은 여전히 활발히 진행 중이다.

　더 성공적인 결과는 ABC의 2017 별 관찰 생방송 프로젝트에 유래했다. 여기서 시민 과학의 도전은 NASA의 케플러 우주선의 데이터를 통해 엄청난 성공을 거두는 것이었는데, 그 결과 다윈 출신의 젊은 이 앤드류 그레이가 네 개의 행성으로 외계행성 대박을 터뜨리는 결과를 낳았다.

　프로젝트의 리더인 크리스 린토트가 지적했듯이, 이 발견은 과학적으로 중요하다. 그 이유는 행성이 모항성과 매우 가까운 곳에 함께 모여 있는 것으로 알려진 태양계가 한두 개밖에 없었기 때문이다. 그리고 그것은 천문학자들에게 현재 연구에서 가장 뜨거운 주제 중 하나인 행성이 어떻게 형성되는지에 대해 더 많은 것을 말해 줄지도 모른다. 크리스, 앤드류, 그리고 전 세계의 시민 과학 프로젝트와 관련된 수백만의 일반인들에게, 이것은 지식의 선구자로 되돌리는 정말 흥미롭고 성공적인 방법이다.

　그리고 나에게도, 2017년 별 관찰 생방송은 예상치 못한 흥분의 순간을 가져다주었다. 내가 공식적으로 소개한 5691번 소행성은 ABC 버전 쇼로 생방송 되었는데, 사이딩 스프링에 있는 라스쿰브레스천문대의 2m짜리 망원경에 고마움을 표한다. 이처럼 큰 기구에서조차 조금 지루하지는 않더라도 이 완벽하게 평범한 메인 벨트 소행성은 단지 빛의 지점에 지나지 않는다. 그러나 2004년부터 왠지 익숙한 이름인 5691 프레드 왓슨을 사용해왔다. TV 모니터에서 움직이는 점을 보면 확실히 내 눈이 반짝인다.

마지막으로 별 관찰 생방송은 시민 과학이 뛰어난 것에 같은 눈을 뜨게 했고, 일반적으로 과학의 미래에 대한 큰 잠재력을 가지게 한다. 이러한 방식으로 청소년의 참여를 유도하여 매력적인 웹 인터페이스로 영리하게 설계된 시민 과학 프로젝트를 통해 실제 지식을 배우고 이바지할 기회를 제공한다. 고생물학에서 별 관찰, 야생 동물 관찰에서 빛 공해 추적에 이르기까지 모든 관심사를 위한 프로젝트들이 있다. 환경 위협을 해결하기 위해 그 어느 때보다도 과학이 필요한 시기에 이것은 희망적인 신호이다. 인류의 미래가 걸린 문제나 다름없다. 부담 갖지 않았으면 한다.

## CHAPTER 04

# 별똥별을 잡아라

## 유성, 운석, 우주먼지

한 세기 훨씬 더 전인 어느 이른 아침, 미국 동부의 많은 사람이 모두 같은 지점에서 시작된 것처럼 보이는 눈부신 별똥별의 전시에 매료되었다. 신비감에 휩싸였고 분명히 겁을 먹었다. 그들에게는 그 소식을 전할 현대 미디어가 없었다. 그런데도 그들은 꽤 잘했다. 대부분의 지방 신문들은 이 기념비적인 별똥별 폭풍에 관한 기사를 실었는데, 아마도 역사상 가장 활동적인 것으로, 초 당 30에서 40개의 별똥별이 하늘에서 비 오듯 내리고 있었다. 그 일은 1833년 11월 13일 이른 아침에 일어났다. 이후 3년 동안 예일대학의 수학과 자연철학 교수인 데니슨 올름스테드에 의해 기록되었다.

올름스테드의 연구는 폭풍 그 자체만큼이나 기념비적이었다. 그의 신중한 연구는 〈미국 과학 및 예술 저널〉에 실렸으며, 종종 매우 자세하게 설명된 많은 직접 설명을 포함하고 있다.

그리고 우리는 올름스테드가 이 이벤트에서 무슨 일이 일어났는지 알아낸 것에 대해 고마워해야 한다. 무수한 '빛의 줄기'가 한 지점에서 갈라지는 것처럼 보였기 때문에, 그는 물체가 평행선을 그리며 지구 대기로 진입하고 있다는 것을 깨달았다. 원근법은 동트기 전 동쪽 하늘에 높이 떠 있는 사자자리 별자리에서 비롯되었다는 인상을 주었다. 올름스테드는 지구의 밀도가 높은 입자 구름을 통과하기 때문이라고 해석했는데, 이는 그 자체가 우주를 통해 공통으로 움직였을 것이다.

우리는 이제 이 설명이 옳다는 것을 안다. 올름스테드가 추측한 입자들은 우주먼지나 오렌지 씨보다 크지 않은 작은 돌들이 빠른 속도로 지구 대기 상층부에 부딪히는 것이다. 그것들은 생성된 열에 의해 즉시 증발하고 하늘을 가로질러 쏘면서 10분의 1초 동안 눈부시게 빛난다. 빛을 내는 동안, 그것들은 유성으로 알려져 있는데, 이것은 16세기에 대기 현상을 의미하는 단어이지만, 현재는 보통 별똥별이라고 불리는 것을 특별히 용인한다. 그렇다면 대기에 도달하기 전 유성은 무엇일까? 아, 그것에도 역시 한 단어가 있다. 약간 불행한 유성체이다. 유성, 별똥별, 운석을 완성하는 운석은 대기를 통과해 지상에 도달하는 비행에서 살아남을 수 있도록 더 큰 크기를 가진 유성이다.

유성우에서 입자는 태양계가 형성하면서 나온 가스와 먼지구름의 얼음 잔재물이 몇 km을 가로지르는 '더러운 눈덩이'인 혜성에서 방출된다. 그것들은 종종 행성의 궤도 너머로 뻗어있는 매우 길쭉한 경로로 태양을 공전한다. 혜성이 우리별에 가장 가까이 있을 때 궤도 지점인 근일점까지 도달했을 때, 혜성이 눈에 띄게 되고 때로는 매우 두드러지게 된다. 여기에서 그것들을 함께 묶는 얼어붙은 기체는 태양 복사열에서 증발하고(또는 더 정확하게는 승화하고), 먼지와 기체의 밝은 꼬리를 형성할 수 있다.

놀랄 것도 없이, 혜성 궤도는 내부 태양계를 방문하는 동안 먼지투성이의 파편들로 흩어져 있다. 파편 덩어리는 모 혜성의 궤도를 공유하고 있으며 지구가 매년 태양 주위를 도는 동안, 우리 행성은 다양한 다른 혜성에서 나오는 일련의 먼지 흔적을 통과한다. 그 결과 잘 확립된 유성우 달력은 각각 '방사능'으로 알려진 지점에서 갈라지는 것으로 보인다.

그리고 각각의 소나비 이름은 '-ids'가 끝에 붙어 있는, 오히려 희미하게 빛나는 빛을 포함하는 특정 별자리를 따서 명명되었다. 만약 혜성의 궤도를 통과하는 지구의 경로가 특히 밀도가 높은 먼지 덩어리와 일치한다면, 유성우는 1833년에 일어나 유명해진 사자자리 유성군처럼 희귀한 유성우일 터이다.

그 유성우의 발견은 사자자리 유성군의 모 혜성이 발견된 1833년 유성 폭풍 이후 30여 년 만이다. 1865년 크리스마스 무렵, 빌헬름 템펠과 호레이스 파넬 터틀이라는 이름의 두 천문학자는 궤도 주기가 33년인 혜성을 각각 발견했다. 1866년에 근일점에 도달했다.

그해 11월 유럽에서는 사자자리 유성군의 유성에 대한 또 다른 인상적인 전시가 있었다. 초당 두서너 개의 유성으로 1833년의 이벤트만큼 장관을 이루지는 않았지만, 여전히 현저하게 풍부한 유성우를 나타냈다. 그다음 11월에도 두 사람은 좋은 전시물을 보았다.

나는 여러분이 여기서 재빨리 계산을 해보았을 것이고, 1833년 유성 폭풍은 혜성이 지구와 상대적으로 가까웠던 템펠-터틀 혜성의 근일점 통과와 또한 동시에 일어났다는 점을 알아챘을 것이라고 확신한다. 분명히, 이러한 소낙비는 혜성의 궤도에 있는 먼지가 혜성 자체와 가까운 곳에 집중되어 있다는 것을 암시했다. 그리고 확실히 1899년과 1933년 사이에 특이한 것 아무것도 만들어내지 못했지만, 1966년 미주 지역에서는 1833년 전시에 필적하는 유성 폭풍이 있었다. 목격자들의 증언에 따르면 '유성의 눈보라'가 있었다고 한다.

그때까지, 유성의 레이더 관측은 가능했고, 천문학자들은 사자자리 유성군 먼지 입자의 세부사항을 측정할 수 있었다. 그것들은 대부분 평균보다 가볍고(약 0.01g) 평균보다 더 높게(100km 이상 높이에서) 타버렸다. 유성천 궤도와 지구 궤도가 교차하면 가장 빠른 속도로 알려진 초당 72km의 속도로 대기를 진입하는 결과를 낳는다. 1980년대와 90년대에 역사적 사자자리 유성군 소낙비에 관한 추가 연구를 통해 천문학자들은 대부분의 사자자리 유성군 유성이 혜성 뒤를 따라갔는데, 궤도를 약간 벗어난 것을 확인할 수 있었다.

사이딩스프링천문대의 옛 동료인 데이비드 애셔와 로버트 맥노트를 포함한 많은 과학자에 의한 탐사는 그들이 유성 구름의 먼지 밀도 지도를 그릴 수 있게 해주었고, 이것은 그들이 1999년과 새 천 년의 첫 몇 년 동안 사자자리 유성군의 유성 활동을 예측할 수 있다는 것을 의미했다. 아니나 다를까, 1999년, 2001년, 2002년에 좋은 전시물들이 있었는데, 그중 일부는 내가 사이딩스프링천문대에서 일상적으로 관찰하는 동안 목격했다.

그리고 애셔와 맥노트의 보다 많은 최근 작업은 혜성의 어떤 근일점 통로가 특정 유성 표시를 유발했는지 정확히 발견하기 위해 몇 개의 먼지구름이 동반되는 혜성의 단순한 그림을 수정했다. 예를 들어, 1833년 유성 폭풍은 그해의 템펠-터틀 혜성의 근일점 통과가 아니라 1800년 이전에 방문한 혜성이 뿜어낸 먼지 흔적에 의해 발생했다. 오늘날, 강렬한 유성 폭풍에 대한 예측은 단지 시각적인 매력 때문만이 아니라, 우리 행성을 돌고 있는 모든 필수 첨단 기술 기반 시설들에 대한 위험성 때문에 관심의 대상이 되고 있다. 1833년에 위성통신은 어떻게 되었을까?

사자자리 유성군으로부터 이동하면, 그해에 구멍을 뚫는 다른 유성우들과 그들의 시조 혜성에 대한 정보를 온라인에서 쉽게 찾을 수 있다. 예를 들어, 10월 말에 세계 어디에서나 볼 수 있는 오리온자리 유성군은 가장 유명한 혜성, 즉 핼리 혜성의 먼지 흔적에서 비롯된다.

그리고 내가 가장 좋아하는 쌍둥이자리 유성군은 16세기 덴마크의 위대한 천문학자 튀코 브라헤의 생일인 12월 14일에 절정에 달한다. 그것들은 모체가 혜성이 아니라 3200 파에톤이라는 이름을 가진 먼지가 많은 소행성이라는 점에서 매우 이례적이다.

유성우를 관찰하는 것은 누구나 할 수 있는 일이다. 흥미로운 것은 사자자리 유성군 같은 폭풍이 일어날 가능성은 작지만, 무슨 일이 일어날지 전혀 알지 못하기 때문이다. 인내심 외에는 기술적인 장비가 필요하지 않기 때문에 쉽다. 소낙비 유성은 하늘의 어느 곳을 가로질러도 번쩍일 수 있으므로 쌍안경이나 망원경을 사용할 필요가 없다. 그것들을 소낙비 구성원으로 표시하는 유일한 것은 그것들이 이름을 딴 별자리에서 온 것처럼 보인다는 것이다. 가령, 12월의 쌍둥이자리 처럼.

따라서 가장 좋은 관찰용 액세서리는 따뜻한 옷, 뜨거운 초콜릿 한 잔, 한 시간 정도 하늘 전체를 주시할 수 있는 편안한 의자이다. 구름이 거의 없거나 전혀 없는 맑은 밤이 주요 전제 조건이지만 도시의 빛 공해에서 벗어날 수 있다면 훨씬 더 좋다. 미리 달력을 확인하고, 그 특별한 해의 모습이 달빛에 희석되지 않을 유성우를 선택하는 것도 도움이 된다. 보름달은 하늘을 밝게 하고 볼 수 있는 유성의 수를 줄여준다. 초승달과 반달 기간 사이의 달 상태를 목표로 하는 것이 가장 좋다. 달이 밤 전반기에 질 것이기 때문이다.

내가 언급해야 할 좋은 소낙비 관찰에 대한 또 다른 요구 사항으로 연결해보자. 안타깝게도 그것은 따뜻한 옷과 뜨거운 초콜릿보다는 덜 반갑다. 소낙비를 포착하려면 아침 시간 잠깐 밖에 나가 있어야 한다. 지구의 가장 중요한 반구는 자정 이후에 유성천의 먼지구름 속으로 뛰어들기 때문이다. 자정이 되기 전에 여러분의 하늘은 뒤를 향하고 있고, 소낙비 운석을 찾는 일은 헛수고가 될 것이다.

그렇다고 해서 초저녁에 별똥별을 내다보는 것이 소용없다는 말은 아니다. 여러분은 여전히 소낙비에 속하지 않는 산발 유성이라고 알려진 것을 볼 수 있을 좋은 기회가 여전히 있다. 그것들은 단순히 우리 행성의 대기에 의해 정갈하게 휩쓸리는 태양계 행성 간 먼지 입자들이다. 그것들은 행성이 형성될 때 생긴 잔여물이며, 하늘의 어느 방향에서나 올 수 있다. 이것이 산발 유성체와 소낙비 유성을 구별하게 해준다.

과학자들은 매일 지구 대기에 충돌하는 운석 물질의 총합이 50t 정도인데, 아마도 훨씬 더 많을 수도 있다고 추정한다. 그것은 적어도 10억 개의 개별적인 유성을 나타내는데, 여러분은 어떤 일이 일어나기를 기다리면서 고집스럽게 활동하지 않는 하늘 아래 서 있다는 것을 믿기 어려울지도 모른다.

유성은 잠깐 눈부실 뿐만 아니라, 그것들이 타면서 지구의 대기에 많은 다른 잡동사니들을 전달한다. 예를 들어, 대략 90km 높이의 대기 상층부에 유성에서 나온 나트륨층이 있다. 놀랍게도, 이것은 나트륨 가로등에서 보이는 친숙한 오렌지색으로 빛을 내어 흥분될 수 있으므로 천문학자들에게 유용하다. 광학 기기들이 고정할 수 있는 상향식 고출력 레이저는 나트륨층의 '인공별'에 에너지를 공급하기 위해 사용된다. 이것들은 대기 난류가 천문 관측에 미치는 영향을 제거하기 위해 고안되었는데, 적응제어광학이라고 알려진 기술이다.

그리고 불에 탄 유성은 또한 그것들만의 미세먼지 흔적을 남긴다. 그 흔적은 때때로 대기 얼음이 먼지로 응축되면서 눈에 띄게 되는 높은 고도의 구름으로 합쳐진다. 그것들은 지면에서 해가 진 후 오랫동안 태양에 의해 비칠 때 밤하늘을 배경으로 볼 수 있고, 한 시적인 전문가가 멋지게 표현한 것처럼 '야광 구름' 또는 '동결된 유성 연기'로 알려져 있다. 그것들은 땅 높이에서 해가 진 지 한참 후에 태양에 의해 빛날 때 밤하늘을 배경으로 볼 수 있고, 시적 전문가가 잘 표현했듯이 야광 구름 또는 성에 낀 유성 연기로 알려져 있다. 이러한 미묘한 빛의 도깨비불은 주로 여름철에 북부와 남부의 높은 위도에서 발생한다. 아마도 기후변화의 결과이겠지만, 최근 몇 년 동안 적도에 가까워질수록 더 많은 수가 관측되었다.

노련한 유성 관측자가 주의해야 할 또 다른 것은 불덩어리이다. 사실, 전혀 눈을 뗄 필요가 없다. 왜냐하면, 만약 온다면, 커튼을 치고 문을 닫은 실내에 있지 않은 한, 그것을 놓칠 수 없기 때문이다. 불덩어리는 매우 밝은 유성이다. 국제천문연맹의 정의에 따르면, 그것은 그 어떤 행성보다 밝은 행성이다. 물론 그것은 금성이 태양과 달 다음으로 가장 빛나는 자연 천체이기 때문에 금성보다 더 밝다는 것을 의미한다. 아마도 50만 개의 유성 중 한 개가 이 정의를 충족시킬 것인데, 종종 번개처럼 풍경을 밝힐 수 있을 만큼 충분히 밝을 것이다. 때때로 보이는 녹색 또는 붉은색은 상층 대기에 있는 산소 원자가 갑작스러운 에너지 입력 때문에 들뜨고 그 에너지를 빛의 형태로 방출하는 것이 특징이다.

혹시 불덩어리를 발견하면, 이벤트가 끝난 후 몇 분 동안 귀를 기울이는 것이 좋다. 때때로 대기 상층부를 관통하는 자살 비행 때문에 생성되는 음속 폭음은 땅에 닿을 만큼 강하며, 수십 km을 이동해 둔탁한 쿵쾅거리는 소리를 탐지할 수 있을 정도다.

유성 자체가 운석으로 땅에 떨어질 때, 우주로부터 공짜 선물인 값진 외계 물질의 보기를 제공한다. 다시 한번 말하지만, 전문가에게는 제2의 성질이지만, 나머지 우리에게는 전문용어의 당혹스러움이 있다. 예를 들어, '운석 낙하'는 발견되기 전에 대기를 통해 추적된 것이다. 일반적으로 육안 관찰로 추적되지만, 일부는 사막 화구 네트워크와 같은 자동화된 시스템에 의해 탐색 돼 왔다. 대기권을 통해 들어왔을 때 관측되지 않은 운석은 '운석 발견'으로 알려졌다. 세계의 과학적 운석 수집에서 발견된 것이 낙하한 것보다 훨씬 더 많다. 그리고 또 다른 주목할 점은 운석이 발견된 장소의 이름을 따서 이름이 붙여진다는 것이다. 그것은 거의 항상 지구 표면 어딘가에 있지만, 몇몇 개의 운석은 화성과 달에서 발견되었다. 화성에서 메리디아니 평원(오퍼튜니티 탐사선이 착륙한 곳) 운석이 발견된 곳은 어디일까?(그렇다. 2005년 1월 NASA의 오퍼튜니티 탐사선에 의해서다.)

운석은 여러 가지 범주로 나뉘지만, 대부분은 구성물이 돌이고, 약 5%는 다량의 철분을 포함하고 있다. 돌이 많은 운석은 콘드라이트로 알려져 있으며, 그 대부분은 46억 년 전에 형성된 행성에서 먼지가 많은 물질의 뜨거운 원반의 잔재물인 작고 둥근 입자로 구성되어 있다. 반면에 철분이 풍부한 운석은 오늘날 행성의 기본 구성 요소인 미행성체로 알려진 아기 행성의 코어에서 나온다. 원래 녹은 철은 이 작은 세계의 중심으로 가라앉았다. 이 운석들은 그 후 태양계의 초기 역사 동안 충돌 때문에 고체화된 금속 중심에서 떨어져 나갔는데, 그때 미행성체들은 소용돌이치는 아기 태양 주위를 둘러싼 물질 원반에서 서로 맞부딪쳤다.

놀랍게도, 철 운석은 행성 진화뿐만 아니라 인류 역사에도 한몫했다. 고대 이집트인들은 기원전 3,400년 정도의 오래전에 철로 만든 물건을 상으로 준 것으로 알려져 있다. 그 당시에는 철이 금보다 더 희귀했다. 왜냐하면, 고고학 연구 때문에 증명되었듯이 기원전 6세기에 이르러서야 철의 제련이 시작되었기 때문이다. 그렇다면 그 초기의 철은 어디서 왔을까?

그것은 신들의 고향인 하늘에서 나왔고, 이집트의 철 장신구를 분석한 결과 높은 수준의 니켈과 코발트로 되어 있었는데, 운석이 그 기원이라는 것이 확인되었다. 이 물건이 귀중한 것으로 여겨지는 것은 당연했고, 소년 왕 투탕카멘B.C 1336년~327과 함께 묻힌 장례용 단검은 지금도 모습을 보존하고 있다. 금색 손잡이와 칼집으로 둘러싸여 있으며 전문적으로 제작된 철제 칼날은 홍해 연안에서 수백km 떨어져 있는 운석의 구성 요소와 거의 일치한다.

아마도 모든 운석 중에서 가장 특별하고 가장 희귀한 운석은 오래전에 훨씬 더 큰 소행성들이 표면에 충돌했기 때문에 달과 화성에서 분출된 것으로 알려진 운석일 것이다. 현재 300개 이상이 달 운석이라 알려져 있는데, 이것의 식별은 아폴로 우주 비행사들이 채취한 암석과 토양 샘플과 유사성에 달려 있다.

그것의 표면을 분석한 결과 대부분은 지난 10만 년 이내에 달에서 방출된 것으로 나타났다. 그리고 약 220개의 운석이 화성에서 나온 것으로 알려졌다. 다시 한번, 그 화성 기원은 로봇 우주선으로 측정한 화성의 대기 및 암석과의 화학적 유사성에서 추론된다. 화성 운석은 서로 다른 구성 요소를 가진 그룹으로 세분되어 화성의 다른 위치에서 왔음을 시사한다. 그것들은 각각 인도, 이집트, 프랑스에서 각 부류의 첫 번째 운석이 발견된 지구의 장소에서 유래한 이름인 셰르고타이트, 나클라이트, 체신라이트라고 불린다. 사실, 화성 운석의 대부분은 셰르고타이트이다.

이 모든 물체는 특히 앨런힐스 운석ALH84001이라는 이름의 15cm 길이의 표본으로, 1984년에 발견된 남극대륙 일부를 따서 명명된 앨런 구릉 모튼이라는 이름으로 매우 잘 연구되어왔다. 이전에는 셰르고타이트로 간주하였지만 이제는 자체 소규모 그룹으로 분류된다.

유명하게도, 그것은 1990년대에 일부 과학자들이 화석화된 화성 생명체로 해석한 지구 박테리아와 유사한 작은 구조를 포함하고 있다. 비록 앨런힐스 운석으로 구성된 암석은 40억 년 전 화성이 따뜻하고 습할 때 형성되었지만(앨런힐스 운석은 가장 오래된 화성 운석 중 하나로 만들어짐), 오늘날 대부분 과학자는 화석의 식별을 기껏해야 추측성으로 간주하고, 이 구조물에 대한 순전히 화학적인 기원을 선호한다. 그런데도 앨런힐스 운석에 대한 지속적인 관심은 우주생물학 과학에 대한 보너스로 작용하여 유용한 사례 연구를 제공한다.

마지막으로, 믿을 수 없을 정도로 밝고 대기권에서 부서지는 불덩어리를 뭐라고 부를까? 아, 그건 불꽃별똥이다, 아니면 더 크고 더 밝다면 슈퍼불꽃별똥이다. 이 용어들은 과장된 표현처럼 들리지만, 기술적으로 정의된 강도로 여기에서는 걱정할 필요가 없다. 하지만 이 단계에서 소행성 충돌과 그 영향의 영역으로 넘어가기 시작한다. 완전히 다른 이야기다.

바로 그 전환은 최근 전 세계 머리기사를 강타한 이벤트이다. 이는 1908년 6월 퉁구스카 슈퍼별똥별 이후 외계에의 가장 큰 충격으로, 2,000$km^2$의 시베리아 숲이 지상에서 약 5km 위에서 작은 소행성이나 혜성 같은 것의 폭발 때문에 평평해졌다. 공교롭게도 이번 이벤트는 우랄산맥에 있는 러시아령의 추운 첼랴빈스크에서도 있었다.

2013년 2월 15일 아침 해돋이 때, 도시의 상공에서 연쇄적으로 슈퍼별똥별이 폭발하면서 지구 상공은 태양보다 30배나 더 밝은 빛을 발했다. 아무도 목격하지 않은 것으로 보이는 퉁구스카 이벤트와 달리 첼랴빈스크에서는 다 보았다.

그 도시에 다가오는 불덩어리와 그것들의 극적인 폭발에 대한 놀라운 기록을 제공해주는 보안용 카메라와 차량용 블랙박스가 아주 많았다. 야외에 있던 몇몇 사람들은 강렬한 방사능으로 인한 피부 화상을 보고했다. 그러나 섬광은 눈 덮인 풍경을 소리 없이 비추었고, 무슨 일이 일어나고 있는지 보기 위해 실내에 있는 사람들을 창문으로 데려갔다.

그리고 나서 88초 후 충격파가 찾아왔다. 문과 창문이 불쑥 나타나서 골조를 두드렸다. 자유롭게 서 있던 벽이 허물어지고, 창고 지붕이 무너졌다. 약 1,500명의 사람이 의료 처치를 받아야 했다. 대부분은 깨진 유리에 다쳤다. 플래시가 터진 후 학생들에게 책상 아래로 몸을 숙이도록 지시했지만, 유리가 날아서 심각한 상처를 입었던 교사 율리아 카르비셰바와 같은 영웅 이야기가 있다. 약 10만 명의 주택 소유자가 영향을 받았으며, 모든 사람은 다음 날 실외 온도가 -15°C 미만일 때 창문 없는 건물에서 온기를 유지하기 위해 애썼다. 그러나 자비롭게도 아무도 죽지 않았다.

이벤트 직후 사람들은 도시의 남쪽과 서쪽에 있는 유성 조각을 발견했고, 약 70km 떨어진 체바쿨 호수의 70cm 두께 얼음에서 큰 구멍을 발견했다. 그리고 그 후 몇 달 동안 과학자들은 궤도를 도는 우주선, 계기판 카메라, 보안 카메라, 손상 보고서, 지진계 및 운석 조각에서 이용 가능한 모든 정보를 수집했다. 이 중 가장 큰 것은 10월 16일 체바쿨 호수의 진흙 바닥에서 발견된 것으로 무게는 650kg이나 된다.

2013년 11월에 판결이 내려졌다. 국제적으로 유명한 두 저널인 〈사이언스〉와 〈네이처〉가 자세한 내용을 게재했다. 무게가 약 10,000t에 달하는 20m짜리 몸통이 초당 19km의 속도로 지구 대기에 들어가 첼랴빈스크 이벤트를 일으켰다.

그 치수는 운석이 아니라 소행성의 첨단에 위치하지만, 작은 크기와 태양에서 곧바로 들어오는 방향으로 인해 세계의 소행성 탐지 카메라를 피했다. 고도 29.5km에서 최고 밝기에 도달했지만 약 500kg의 TNT(히로시마 포격 원자탄 30개에 해당) 에너지로 몇 km 더 낮게 폭발했다. 지진계는 충격파로 인한 진도 2.7의 진동을 기록했다. 그리고 그 폭발은 남극대륙을 포함한 20개의 핵무기 감시소에 의해 감지된 사상 최대 규모의 대기 초저주파 음파를 생성했다. 지구 둘레를 적어도 두 번 돌면서, 이 초저주파 음파가 가라앉는데 꼬박 하루가 걸렸다.

첼랴빈스크의 슈퍼별똥별은 어디서 왔는가? 운석 파편을 조사한 결과, 그것은 한때 더 큰 소행성 일부였던 평범한 돌이 많은 콘드라이트(지름 0.3~3mm의 구상체를 함유한 석질 운석)였던 것으로 밝혀졌다. 그리고 그 궤도는 모든 카메라 영상을 분석한 후에 정확하게 지도를 만들 수 있었고, 태양 주위를 도는 길쭉한 궤도를 볼 수 있었다. 그것의 가장 먼 지점(원일점, 태양으로부터 가장 멀리 있는 지점)은 화성과 목성의 궤도 사이의 주 소행성 벨트 안에 있었고, 근일점(태양으로부터 가장 가까이 있는 지점)은 예기치 않게 지구 궤도 내에 있었다.

흥미롭게도, 슈퍼별똥별의 궤도와 1999 NC43이라는 이름으로 알려진 지구와 충돌 가능성이 있는 소행성의 궤도와 유사점이 있었다. 이 소행성 자체가 수백만 년 전에 충돌을 일으켜 첼랴빈스크 슈퍼별똥별이 표본이 될 수 있는 잔해 덩어리를 생성했다고 생각된다. 너무 크게 말하지 마라. 그것은 더 많은 사람이 오고 있다는 것을 의미할 수 있다.

이것은 우리가 걱정해야 한다는 것을 의미하는가? 사실, 지난 500년 동안 유성이나 소행성 충돌에 의한 소멸 사례는 기록되지 않았다. 이 장을 최근 역사상 가장 화려한 두 가지 천체의 불꽃놀이의 예로 북엔딩(세워놓은 여러 권의 책이 쓰러지지 않도록 양쪽 끝에 받치는 것)하면서, 나는 훌륭하고 해가 없는 mg 크기의 먼지 입자의 폭포에서부터 수천 톤의 무게가 나가는 결정적으로 위험한 물체에 이르기까지, '정상적인' 충격 현상이라고 불릴 수 있는 모든 범위를 포함하려고 노력했다.

하지만 그 이상의 것은 더 위험해진다. 우리는 그 충격이 행성의 역사를 크게 수정시켰다는 것을 알고 있다. 이 이론은 1970년대 후반에든버러에 있는 왕립천문대에서 광산을 연구하던 두 동료인 빅터 클루브와 빌 네이피어에 의해 개척됐다. 그들의 연구에 뒤이어 공룡의 죽음은 아마도 6천 6백만 년 전 지름 15km의 소행성이 멕시코만에 있는 지금 칙슬루브라고 불리는 곳에서 충돌한 결과임을 깨달았다.

그러나 그 후 40년 동안 우리는 지구 환경을 이해하는 데 엄청난 진전을 이루었다. 오늘날, 주어진 크기의 물체가 지구에 충돌할 확률은 잘 알려져 있다. 첼랴빈스크 크기의 충격체는 60년마다 세계 어딘가에서, 퉁구스카 크기의 충격체는 천년마다 강타할 것으로 예상한다. 그리고 칙슬루브 크기의 물체는 대략 1억 년마다 지구를 강타할 것이다.

그러나 통계가 모든 것을 말해 주는 것은 아니다. 첼랴빈스크 슈퍼 별똥별이 발사된 지 6년도 채 안 된 2018년 12월 18일, 좀 더 작은 물체(너비 약 12m)가 러시아 동부의 외딴 캄차카반도에 공기 폭발 화구를 만들었다. TNT 173kt(킬로톤)의 에너지가 방출된 이 사건은 사람의 눈으로는 보이지 않았지만, 관련 없는 두 개의 연구 위성으로부터 온 이미지와 적외선 감지기 때문에 포착되었다. 다시 한번, 충돌 지점 아래에 거주지가 있었다면 창문이 깨졌을 것이다.

통계적으로 이는 20~40년마다 발생할 것으로 예상하는 사건이다. 첼랴빈스크 충격 직후에 발생했다는 사실은 이러한 현상의 확률적 특성을 보여준다. 1900년 이후 러시아 전역에서 발생한 가장 큰 세 가지 유성 이벤트의 흥미로운 우연은 그 크기로 설명된다. 러시아는 육지 면적 기준으로 세계에서 가장 큰 나라이다.

이제 잠재적으로 위험한 소행성을 찾는 자동 망원경들의 배터리가 장착되었다. 그리고 그것들이 제공하는 경고와 함께 어떤 위협적인 충격에도 대응책을 마련할 수 있을 가능성이 크다. 다행히도, 물체가 클수록 찾기가 더 쉽다. 1km 이상 되는 모든 위험한 소행성들의 90%가 이미 알려진 것으로 추정된다.

현재 탐사 프로그램은 140m 이하의 물체들에 집중하고 있으며, 그중 40여 개가 매달 발견된다. 소행성 중 극히 일부만이 잠재적으로 위험한 것으로 분류되며, 보통 특정 물체로부터의 위협 수준은 지속적인 관측을 통해 궤도가 더 잘 특성화됨에 따라 급격히 떨어진다. 첼랴빈스크 슈퍼별똥별과 같이 그물을 통해 미끄러지는 작은 물체는 드물게 발생하며, 기술이 향상될수록 더 희귀해질 것이다.

## CHAPTER 05

# 전파의 침묵

## 세계에서 가장 조용한 장소

사람들은 천문학자가 하는 일을 상상할 때, 괴짜 같은 흰 옷을 입은 사람(보통 대머리의 백인 중년 남성)이 가늘고 긴 망원경을 통해 들여다보는 것을 상상하는 경향이 있다. 그냥, 뭔가를 찾고 있는 것 같다.

"오, 저기 성운이 있네. 어제는 못 봤어. 이름을 붙이는 게 좋을 거야. 141244+031227B는 어떨까? 뭐? 지난주에 썼다고? 젠장, 잠깐, 없어졌어. 렌즈가 흐릿해. 윈덱스(요트 등의 돛대 꼭대기에 달린 풍향계)는 어디 있지?"

그 고정관념은 더 틀릴 수 없다. 지난 세기 동안 거의 모든 천문학은 우주가 작동하는 방식을 이해하기 위한 전 지구적 탐구의 일환으로 특정 과학적 질문을 염두에 두고 수행되었다. 오늘날, 망원경과 망원경의 보조 장비는 기술의 절대적인 최첨단에 있는데, 이것은 정부가 그러한 기술 발전을 촉진하기 위해 별 과학에 자금을 대는 한 가지 이유이다.

그리고 종종 망원경과 그 기구들은 그것을 사용하는 과거 세대보다 훨씬 더 젊고, 여성스럽고, 더 다양한 배경을 가진 천문학자로부터 수백, 심지어 수천 km 떨어져 있다. 나는 내 동료 중에서 많은 젊은 여성 천문학자들을 셀 수 있게 되어 영광이고, 그들이 하는 일에 대한 존경심으로 가득 차 있다.

예를 들어 리사 하비-스미스는 천문학 및 과학 커뮤니케이션의 저명한 교수일 뿐만 아니라 오스트레일리아 정부 최초 STEM(과학/기술/공학/수학)의 여성 홍보 대사이기도 하다. 오스트레일리아 원주민 천문학 연구를 통해 과학 연구를 보완한 위라주리 출신 여성학자 커스틴 뱅크스도 있다.

게다가, 오늘날 천문학자들은 먼 천체의 물체로부터 우리에게 정보를 가져오는 모든 다양한 메신저를 이용한다. 시공간에서 아원자 입자와 중력 파동은 가장 최근에 사절단의 목록에 추가됐다. 그러나 우리가 우주에 대해 알고 있는 것의 대부분은 전자기 복사로부터 비롯됐다. 그렇지만 진동의 주파수에 따라 감마선에서 전파에 이르기까지 모든 것을 전달하는 진동 전기장과 자기장의 전체적인 스펙트럼이다.

예를 들어, 적외선 천문학자들은 우주에서 온 열복사를 본다. 전파 천문학자들은 많은 자연방사선 방출을 관찰하고, X선 천문학자들은 매우 높은 에너지원에서 나오는 자연방사선을 조사하는 반면 광학 천문학자들은 우리가 모두 익숙한 평범한 가시광선을 사용한다. 그리고 자주 묻는 말에 답하기 위해 이러한 모든 다른 유형의 천문 관측은 구

우주 연대기

식 가시광선 종류를 포함하여 똑같게 중요하다. 사실 가시광선은 전자기 복사의 전체 스펙트럼에서 중심 위치에 있으므로 장파장 관측과 단파장 관측 사이에 중요한 연결 고리를 제공한다.

이렇게 다양한 파장대로 우주를 탐험하는 것은 과학자들이 다양한 방출 과정을 초래하는 거대한 범위의 물리적 조건들을 통해 우주에서 무슨 일이 일어나고 있는지에 대한 그림을 그릴 수 있게 해준다. 예를 들어, 별의 뜨거운 표면은 가시광선으로 타오르고 온도에 따라 자외선이나 적외선도 사용한다. 반면에 우주의 차가운 분자는 mm 이하의 전파 파장을 효율적으로 방출한다. 따라서 상상할 수 있듯이 한 가지 유형의 관찰만 하는 것은 지그소 퍼즐(여러 개로 쪼갠 한 장의 그림을 원 그림대로 맞추는 장난감)에서 한 조각만 갖는 것과 약간 비슷하다. 다행히 현재 상황과는 거리가 멀다.

천문학에서의 내 경력의 대부분은 대형 광학 망원경과 관련되어 있다. 그러나 오늘날 가장 흥미로운 과학 중 일부는 오스트레일리아가 오랫동안 우수한 역사가 있는 전파 천문학에서 수행되고 있다는 점이다.

오스트레일리아의 전문 지식은 2차 세계대전 동안 시드니 대학에 있는 수수께끼 같은 곳으로 알려진 방사선 물리학 연구소에서 수행된 레이더 연구에서 비롯되었다. 적대 행위가 끝난 후, 이름이 바뀐 오스트레일리아 연방과학산업연구원CSIRO 방사 물리학 부서는 여러 평화 시기에 연구 그룹으로 분할되었으며, 그중 하나는 외계 소스의 '전파

소음'을 조사하는 임무를 맡았다.

처음에 이 그룹은 태양의 전파 방출에 집중하여 시드니 항의 남 헤드 근처에 있는 도버 하이츠의 절벽 꼭대기에 독창적인 안테나를 설치했다. 도버 하이츠 설비는 1947년까지 훨씬 더 멀리 떨어진 우주 전파소스를 측정하는 데 사용됐다.

그리고 우연히 오스트레일리아 과학자 중에 세계 최초의 여성 전파 천문학자인 루비 패인-스콧1912~981이 있었다. 루비의 이야기는 과학계의 부당한 성차별에 맞선 놀라운 용기 중 하나이다. 뉴사우스웨일스에서 태어나고 자란 그녀는 시드니 대학에서 교육을 받았으며, 그곳에서 탁월한 학문적 경력을 쌓았다. 방사선물리학연구소에서 그녀는 전쟁 중, 혁신적인 새로운 도구와 기법 설계와 함께 새로운 전파천문과학에 상당한 전후 공헌을 이끌었다. 출산휴가 같은 것이 없었기 때문에 1951년 연방과학산업연구원에서 사임할 수밖에 없었던 루비는 아이를 키우고 전쟁 전에 잠시 관계를 맺었던 학교 교사로 다시 돌아왔다. 오늘날 살아 있다면, 루비는 STEM의 거물 중 한 명이 되었을 것이다. CSIRO가 2008년에 가족 관련 휴직에서 돌아오는 직원들을 지원하기 위해 루비 패인-스콧 상을 제정한 것은 적절하다.

막대한 양의 전시 레이더 장비를 실험실과 스텝들이 함께 이용할 수 있게 된 것이 전파 천문학의 급속한 발전을 촉발했다. 처음에 이 새로운 과학의 공급자는 광학 천문학 상대자들로부터 깊은 의심을 받은 엔지니어들이었다. 예를 들어, 1947년 당시 커먼웰스천문대(현 마운트 스트롬로 천문대)의 책임자였던 리처드 울리가 전파 천문학이 10년 안에 어디에 있을 것으로 생각하느냐는 질문을 받았을 때, 그는 간단히 '잊혔다'라고 대답했다. 울리는 그의 재치로 유명해지지 않았다.

하지만 결국 두 파장대는 상호 보완적인 것으로 여겨졌고 오스트레일리아는 전 세계적으로 우수한 전파 천문학 중심지 중 하나가 되었다. 1961년 뉴사우스웨일스 중서부에 있는 파크스의 상징적인 지름 64m 전파 망원경의 출범을 통해 전파 은하와 그보다 더 이국적인 사촌인 퀘이사(우주 끝에 발견된 새로운 천체로 밝기가 보통 은하의 100배나 되는 준 항성 천체)에 대한 초기 연구와 더불어 은하수 및 별들 사이의 희박한 가스에 관한 연구가 가능해졌다. 이 망원경은 또한 1960년대 말과 70년대 초 NASA의 아폴로 계획에서 그 역할로 역사를 만들었다. 2000년 영화 〈어떤 요리〉에서 그 극화를(거의 진실한) 누가 잊을 수 있을까?

나는 항상 파크스 접시를 세계에서 가장 그림 같은 전망대 중 하나로 생각해왔는데, 구방계곡의 목초지에 있는 구불구불한 언덕 사이에 편안히 자리 잡고 있고, 그곳에서 단순히 자란 것처럼 모든 세계를 찾아다녔다. 그러나 오늘날 가장 상징적인 오스트레일리아의 전파 천문대는 매우 다른 품위를 가지고 있다.

그것을 보려면 붉은 흙과 단단한 덤불이 탁 트인 풍경을 지배하는 서부 오스트레일리아의 외만 내륙으로 여행해야 한다. 해안 도시인 제럴턴에서 북동쪽으로 약 300km 떨어진 곳에 머치슨전파천문대가 있다.

이곳은 전통적인 소유자인 와자리 야마쯔 족이 수만 년 동안 그곳에서 하늘을 지켜보았던 넓은 지역을 차지하고 있다. 오스트레일리아의 유명 TV 방송인이자 와자리 야마츠 족의 장로인 어니 딩고는 2017년에 전망대를 찾은 열성적인 방문객이었다. 그는 독특한 감각으로 새로운 라디오 요리에 대해 논평했다.

"이곳은 야생화의 나라인데, 그것은 마치 땅에서 자라는 아름다운 거대한 하얀 야생화와 같다."

그들은 그렇게 생각한다.

이 천문대는 많은 최첨단 망원경 집합체를 보유하고 있다. 여기에는 2020년대 세계에서 가장 큰 망원경이 될 전파 천문학 분야의 차세대 국제 프로젝트인 오스트레일리아 선도자 스퀘어킬로미터어레이SKA를 포함하고 있다. 그 이름이 시사하듯, 그것은 백만 m²의 수집 면적을 갖게 될 것이며, 남아프리카보다 많은 안테나와 연결된 서부 오스트레일리아에 매우 많은 수의 개별 안테나를 구성할 것이다.

정확히 말하면, 남아프리카 집합체는 기억나지 않지만 '스퀘어킬로미터어레이SKA'로 알려진 같은 상부 조직에 속하지만 실제로 별도의 망원경이 될 것이다. 조직의 본부는 영국의 파크스 디시(파크스천문대는 아폴로 11호의 달 착륙에 도움을 준 접시 아테나가 설치된 천문대)에 해당하는 체셔의 매이클즈필드 근처에 있는 조드럴뱅크천문대에 있다.

사실 남아프리카공화국과 오스트레일리아는 지난 10여 년 동안 SKA 길잡이 망원경을 운용해 왔으며, 현재는 자체적으로 천문대를 운영하고 있다. 남아프리카에서 길잡이는 미어캣MeerKAT이라는 자신의 이야기를 들려주는 다소 화려한 이름을 가지고 있다.

그래서 어떻게 되었을까? 물론, 여러분은 미어캣으로 알려진 작고 귀여운 아프리카 몽구스 같은 미어캣 사진을 본 적이 있을 것이다. 하지만 KAT는 카루 어레이 망원경 약어인데, 케이프타운에서 북동쪽으로 약 450km 떨어진 높은 카루에 있는 기기의 위치를 따서 불렸다. 원래는 20개의 안테나를 설치할 계획이었지만 남아프리카 정부의 후한 예산 증액으로 64개로 확대되면서 KAT가 더 많아졌다.

그것은 머치슨의 동급제품인 호주 제곱킬로미터 어레이 패스파인더ASKAP로 알려져 있다는 사실을 말하는 것은 조금 당황스럽다. 하지만 우리 천문학자들이 상상력이 전혀 없다고 생각하지 않도록 머치슨에서 진행되는 두 가지 조사 프로젝트는 각각 시야가 넓은 호주 제곱킬로미터 어레이 패스파인더ASKAP와 밴드 유산 전체을 대표하는 왈라비(호주 캥거루)는 우주의 진화지도라는 점을 알려 드리게 되어 기쁘다.

스퀘어킬로미터어레이SKA의 아프리카와 오스트레일리아의 길잡이 사이에 건전한 경쟁이 분명히 있지만 둘은 상호 보완적인 능력을 갖추고 있다. 그렇다. 각각은 비슷한 크기의 접시 안테나를 가지고 있다. ASKAP의 경우 지름 12m의 안테나 36개, 미어캣의 경우 지름 13.5m의 안테나 64개가 있다. 둘 다 엄청난 양의 디지털 데이터를 매분 쏟아낸다. 그러나 그것들의 주파수 범위는 겹치지만 다소 다르다. 일반적으로 남아프리카 천문학자들은 오스트레일리아 천문학자보다 더 높은 주파수 데이터에 관심이 있는데, 전파 수신기의 사양이 이를 보여준다.

머치슨 천문대는 과학 연구용만큼이나 SKA를 위한 새로운 기술을 시험하기 위해 만들어진 호주 제곱킬로미터 어레이 패스파인더 ASKAP 외에도 많은 새로운 전파 망원경을 자랑한다. 겉모습에서 가장 궁금한 것은 깔끔함에 집착하는 누군가가 배열한 대형 금속 코트 옷걸이들로 가득 찬 옷장을 닮은 머치슨 와이드 필드 어레이다.

고정 안테나는 하늘 전체에서 저주파 전파를 포착한다. 그다지 인상적이지 않은 엣지스EDGES는 전파 망원경보다 저녁 식사 세팅과 함께 제공되는 의자를 제외한 커다란 금속 식탁처럼 보인다. 그러나 미국에서 운영하는 엣지스는 정말 놀라운 능력을 갖추고 있다. 그것의 약자는 약간 모호하지만, 그 임무는 간단하다. 엣지스는 우주에서 최초로 빛나는 별을 감지하기 위해 제작되었다. 야심 찬 일이자 약간의 로맨스가 있는 일이다.

알다시피 과학은 오늘날 우리가 보는 우주는 138억 년 전 폭발 이벤트에서 시작되었다고 한다. 그 폭발은 우리가 빅뱅이라고 이름 붙임으로써 다소 과소평가되어 왔다.

빅뱅 이후 수억 년 동안 어떤 별도 빛나지 않았고, 천문학자들은 이 시기를 '암흑시대'라고 부르지 않을 수 없다. 최초의 별들이 언제 생명체에 불붙어 종말을 고하게 되었는지를 밝혀내고자 하는 탐구는 천문학자들이 우주에서 더 멀리 내다볼 때 시간을 거슬러볼 수 있는 능력에 달려 있다. 물론, 오래된 속임수는 빛의 유한한 속도에 의해서 우리에게 온다. 그리고 전파도.

하지만 잠깐만. 그것은 당신이 최초의 별을 찾기 위해 우주 거의 모든 시대를 되돌아보아야 한다는 것을 의미하지 않겠는가? 그리고 그 거리에서 각각의 별들은 믿을 수 없을 정도로 희미하지 않는가? 이 두 질문에 대한 답은 '예'이다.

그러나 천문학자들은 또 다른 속임수를 가지고 있다. 첫 번째 별들은 가시광선으로만 빛나는 것이 아니다. 그것은 또한 엄청난 양의 자외선을 방출했고, 그것은 그것들이 담가둔 차가운 수소 가스를 변형시켰다. 그 가스는 이미 자체 전파 신호를 방출하고 있었지만, 첫 번째 별에 의한 변화는 그 위에 타임 스탬프를 새겼고, 이는 오늘날 탐지할 수 있을 것이다. 결정적으로 가스가 하늘 전체에 퍼지기 때문에 특정 방향을 바라볼 필요가 없다. 그리고 엣지스는 수평선 위의 모든 것을 볼 수 있다.

이 지나치게 성장한 식탁이 이제 밝힌 것은 빅뱅 이후 약 1억 8천만 년 만에 최초의 별들이 켜졌다는 것이다. 이것은 놀랍도록 이른 것이지만, 유아 우주에 있는 젊은 은하계의 다른 측정과 관련이 있다. 훨씬 더 놀라운 발견은 배경 가스가 예상보다 훨씬 차가웠다는 것이다.

이것에 대한 가능한 설명은 그것이 오늘날의 우주에서 일어나지 않는 신비한 암흑물질과 상호 작용하고 있다는 점이다. 19장에서 알게 되겠지만 암흑물질은 우주 질량의 가장 중요한 구성 요소이지만 중력에 의해서만 드러난다. 초기 우주에서 정상적인 물질과 더 강한 상호 작용을 한다는 힌트는 암흑물질의 정체성에 대한 단서가 될 수 있다. 그러나 별들 활성화의 정확한 시대와 마찬가지로 글을 쓰는 시점에서 독자적으로 확인해야 할 결론이다.

엣지스 관측은 또한 전파 천문학에 대한 머치슨 천문대의 특이한 가치를 강조한다. 광학 천문학자가 희미한 별과 은하를 관찰하기 위해 인공 광공해로부터 해방해야 하는 것처럼 전파 천문학자에게는 전파 정숙성이라고 하는 같은 것이 필요하다.

만약 여러분이 명왕성같이 멀리 떨어져 있는 휴대전화에서 신호를 포착할 수 있는 망원경을 가지고 있다면, 사람들이 만든 전파 신호의 울퉁불퉁한 불협화음으로 둘러싸인 도심 근처에 망원경을 두는 것은 별로 좋지 않다.

머치슨 지역은 그 외딴 지역, 낮은 인구 밀도, 전파 통신량으로부터의 자유로 그 법안에 완벽하게 들어맞는다. 실제로 사이딩스프링천문대가 빛과 공해로부터 법으로 보호되는 것처럼 머치슨도 영 연방과 서오스트레일리아 정부가 설립한 지름 500km 이상의 전파가 조용한 구역으로 보호되고 있다.

이러한 이유로 머치슨의 모든 사람이 자신이 하는 일을 자랑스럽게 생각하지만, 방문객들은 정중하게 낙담한다. 대신, 그들은 온라인에 접속해서 그곳의 시설들을 좋은 인상을 주는 매력적인 가상의 관광을 찾도록 촉구받는다. 엣지스가 감지한 믿을 수 없을 정도로 약한 신호가 VHF 방송 파장 대역의 한가운데에서 발견되었다는 사실을 깨달았을 때 비로소 서오스트레일리아에서 가장 잘 알려지지 않은 자연 자산의 진정한 의미를 인식하기 시작한다. 그것은 전파 침묵이다.

## CHAPTER 06

# 지구 밖 경제
## 우주에서 비즈니스 하기

　달 조각을 어떻게 사고 싶은가? 아니면 화성? 아니면 금성이나 수성? 아니면 그 문제에 대해서는 우주의 다른 어떤 곳이라도? 글쎄, 여러분은 할 수 있는데, 달 대사관이라는 인상적인 이름을 가진 기관으로부터. 그리고 달 대사관은 네바다주 가드너빌에 사는 데니스 M 호프라는 이름을 가진 전 복화술사이자 배우, 신발 판매원이 세운 흠 잡을 데 없는 신임장을 가지고 있다.

　이 신사는 달과 다른 여러 천체의 정당한 주인이라고 주장한다. 그의 주장은 그가 1980년 유엔과 미국, 소련 정부에 자신의 주장에 대해 반대하는지 묻는 편지를 썼지만 아무런 대답도 받지 못했다는 사실에 근거를 두고 있다. 그 이후로 그는 달의 재산에 대한 자신의 행위를 매우 진지하게 받아들이는 것처럼 보이는 고객에게 이 세계의 표면 일부를 나누어줌으로써 성공적인 생활을 하고 있다. 개인적으로 나는 작은 글자로 인쇄된 부분을 주의 깊게 살펴볼 것이다. 어느 쪽이든, 호프 씨는 부자가 되었다.

달 대사관 사건은 천체의 소유권을 주장하는 또 다른 유명한 주장을 반영한다. 그것은 지구와 가까운 소행성 에로스가 아이다호주 트윈폴스의 그레고리 네미츠의 소유물이라는 놀라운 주장이다. 지난 2000년, 네미츠 씨는 특히 그 목적을 위해 만들어진 것으로 보이는 아르키메데스연구소라고 불리는 단체에 소유권 주장을 제기했다.

그러나 2001년 2월 NASA가 에로스에 니어-슈메이커 탐사선을 성공적으로 착륙시켰을 때, 네미츠는 20달러의 주차비 청구서를 우주국에 보냈다. 이는 최초로 연간 20센트의 주차료를 부과한 것이었는데, 글쎄… 영원히, 우주선이 그곳에 얼마나 오래 남아 있을지 기대된다. 물론 NASA는 이 주장에 대해 이의를 제기했고, 오랜 법적 절차를 거쳐 네미츠 씨가 실제로 33km 길이의 소행성을 소유하고 있다는 것을 증명할 수 없었기 때문에 이 사건은 기각되었다.

이것들은 아마도 반세기 이상 지속하여 온 외계 재산권에 대한 상당히 낙관적인 주장 중 가장 잘 알려진 예이다. 우스꽝스럽게 보일지 모르지만, 그것은 심각한 면이 있다. 예를 들어, 네미츠 씨는 에로스가 아마도 다소 가치가 있다고 주장했을 때 알고 있었을 것이다.

1999년, 이 소행성은 세계 전자 산업에 필수이지만 지구에서는 실망스럽게도 희귀한 금속의 공급원으로서 엄청난 잠재력을 가진 것으로 알려진 최초의 소행성 중 하나가 되었다. 에로스는 지각에서 찾을 가능성보다 더 많은 백금, 금, 은, 아연, 알루미늄 그리고 다른 금속을 포함하고 있는 것으로 추정된다. 1999년 보수적으로 전망해도 그 가치가 20조 달러에 이르렀다. 물론, 만약 여러분이 모든 자원 장악, 비축 그리고 다량을 세계의 금속 시장에 버린다면, 그것들의 가치는 떨어질 것이다. 하지만 그것이 그렇게 접근할 수 없다는 사실은 적어도 현재로서는 그럴 가능성이 작다는 것을 암시한다.

나는 오늘날 대부분 사람이 우주를 포함하는 영리사업이 많은 사업이라는 것을 깨닫고 있다고 생각한다. 연간 글로벌 매출액이 4천억 달러에 달하는 이 세상은 내가 1960년대에 관여했던 것과는 완전히 다른 세상이다. 그 당시 우주는 주로 소련과 미국의 두 초강대국 정부의 영토였다. 그것의 주된 활용은 군사력이었으며, 과학적 개발은 우리가 많이 성취하지 못한 것이 아니라 열악한 관계로 외투 뒷자락 잡기에 집착했다. 물론, 인류의 우주 탐험의 원동력은 냉전 경쟁이었다. 아폴로 달 프로그램은 초기 노력을 보여주는 단적인 예이다.

오늘날 우주는 인간 활동의 거의 모든 면에서 한 부분을 차지하고 있으며, 상업 부문은 비용이 가장 큰 부분을 차지하고 있다. 통신, 방송, 내비게이션, 농업, 일기예보, 기후 모니터링, 자원 및 토지 이용 관리 등 목록은 거의 끝이 없다. 그리고 점점 더 많은 수의 국가 우주 기관에 의해 좌우되는 시장 참가자 수가 빠르게 증가하고 있다. 2019년 중반 현재 72개 이상의 우주 기관이 운영 중이며, 놀랍게도 가장 최근의 것은 2018년 7월 1일 오스트레일리아가 설립한 기관이다.

우주에 대한 상업적 투자는 2010년 오바마 행정부가 국제우주정거장ISS의 우주인 점유를 가능하게 하고 달 여행을 촉진하는 것으로 기획된 3단계 벤처 사업인 NASA의 별자리 프로그램이 예산 초과로 취소했을 때 많이 증가했다. 그래서 결국 화성으로 향했다. 원래 아폴로와 우주 왕복선 프로그램을 위해 개발된 기술을 활용했음에도 불구하고 별자리 프로그램은 궁극적으로 상당한 자금 증가 없이는 지속 불가능한 것으로 간주하였다.

대신 미래 우주 탐사에 필요한 첨단 기술에 집중할 수 있는 우주국을 위한 새로운 비전이 공개되었다. ISS 서비스의 '일상적' 작업은 상업 부문에 위임되었다. 그것은 이미 필요한 기술 개발을 촉진하기에 좋은 위치에 있으며, 여러 회사가 새로운 발사체와 우주선을 제공하기 위해 NASA와 계약을 맺었다.

예를 들어 스페이스X는 전직 페이팔(해외 구매 시 사용할 수 있는 결제 시스템)의 젊은 귀재이자 지금은 전위 기업가인 일론 머스크가 설립한 우주 운송 회사로, 최초의 민간 운영 우주선이 국제우주정거장에 화물을 인도한 2012년 5월 역사를 만든 드래곤 캡슐과 함께 팰컨 시리즈 발사체를 개발했다.

머스크는 우주가 아닌 다른 분야에서 지속 가능성을 높이기 위해 과감한 노력으로 끊임없이 화제를 모았고, 테슬라 전기차도 빠르게 자동차 제조사들의 새로운 기준이 되고 있다. 그는 2017년 남오스트레일리아 풍력발전소에 세계 최대 리튬 이온 배터리 설치를 촉진해 현재 실현된 에너지 비용 절감을 약속했다. 글을 쓸 당시 머스크의 크루 드래건(처음으로 민간 유인 우주여행에 성공한 우주선)은 지구 궤도를 오가는 우주 비행사를 이송하기 일보 직전이며, NASA가 이러한 택시 서비스를 위해 러시아 소유즈 운송 수단에 했던 8년 간의 의존을 끝냈다.

이 분야에서 그의 가장 큰 업적은 첫 번째 단계는 로켓이 후속 발사에 사용하기 위해 연착륙할 수 있다는 것이다. 이로 인해 물질을 지구 궤도에 전달하는 비용이 kg당 약 2만 달러에서 약 10%로 감소했다. 물론 그의 야망은 팰컨에 그치지 않았다. 이름이 때때로 흥미롭게 변하는(가장 최근에는 약간 의심스러운 대형 팰컨 로켓Big Falcon Rocket)에서 스타십(항성 간 이동을 할 수 있도록 설계된 가상의 우주선까지), 훨씬 더 큰 우주 수송 시스템은 승객을 모험으로 화성에 데려가기 위한 것이다. 11장에서 다시 살펴볼 것이다.

국제우주정거장 화물 관세를 염두에 두고 중형 리프트 로켓을 개발하고 운영하기 위해 NASA와 계약을 맺은 다른 여러 미국 회사가 있다. 여기에는 노스롭 그루먼(원래 궤도과학으로 개발된 안타레스 로켓을 운영하고 있음)과 보잉을 통합한 대규모 유나이티드 런치 얼라이언스가 포함된다. 이와 같은 회사는 유럽 아리안 로켓 시리즈를 운영하는 에어 버스와 국방 및 우주와 같은 다른 오래된 우주 계약 업체와 함께 기존의 상업용 우주 비행이라고 할 수 있는 연표에서 친숙한 이름이다.

물론 무인 통신과 원격 감지 위성, 전문 과학 위성, 그리고 군사 감시 위성 등의 발사 및 운영과 같은 임무는 수십 년 동안 상업 부문에서는 상투적이었다. 그러나 머스크와 제프 베조스(아마존 창업자로 재사용 가능 발사체를 개척한 블루오리진 사 창립자)와 같은 새로운 플레이어가 인식한 것은 이제 우주를 보다 직접 활용하여 많은 돈을 벌 수 있다는 것이다. 이 기업가들은 지구 밖 자원경제 시대가 자신의 시대가 될 것이라는 야망을 깨달았다.

이것이 보여주는 가장 눈에 띄는 징후는 지구 밖 관광 산업이다. 우리는 우주 관광이 거의 20년 가까이 코앞에 다가왔다는 이야기를 들었지만, 여전히 티켓을 사서 우주로 날아가는 것은 가능하지 않다. 이는 대부분 이를 안전하게 달성하기 위해 기술을 구현하는 것이 얼마나 어려운지를 반영한다. 그러나 우주 관광은 완전히 허구는 아니다.

2001년 최초의 우주 여행객인 백만장자이자 미국인 엔지니어 데니스 티토가 소유즈 우주 캡슐에 탑승한 이후 국제우주정거장ISS에는 7명의 유료 방문객이 있었다. 그 중, 찰스 시모니는 두 번 갔다. 이 여행은 모두 러시아 우주선의 예비 좌석을 사용하여 승객을 ISS로 이동하였는데, 스페이스 모험체험관서라는 회사가 모두 중개했다.

이런 종류의 궤도 우주 관광은 매우 비싸다. 이 승객 중 누구도 여행 경비로 미화 2천만 달러 미만을 지급하지 않았으며, 여행은 각각 8~15일 동안 지속하였다. 이들 중 한 명은 그 두 배를 지급한 것으로 알려져 있다. 러시아우주국인 로스코스모스가 여분의 좌석이 있는 동안에 이것이 감소하던 재산을 높이는 효과적인 방법이라고 본 것은 놀라운 일이 아니다.

NASA의 우주 왕복선 프로그램이 중단되었을 때 이 가용성은 사실상 끝났고, 마지막으로 지급한 고객은 2009년에 비행했다. 스페이스 어드벤처스는 티켓 가격이 미화 1억 5천만 달러에 달하는 미래의 달 궤도 탐사를 포함하여 고급 우주 관광 티켓을 계속해서 판매하고 있다. 놀랍게도 그들은 소수이지만 선뜻 응하는 사람이 있다고 주장한다.

이런 종류의 것은 결코 대중 시장 관광이 될 수 없다. 그래서 더 싼 종류의 우주 관광의 잠재력을 알아보는 것은 다른 공상가들에게 넘어갔다. 이들 중에서 리처드 브랜슨 경보다 더 눈에 띄는 사람은 없다. 브랜슨은 자신의 회사인 버진 갤럭틱을 통해 티켓당 약 미화 20만 달러로 우주 체험을 제공하고 있다. 그리고 첫 번째 수익 창출 항공편은 아직 만들어지지 않았지만, 그는 이미 500명 이상의 승객 대기 명단을 보유하고 있다.

브랜슨은 소유즈 비행보다 백배나 더 싼 우주 비행을 어떻게 제공할까? 답은 궤도에 진입하지 않는다는 것이다. 로켓을 사용하여 초당 약 1km의 수직 속도로 차올리는 간단한 위아래 비행로가 있다. '모선母船'은 작은 우주선을 16km 높이까지 운반하고, 그곳에서 발사되며, 로켓 모터에 불이 붙는다. 90초간의 연소 후 닫힐 때, 비행선은 지구로 다시 떨어지기 시작할 때까지 약 100km의 최고 높이에서 위로 올라간다. 활주 단계가 진행되는 동안, 비행선과 탑승자들은 무중력 상태에 있으며, 에어로 브레이킹(대기의 마찰을 이용한 우주선의 감속)이 비행선을 기존의 활주로에 글라이더처럼 착륙하도록 속도를 줄이면 결국 끝난다.

버진 갤럭틱 용으로 개발 중인 우주선에 대한 브랜슨의 확신은 그의 주요 설계 계약자가 다른 첨단 기술 기업가 버트 루탄이 설립한 스케일드 컴퍼짓(현재 노스롭 그루먼 소유)라는 사실에서 비롯된다. 2004년, 루탄의 회사는 2주 만에 두 번의 민간 조종 로켓 비행기에서 100km 높이를 초과하여 미화 1천만 달러의 엑스프라이즈XPRIZE를 수상하였다. 웅변적으로 스페이스쉽원이라는 이름을 가진 이 우주선은 버진 갤럭틱 로켓 비행선의 모델이었다. 버진 테스트 프로그램은 브랜슨이 원하던 것보다 훨씬 느렸고, 첫 번째 상업 비행은 거의 10년 동안 지금 '1년 정도 남았다'라는 말만 반복하고 있다.

2014년 4월, 나는 뉴멕시코에 있는 트루스 오어 컨스퀀스 마을 근처에 최근 완공된 스페이스포트 아메리카를 방문할 수 있는 행운을 얻었다. 버진 갤럭틱이 킹사이즈 활주로에서 작전을 개시할 준비가 된 것 같았다. 그것은 달리 사용되지 않았고 우주 공항을 과소평가했던 뉴멕시코 정부는 투자금을 회수하기 위해 수익을 올리는 비행이 시작되기를 간절히 바라고 있었다.

그러나 6개월 후, 시험 비행 중 일어난 비극적인 사고로 첫 번째 버진 우주 비행선인 VSS 엔터프라이즈가 파괴되어 승무원 중 한 명이 사망했다. 이어지는 미국 교통안전위원회 조사와 엔터프라이즈의 대체 모델인 VSS Unity의 개발로 버진 갤럭틱은 3년 이상의 비용이 들었다. 그리고 2019년 초 입증한 시험은 '승객 평가 시험'을 위해 그곳에 있었던 버진 갤럭틱 우주 비행사 트레이너인 베스 모세가 처음으로 동행하는 단계에 이르렀다. 이는 고무적인 신호이며, 드디어 2021년 7월 11일 아침, 브랜슨은 미국 뉴멕시코주에서 이륙하여 우주여행을 즐겼다.

궤도에 오르지 않는 궤도를 벗어난 관광은 버진 갤럭틱의 전유물이 아니며, 소수의 다른 회사들이 비슷한 프로젝트를 진행하고 있다. 몇몇은 도중에 넘어졌다. 예를 들어 엑스코 항공은 링스 1인승 로켓 비행선을 개발하고 있었는데, 이 비행선은 버진 갤럭틱보다 훨씬 저렴한 비행을 약속했다. 하지만 이 프로젝트는 2016년 높은 개발 비용으로 인해 중단했다.

블루오리진은 제프 베이조스의 다면적인 회사가 브랜슨의 항공기형 모선보다 기존의 관광 우주선인 수직 이륙방식을 선호하면서 훨씬 더 성공적이었다. 버진 갤럭틱과 블루오리진 모두 우주 여행객들에게 줄 것은 지구의 굴곡진 표면과 우주의 검은색으로부터 나오는 가느다란 푸른 대기의 모습과 약 3분간의 무중력 상태이다. 이것은 매력적인 전망이며, 참가자들이 생물권의 파괴에 직면했을 때 삶을 변화시키는 경험이 될 것이 확실하다. 기술이 발전함에 따라 가격이 저렴해지고 널리 이용될 수 있게 될 것이다.

법적 관점에서 우주 관광은 현재 한 세기 전의 항공과 비슷한 상황에 있다. 안전은 매우 중요하다. 로켓 비행기와 승객을 잃는 것보다 더 큰 피해를 주는 것은 없다. 반면에 과도한 규제는 관광 산업의 다음 큰 기회의 진전을 저해할 수 있으므로 입법자들은 통제권 행사에서 미묘한 균형에 직면해야 한다.

현재, 소수의 국가만이 면허를 받은 사업자가 유료 승객을 우주로 데려갈 수 있도록 허용하는 법과 규정을 제정했다. 미국은 2004년에 처음 제정되었으며, 2018년에 통과된 영국의 우주 산업법에는 관광에 대한 언급이 포함되어 있다. 우주 관광이 수익성이 좋은 사업이 될 것이기 때문에 다른 국가들도 뒤따를 것은 의심의 여지가 없다. 2018년에 발표된 미래 시장 가치의 추정치는 2023년까지 미화 12억 7천만 달러에 이른다.

그러나 수익 측면에서 지구 밖 경제의 가장 대담한 측면인 자원 채굴에 대해 홍보된 숫자와 비교하면 그 합계는 미미하다. 지난 2012년, 두 개의 주요 회사가 설립되는 등 상업 활동을 활발하게 계획하여 지구 가까이 있는 소행성에 희귀 광물과 금속에 관해 우주를 탐사하고, 이를 채굴할 계획이라고 선언한 바 있다.

우주자원의 신생기업 플래니터리 자원은 이전 아키드 우주인이었던 에릭 앤더슨과 X프라이즈 재단의 설립자 피터 다이아만디스, 그리고 시스템 엔지니어 및 비행 책임자인 크리스 르위키에 의해 설립되었다. 이 블록에서 조금 더 새로워진 신생기업인 딥 스페이스 인더스트리DSI는 기존 우주 기술자인 데이비드 검프와 릭 텀린슨이 이끌었다. 이 회사들은 모두 민간 자금을 지원받았지만 후원자들이 많았음에도 불구하고, 2018년 말 다른 첨단 기술 회사인 브래드포드 스페이스의 DSI와 블록체인 회사인 ConsenSys Inc.의 플래니터리 자원에 의해 인수되면서 재정적 문제를 겪었다.

그 후 많은 다른 소규모 회사들은 소행성 채굴에 대한 비슷한 포부를 발표했다. 현재의 금융 지형은 변동성이 분명하지만, 지구 밖 자원 추출이 결국 현실화할 것이며, 플래니터리 자원과 DSI가 애초 발표한 것과 유사한 이정표를 따를 것이라고 가정해도 무방할 것 같다.

그들은 관심 물질이 풍부한 소행성을 정찰하기 위해 원격 감지 망원경이 장착된 소형 '예측' 우주선들을 배치함으로써 시작할 예정이었다. 이 작업의 부산물은 언젠가 우리 행성에 충돌 위협이 될 수 있는 지구 근처의 소행성 발견일 것이다. 두 회사는 소행성의 궤도를 더 쉽게 광산에 접근할 수 있도록 수정하겠다는 장기적인 목표를 선언했기 때문에, 충돌을 피하고자 같은 기술을 사용할 수 있다는 분명한 이점이 있을 것이다.

그렇다면, 소행성을 채굴하는 동기는 무엇일까? 우선, 에로스의 경우에서 우리가 언급했듯이, 니켈, 백금, 팔라듐, 오스뮴, 로듐과 같은 금속이 풍부할 가능성이 크기 때문이다. 이것들은 첨단 기술 제조에 사용되는 물질이지만, 지구에서는 상대적으로 공급이 부족하다. 인용된 수치의 전형은 30m 소행성에서 나온 백금의 가치로 초기 행성 자원 추정치인 500억 달러였다. 그리고 어떤 종류의 소행성은 또한 물이 풍부해서 그 가치가 더 높아진다. 이것은 소행성 토양에 동결되거나, 수분을 함유한 점토 광물을 추출하면, 태양열 전기를 이용하여 수소와 산소로 분리되어 로켓 연료를 생산할 수 있다.

이 분리 기술에 의해 제공되는 장점은 연료를 지구에서 끌어올릴 필요가 없다는 것이고, 플래너터리 자원과 DSI 모두 미래의 우주 탐사를 위해 궤도를 도는 연료 저장고 설치를 계획했다는 것이다. DSI는 (관련이 없는) 4장의 첼랴빈스크 운석과 동시에 지구에 매우 가까이 접근한 67943 두엔데로 알려진 40m 길이의 소행성이 2013년 초에 대서 특필되었다. 금속과 회수 가능한 물이 150억 달러의 가치가 있을 것이다.(그런데, 2013년 가까이 접근했음에도 불구하고 두엔데는 적어도 1세기 동안 지구에 아무런 위험도 주지 않았다.)

DSI가 선전한 또 다른 가능성은 다른 새로운 기술인 3차원 인쇄

기술을 활용해 궤도에 있는 복잡한 우주선 부품을 제작해 원자재를 지구로 가져올 필요가 없다는 것이다. 이것은 완전히 로봇적일 것이다. 채굴 작업 자체가 그렇듯이, 함께 작동하는 작은 우주선 떼에서 플래니터리 자원의 크리스 르위키가 구상한 것처럼 '진지하게 산업적으로 보이는' 매우 큰 단위에 이르기까지 모든 것이 포함된다.

소행성 채굴이 가능할까? 실용적인 관점에서 볼 때, 필요한 기술이 보급되기까지는 아직 멀고 비용이 매우 많이 들지만, 이 일을 중단시키는 사람은 없는 것으로 보인다. 예를 들어, 중력이 거의 없어서 몇 분에 한 번씩 회전하는 물체 표면에서 어떻게 물질을 추출할 수 있을까? 그리고 어떻게 느슨하게 묶인 잔해로만 구성된 표면에 기계를 부착할 수 있을까? 필요한 기술 개발을 끝내는 데 수십 년이 걸릴 수 있다.

그리고 가장 큰 문제는 여전히 경제적 생존 가능성이다. 대부분의 논평가는 광물이나 금속을 지구로 돌려보낸다면 지구 대기권에 재진입할 수 있는 우주선의 비용이 매우 많이 들기 때문에 경제적 이득은 미미할 것이라는 데 동의한다. 우주에서 채굴된 물질, 특히 로켓 연료에 사용되는 물을 사용하는 것은 경제적으로 더 실행 가능성이 크다. 하지만 특히 귀금속에는 서두에 언급되었던 다른 잠재적인 방해꾼이 있다. 비록 금속이 우주에 남아 있더라도, 풍부한 공급은 금속을 추출할 수 있는 수준 이하로 가격을 낮출 수 있다. 나한테는 미국 작가 조지프 헬러의 소설《캐치 22번》의 이야기처럼 들린다.

2012년 소행성 채굴 계획이 갑자기 시작된 이후 고무적인 방향으로 나아가는 한 가지는 누가 자원을 실제로 소유하고 있는지와 같은 까다로운 문제들을 통제할 수 있는 법적 틀이다. 이러한 종류의 활동에 대한 기본 규칙은 느슨하게 명명된 우주법에 일부분이 있다.

주로 1967년 UN 비준 우주 조약과 1968~9년의 4가지 추가 협약에 구체화했다. 이 규정은 우주의 주요 이용자가 두서너 명의 초강대국이었을 때 공식화되었다. 오늘날의 기준으로는 불완전하고 불일치로 가득 차 있으며, 민간 기업이 빠르게 우주 탐사와 개발에서 지배적인 힘이 됨에 따라 느슨한 끝을 묶는 것이 중요해졌다. 그리고 이것으로 이루어진 진전이 우주 조약의 실용적인 관점에서 나온 것이라고 말하는 것이 타당하다고 나는 생각한다.

따라서 조약 제2조는 "달과 다른 천체를 포함한 우주 공간은 주권 주장, 사용이나 점령, 또는 기타 어떤 수단으로도 국가 전용의 대상이 되지 않는다"라고 명시하고 있지만, 국제법에는 소행성 채굴자들에게 마음을 준 선례가 적어도 하나 있다. 그것은 아폴로 우주 비행사가 지구로 가져온 382kg의 달의 암석과 토양 샘플이며, 의심할 여지 없이 미국 정부의 자산이다. 정부 조직이 우주에서 가져온 물질에 대해 소유권을 주장할 수 있다면 왜 민간 기업은 할 수 없을까?

2015년 11월에 미국 상업 우주 발사 경쟁법을 제정한 것은 바로 이러한 생각이었다. 제51303조에 다음과 같은 내용이 명시돼 있다.

"이 장에 따라 소행성이나 우주 자원의 상업적 회수에 종사하는 미국 시민은 획득한 소행성이나 우주 자원을 미국의 국제적 의무를 포함한 관련 법률에 따라 소유, 운송, 사용 및 판매를 소유하는 것을 포함하여 획득한 모든 소행성이나 우주 자원에 대한 권리가 있다."

비판적으로 보면, 이 법은 추출된 후의 자원에 대한 소유권만을 부여한다. 이것은 천체의 소유권을 주장할 수 없다고 말하는 우주 조약 자체 조항과 충돌을 피한다. 그리고 미국 법이 제정된 지 2년이 채 지나지 않아 유럽의 작은 국가인 룩셈부르크 정부는 에티엔느 슈나이더 부총리의 말에 자극받아 비슷한 법안을 제정했다.

룩셈부르크는 우주 자원이 민간 기업에 의해 소유될 수 있다는 것을 인정하는 법률 및 규제를 유럽 최초로 채택했다. 따라서 대공국은 우주 자원의 탐사와 사용을 위한 유럽의 허브로서의 위치를 강화한다.

미국 법률과 달리 이 법은 이를 활용하는 기업이 룩셈부르크에 기반을 둘 필요가 없다는 중요한 예외 조항을 포함하고 있다. 그런데도, 몇몇 소행성 채굴사가 될 회사들은 현재 육지로 둘러싸인 작은 주에 사무실을 가지고 있다.

금세기 중반까지 이 장에서 예측된 많은 활동이 현실화할 가능성이 매우 크다고 생각한다. 오늘날의 많은 공상과학 소설처럼 들릴지 모르지만, 휴대전화와 위성항법과 같은 다른 공상과학 소설 개념의 개발이 상업적 수요에 의해 촉진되었다는 것만 생각하면 된다. 만약 수요가 있다면, 기술은 진화할 것이다.

2050년까지 값싼 우주 관광은 하위 궤도를 넘어 완전한 궤도로 발전할 가능성이 크다. 이를 위해서는 100km 높이에서 우주 가장자리에 닿는데 필요한 초당 1km의 위로 밀기와는 반대되는 것처럼 우주선이 초당 8km의 수평 속도를 달성하여 궤도에 머무를 수 있어야 한다.

영국에서 개발되고 있는 스카이론 혼합 제트/로켓 우주선과 같은 색다른 발사체는 그때까지 궤도 진입 비용을 크게 줄일 수 있었다. 이 우주선의 획기적인 복합로켓엔진SABER 추진 장치는 현재 리액션 엔진 사에서 개발 중이며, 2018년에 상당한 자금 지원을 받았다.

관광객이 우주에 도착했을 때 머무를 수 있는 위치에 대한 힌트는 이미 궤도를 돌고 있는 두 개의 표준 타입 확장형 호텔 모듈에서 비롯된다. 이 모듈은 호텔업계 거물 로버트 비글로가 소유한 회사인 비글로 아에로스페이스가 2006년과 2007년에 출시했다. 사람이 거주한 적이 없지만 멋진 경치를 상상하기 쉽다. 더 최근에 비글로 아에로스페이스는 장기 테스트를 위해 ISS에 설치할 치밀한 확장형으로 2016년에 배포된 확장성 활동 모듈로 머리기사를 장식했었다.

달과 화성으로 가는 즐거운 비행이 있을 수도 있다. 우리는 이미 달 미션에 대한 우주 모험 계획에 주목했고, 6개월간의 화성 이동 시간이 태양 복사와 같은 위험에 치명적으로 오래 노출되는 것이 아니라, 결국 긍정적인 관광객 경험으로 비칠 것이라고 장담할 수 있다.

2013년, 우주 여행객인 데니스 티토는 자신의 영감 마스 파운데이션을 통해 18개월 동안 날아다니는 화성 여행에 다소 매력적인 아이디어를 가지고 있었다. 그는 '나이 든 부부'를 여행에 보낼 것을 제안했는데, 그들은 이미 모든 의견 차이를 해결했고, 여행 기간 유명하게 지낼 것이다. 그럴듯한 제안처럼 보이지만, 그러한 탈출의 기술적, 재정적 어려움은 현재 심리적인 어려움보다 더 높은 순위를 차지하고 있고, 재단은 이제 매우 조용해진 것 같다.

그런 이국적인 기준으로 볼 때, 소행성의 로봇 채굴은 거의 보행자처럼 보인다. 그리고 적어도 오늘날의 지구 밖의 자원 선각자들이 내세우는 아이디어 중 일부는 2050년까지 결실을 보게 될 것이라고 나는 생각한다. 우주의 연료 저장소는 아마도 행성 표면에서 벗어나 지구 궤도로 돌아갈 수 있는 충분한 연료로 화성 착륙선에 연료를 채우는 문제를 피할 수 있다.

그리고 2019년 트럼프 행정부가 명령한 NASA의 가속 달 착륙 프로그램에 따라 달에 영구적으로 점령할 가능성이 커지고 있다. 다른 우주 기관의 관심은 말할 것도 없다. 예를 들어, 인도와 중국이 있다. 그것은 결국 우리 위성에서 자원 추출로 이어질 수도 있다. 아마도 대부분은 로켓 연료를 위한 물일 수도 있다. 하지만 결국에는 핵융합 원자로에 안전한 핵에너지를 제공할 수 있는 지구상에서 희귀한 동위원소인 헬륨-3도 있을 것이다.

이 단어를 읽는 많은 독자는 세기 중반까지도 여전히 경이롭고 정성을 다할 것이며, 아마도 지구 밖 경제에 참여할 것이다. 그리고 누가 아는가? 미국 서부 야생 토지 중개인인 데니스 M 호프의 낙관적인 고객은 외계 부동산 블록을 직접 볼 수 있을지 모른다. 그들과 함께 행복해지기를 바랄 뿐이다.

## CHAPTER 07

# 정신 나간 상태

## 우리 위성은 어디서 왔지?

평생 우주를 연구한 후에는 우주를 뒤덮는 행성, 별, 성운 및 은하들 중에서 몇 가지 좋아하는 것이 있다고 생각할 수 있다. 수년에 걸쳐 경이로움과 영감을 불러일으킨 멀리 있는 물체들. 그것은 사실인데, 가진 것이 많다. 하지만 솔직하게 말하면 내가 소중히 여기는 천체 목록에 있는, 누구에게나 사랑받는 것은 여전히 가장 가까운 이웃인 달이다.

내가 이렇게 좋아하는 이유는 하늘에 관심을 가졌던 초창기 시절로 거슬러 올라간다. 학교 역사 선생님으로부터 빌려온 멋진 낡은 놋쇠 망원경을 사용하여 나는 영국 북부를 정기적으로 스쳐 가는 소나기가 쉴 때마다 달 표면을 탐험하는 것에 큰 기쁨을 느꼈다.

신진 천문학자들의 표적으로 달의 산, 평원, 분화구는 항상 물리치기 힘들었다. 그리고 내게 달은 위상, 일식, 상승, 그리고 배경이 항상 흥미와 만족을 가져다준 친숙한 천상의 동반자가 되었다. 잠깐 내 작업이 나를 더 희미한 영역으로 데려가고, 그것이 완전한 단계에 가까워졌을 때 하늘을 밝게 하고 더 멀리 있는 것을 모두 숨기면서 오히려 방해되었다.

그런 점에서 나는 운이 좋은 삶을 살았다. 나의 '멀리 있는 것'은 태양계의 소행성에서 관측 가능성의 한계에 있는 퀘이사(준 항성체)에 이르기까지 모든 것을 포괄했기 때문이다. 그리고 걱정할 필요가 없었다. 매달 나머지 절반은 천체 물리학자의 마음이 바라는 모든 것을 드러내는 보다 어두운 전망을 보여주었다.

수 세기 동안, 천문학자들은 달을 매우 당연하게 여겼다. 우리의 자연 위성을 연구한 과학자들은 우리 지구적 관점에서 더는 배울 것이 없는 것처럼 보였기 때문에 아주 무료했다. 아무 일도 일어나지 않는 죽은 세상. 그러나 영국의 위대한 과학 통신학자 패트릭 무어 경을 포함한 몇몇 천문학자들은 가끔 달에서 짧은 섬광이 번쩍이는 것을 목격했다. 패트릭은 1968년 NASA에 보고서를 공동 집필했을 때, 일시적인 달 현상을 위해 이러한 사건들을 '일시적 달의 현상TLP'으로 이름 붙였다.

그것들 대부분은 아마도 운석 충돌 때문에 야기될 것이지만, 아마도 잔존 화산 때문에 낮은 수준의 가스 방출도 또한 원인이 될 수 있다. 현재 유럽우주국의 지원을 받아 그리스 코린트 근처의 지름 1.2m짜리 망원경에서 TLP를 위한 체계적인 관측 프로그램이 진행되고 있다.

과학이 달을 주목하게 만든 것은 아폴로 시대의 달 탐사였다. 1969

년에서 1972년 사이에 NASA의 아폴로 미션에 의해 382kg의 달 암석과 흙이 반환되었다. 그 거대한 표본 수집은 처음으로 달 표면의 물리적 구조를 직접 분석할 수 있게 했다.

그리고 그 이후로 더 많은 표본이 제4장에서 언급한 달 운석들의 모양으로 인식되었다. 거의 절반의 물질이 달의 공짜 선물로 지구에 다시 우연히 도착할 것이라고 누가 생각했을까? 물론, 확인된 190kg 정도 달 운석의 약점은 정확한 기원을 알 수 없다는 점이다. 그것들은 달의 임의 위치에서 왔으며, 상당 부분이 아마도 먼 쪽에서 왔을 것이다.

이처럼 많은 양의 달 물질에 관한 과학적 연구는 20세기 동안 다소 길옆으로 미뤄둔 문제였던 달의 기원에 관한 관심을 다시 불러일으켰다.

"달은 어디에서 왔을까? 글쎄, 누가 신경이나 썼나?"

그러나 항상 그렇지는 않았다. 이 문제에 관한 세심한 연구에 참여한 초기 과학자 중 한 명은 익숙한 이름을 가진 친구였다. 고 조지 경인 조지 다윈. 그는 1845년에 태어난 찰스의 아들이었고, 물질의 기원에 대한 아버지의 관심을 분명히 공유하고 있었다. 그러나 조지는 생명과학자가 되기보다는 1883년에 얻은 직책은 케임브리지 대학의 천문학 및 실험철학 플럼 교수(토머스 플럼이 만든 케임브리지 대학에 설치된 석좌교수직)였다.

'분열 이론'이라고 부르는 계획으로 달의 기원에 관한 생각을 모은 것은 케임브리지에서였다. 그 생각은 젊은 지구가 지금보다 훨씬 더 빨리 돌고 있다는 것이었고, 그 일부는 달이 되기 위해 '비워졌다'라는 것이었다. 그것은 우리 위성을 만든 기관으로 단순한 원심력을 가정했다.

나는 어렸을 때 오래된 백과사전에서 이 이론에 대한 설명을 읽었던 것을 잘 기억한다. 그 과정을 묘사하는 다소 놀라운 스케치가 함께 있었다. 처음 회전하는 지구는 그것이 경험하는 원심력에 반응하여 극에서 평평하게 되었다(묘사된 것보다 훨씬 덜하지만). 그러고 나서 배 모양의 연장선이 자라기 시작하여 부풀어 오른 부분이 지금까지 확장되어 얇은 끈으로 지구에 부착될 때까지 확실히 모성적인 모습을 띠게 된다.

물론, 그것이 깨지면 아기 달이 자신의 궤도로 이동할 수 있게 하고, 지구는 한쪽에 고통스러워 보이는 흉터를 남기고 잠깐 흔들리다가 어느 정도 불특정 시간이 흐른 후에야 구체를 회복한다. 다윈의 이론은 오늘날의 태평양이 달의 탄생지라고 가정했지만, 도표(오늘날 인터넷에서 찾을 수 있음)를 주의 깊게 살펴보면 달이 오스트레일리아 북부에서 튀어나온 것임을 알 수 있다.

분명히 누가 이 도표를 만들었는지 모르지만, 지구가 우주에서 퍼티(접합체 일종) 덩어리처럼 행동할 것이라는 인상을 받았으며, 20세기 초 행성 물리학에 대한 일반적인 이해를 고려할 때 충분히 공평하다고 생각한다. 오늘 그들을 만나는 사람의 반응은 '맙소사-그게 어떻게 된 건가?'라고 생각한다. 그리고 대답은 아니오이다.

분열 과정은 현실적으로 매우 달랐을 것이다. 그것이 조금이라도

우주 연대기

작동하기 위해서는 지구 적도 주위의 원심력이 행성의 표면 중력을 초과해야 했을 것이고, 물질이 지구 주위를 도는 지구 궤도로 흘러 들어갔을 것이다. 한 방울도 흘리지 않는다. 파편들은 그 후에 가속이라고 알려진 과정에 의해 합쳐져서 결국 달을 형성하게 될 것이다.

다윈 이론의 문제점과 20세기에 이 이론이 선호되지 않은 이유는 초기 지구가 이런 식으로 무너지기에, 충분한 회전 에너지(각운동량)가 없었기 때문이다. 그러한 에너지가 보존되기 때문에, 해체 전 지구는 오늘날의 지구-달 시스템의 총량과 같은 회전 에너지를 가지고 있었을 것이다.

이를 알면 4시간에 한 번 이상 빠르게 회전할 수 없다는 것을 계산할 수 있다. 엄청나게 빠르지만 아주 빠르지는 않다. 두 시간에 한 번 회전하는 속도에서만 원심력이 중력을 극복할 수 있었다. 그리고 지구는 결코 그렇게 빨리 회전할 수 없었던 것처럼 보인다.

다른 가능성은? 태양계의 외부 행성들은 해왕성 궤도 너머 멀리 있는 카이퍼 벨트(해왕성 바깥에서 태양 주위를 도는 천체들의 집합)에서 지나가는 소행성이나 얼음 물체를 포착함으로써 적어도 위성 중 일부를 얻었다고 생각된다.

다시 한번 중력 유지가 흔들린다. 비록 오늘날의 태양계는 46억 년이라는 숭고한 나이에 걸맞게 꽤 깔끔하고 깨끗하지만, 태양계는 그것의 존재 초기 5억 년 혹은 그 정도 동안 행성 건설로 남은 잔해들로 가득 차 있었다.

이 원시 행성의 잔해 대부분은 달보다 작은 규모로 행성 위성의 거대한 계획에서 상당히 크다. 절대 크기로는 목성의 위성 3개와 토성의 위성 중 하나에 이어 5위이다. 그러나 이러한 물체는 모두 지구보다 훨씬 큰 부모 몸을 가지고 있다.

태양계 위성을 모항성과 연관 지어 본다면, 달은 지구 질량의 1.2%로 1위를 차지한다. 그러나 태양계의 작은 천체 중 일부에서는 그렇지 않다. 예를 들어, 왜소 행성 명왕성에서 가장 큰 위성인 카론은 명왕성 질량의 약 8분의 1을 가지고 있다.

비록 달만큼 큰 떠돌이 원시 행성을 발견할 수 있다 하더라도, 포획이론은 다윈의 핵분열 이론의 회전 문제보다 더 심각한 몇 가지 어려움을 가지고 있다. 첫 번째는 지구가 너무 작아서 그렇게 큰 것을 포착할 수 없다는 점이다.

그것의 중력적 당김은 그것이 지나갈 때 원시 달을 붙잡지 않을 것이다. 젊은 지구가 에어로브레이킹(착륙할 때 대기의 마찰을 줄이는 방법)을 통해 들어오는 물체의 궤도 속도로 늦출 수 있는 두껍고 광범위한 대기를 가졌을 가능성이 있지만, 거의 그렇지 않아 보인다.

그리고 거기에 대처해야 할 산소 동위원소 비율 문제가 있다. 여러분도 아마 같은 문제를 가지고 있을 거다. 더 심각한 것은 화학 원소가 다른 동위원소에서 발생할 수 있다는 것을 알 수 있다는 것인데, 이것은 원자핵에서 중성자의 수가 다르면서 같은 원소의 화신이다. 핵 안에 있는 양성자의 수는 그것이 실제로 어떤 원소인지를 정의하는 것이다. 양성자는 전하電荷를 띠지만 중성자는 전하를 띠지 않는다.

안정적인 산소 동위원소 비율이 태양계 물체마다 다른 특징적인 지문을 제공하는 것으로 나타났다. 하지만 지구와 달은 같은 산소 동위원소 비율을 하고 있는데, 이는 아폴로 우주 비행사가 가져온 달 물질의 동위원소 측정으로 입증되었다. 그 사실은 달이 지구와 분리되어 형성되었다가 붙잡혔다는 생각에 대한 결정타처럼 보인다.

달의 기원에 대해 부인할 수 없는 가장 인기 있는 현대 이론이 무엇인지에 대한 어려움도 있다. 비록 이 이론은 영리한 모형화에 의해 수용될 수 있지만. 이것은 '대충돌설'인데, 지구 역사상 처음 1억 년 정도 만에 우리 행성이 화성 크기만 한 다른 젊은 행성과 스쳐 간 충돌을 겪었다고 가정한다.

그 결과 지구 궤도에 모여들어 결국 달을 형성하게 된 엄청난 잔해들이 쏟아져 나왔다. 이 이론의 지지자들은 너무나 자신만만해서 가설을 세운 충격체라는 이름이 붙여졌다. 그리스 신화에 나오는 달의 여신 셀레네의 어머니 이름을 따서 테이아라고 불린다. 누가 그런 제안을 했든 흥미로운 일이다.

지구와 테이아의 가정된 상대적 크기(약 2대 1)는 오늘날 존재하는 지구-달 시스템의 각운동량(물체의 회전 운동의 세기를 나타내는 양)에 의해 다시 한번 규정된다. 이 기본 시나리오에서, 충돌에서 발생하는 대부분의 파편은 화성 크기의 충돌기인 테이아라는 보다 작은 몸체에서 오는 것으로 밝혀졌다. 하지만 여기서 동위원소 문제가 다시 추한 머리를 들고 있다. 지구와 테이아의 동위원소 구성이 같을 확률은 1%도 되지 않기 때문에 달의 암석은 지구의 암석과 다른 구성을 가질 것으로 예상할 수 있다. 하지만 우리가 본 것처럼, 그것은 똑같다.

일부 과학자는 이것을 대충돌설의 죽음 종말로 간주했으며, 훨씬 더 많은 추측성 아이디어에 의존했다. 하나는 초창기 지구의 자연 핵분열 원자로가 폭발하면서 달이 형성될 수 있는 충분한 물질을 몰아냈을 때 달이 생성되었다는 개념이다. 이러한 자연 원자로는 약 17억 년 전 아프리카 가봉에 존재한 것으로 알려져 있으므로 그 아이디어가 완전히 빗나간 것은 아니다. 그러나 거대한 폭발의 증거는 없다.

대부분의 행성 과학자들은 여전히 그 영향이 달의 기원에 가장 그럴듯한 시나리오를 제공하는 것으로 보고 있다. 많은 연구자가 지구와 달의 비슷한 구성을 설명할 수 있는 다른 모델을 살펴보면서 오늘날 지구-달 시스템의 각운동량도 설명했다.

하나는 만약 그 충돌이 테이아 크기의 충격기에서 스쳐 가는 타격이 아니라 더 작은 물체와의 더 가파른 충돌을 포함하고, 충돌 전 지구가 예상보다 빠르게 회전하고 있다면 충돌은 충격기의 물질이 아닌 지구 물질을 궤도로 올리는 것을 암시한다. 또한, 그것은 지구 회전 속도를 늦추는 태양의 중력을 끌어당겨 오늘날 관측된 각운동량을 산출한다.

또 다른 이론은 지구와 테이아를 완전히 분리하고 대신 상대적으로 느린 충돌인 초당 몇 km의 정면으로 충돌하는 두 개의 '슈퍼 테이아'를 상상한다. 결과적인 잔해 구름은 두 물체의 재료가 혼합된 것이다. 지구와 달은 둘 다 그것의 같은 구성을 설명하면서 그것으로부터 형성되었을 것이고, 반면에 느린 충돌 속도는 현재 관측된 각운동량을 설명할 것이다.

그러나 2019년 4월 일본과 미국의 과학자들이 발표한 새로운 연구가 문제의 열쇠를 쥐고 있을 수 있다. 그것들은 만약 테이아와의 충돌이 지구의 역사에서 너무 이른 시기에 일어났다면, 그것의 표면은 처음 5천만 년 정도 그랬듯이, 여전히 녹은 마그마의 바다였다.

그들은 테이아가 그때까지 굳어졌고 훨씬 덜 거대한 물체라고 가정했다. 그들의 모형화는 그러한 상황에서 달이 된 분출된 물질 기둥이 테이아의 암석 파편이 아니라 대부분 지상의 마그마로 구성되었음을 보여준다. 테이아와 원시 지구의 온도 차이를 소개하는 것은 달의 기원에 대한 우리의 이해에 있어 주요한 진보를 의미한다.

사람들은 거대한 충돌 가설의 다양한 분위기 사이의 차이점을 계속 토론할 것이지만, 한 가지 공통적인 요소는 충돌로 생성된 궤도의 잔해로부터 달이 형성되었다는 점이다. 소용돌이치는 물질 구름이 점차 회전하는 지구로 흡수된다. 그렇다면, 달이 항상 같은 얼굴을 지구로 향하는 오늘날의 상황은 어떻게 발생했을까? 그리고 왜 그 낯익은 얼굴이 1950년대와 60년대에 궤도를 도는 우주선에 의한 탐사 초기에 관찰되었던 달의 먼 쪽에 있는 것과 다른 특징을 가지고 있을까?

첫 번째 질문부터 간단히 대답하면 조석마찰(밀물과 썰물에 의해 조류와 해저 사이에 생기는 마찰)이다. 그것은 지구의 바다와 대륙에서 달이 일으킨 조수와 달의 바위에서 지구가 일으킨 조수(그래, 사실이야!) 둘 사이에 에너지를 전달한다는 것을 의미한다. 달은 실제로 에너지를 얻고 매년 3.82cm의 비율로 천천히 우리에게서 멀어짐으로써 반응한다.

그러나 조석마찰은 달을 지구에서 멀어지게 할 뿐만 아니라 두 물체의 회전 속도를 늦춘다. 지구의 점진적인 속도 저하가 우리가 시간을 지키기 위해 아주 자주 윤초를 삽입해야 하는 한 가지 이유이다.

그러나 달은 이 과정에서 마지막 단계에 도달한 지 오래전부터 더욱 작은 물체였다. 이것을 '조석 고정(공전주기와 자전주기가 같게 되는 것)'이라고 하는데, 이 행성이 지구를 중심으로 공전하는 것과 같은 시간 동안 축을 중심으로 회전하는 것을 의미한다. 즉, 그것은 항상 우리를 향해 같은 얼굴을 가리키고 있다.

두 번째 질문 즉, 가까운 쪽과 먼 쪽의 달 표면 차이에 대한 답은 덜 확실하다. 하지만 확실한 것은 이른바 '달의 이중성'이 실재하고, 둘은 매우 다르다. 물론 우리는 모두 가까운 쪽에 익숙하다. 맨눈으로 보름달을 우연히 쳐다보면 그 표면이 얼룩덜룩하고 얼굴을 형성하는 칙칙한 부분, 캥거루, 토끼 등이나 그 밖의 어떤 것이든 설득력 있는 심리적 착시 현상에 속아서 보게 된다는 것을 알 수 있다.

쌍안경을 사용할 수 있다면 밝은 지역에 산이 많고 분화구의 우묵한 자국이 있음을 알 수 있다. 이것들은 달의 고원으로, 실제로 고대 용암 흐름인 회색 평원보다 훨씬 높게 솟아 있다. 그렇다고 해서 우리가 그것을 마리아라고 부르는 것을 멈추지 않는다. 바다를 뜻하는 라틴어인 마리아는 초기 하늘 관찰자들이 생각했다.

전체적으로 볼 때, 달의 먼 곳은 가까운 곳의 산악 지대와 훨씬 더 비슷하다. 많은 분화구, 두 개의 작고 고립된 마리아, 그리고 태양계 전체에서 가장 큰 움푹 팬 곳 중 하나. 이것은 남극 에이트켄 분지인데,

우주 연대기

태양계 역사상 매우 이른 시기에 일어난 격렬한 충돌의 결과이다. 이 충돌로 달의 바위 지각 깊숙한 곳에서 물질이 출토되어 지질 탐사 유혹의 대상이 되었을 가능성이 크다. 이 때문에 2019년 1월 중국의 용맹스러운 우주 왕복선 창어 4호가 그곳에 착륙했다.

달의 지각이 가까운 쪽보다 먼 쪽에 더 두껍다는 증거는 많다. 근시 마리아를 형성한 용암 흐름은 비슷한 시기에 형성된 큰 충격 분지를 채우기 위해 얇은 지각으로 스며드는 데 아무런 문제가 없었다.

그렇다면 왜 이런 이분법이 존재해야 하는가? 다시 한번, 각운동량의 좋은 오래된 보존이 구출된다. 이것은 새로 태어난 달이 현재 거리의 약 10%밖에 안 되는 우리 행성을 공전하고 있음을 시사한다. 이는 오늘날의 지구 정지 궤도 위에 있는 통신 위성보다 약간 더 멀리 떨어져 있을 뿐이다. 너무 가까우므로 지구와 달 사이의 중력 상호 작용은 같은 얼굴은 항상 지구로 향하면서 달을 현재의 회전 상태로 매우 빠르게 고정했을 것이다.

그리고 결정적으로, 역사의 초기 단계에서 지구는 여전히 매우 뜨거웠다. 따라서 달의 근방은 높은 복사열을 받아 두꺼운 지각 형성을 억제했을 것이다. 먼 쪽의 냉온 도로 인해 칼슘, 알루미늄 및 실리콘과 같은 암석 형성 요소가 더 빠르게 응축될 수 있었다.

그러나 모든 행성 과학자가 더 두꺼운 먼 지각의 기원에 대한, 이 견해에 동의하는 것은 아니다. 2011년 경쟁 가설에 따르면 원래 달을 생성한 충돌로 인해 두 번째 작은 몸체가 생성되어 결국 달의 먼 쪽과 충돌했다. 이 사건의 물리학은 '먼 고지대의 크기와 일치한다'라고 우

지구

← 384,400km

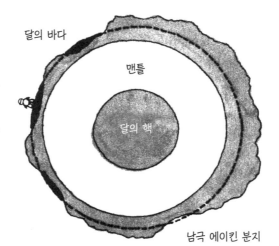

달의 바다

맨틀

가까운 얇은 지각

달의 핵

먼 두꺼운 지각

남극 에이킨 분지

(척도 없음)

　먼 쪽의 두꺼운 지각을 보여주는 달의 개략적 단면(매우 과장됨). 가까운 쪽의 '바다'를
형성하기 위해 큰 충격 분지에 모인 용암 흐름은 먼 쪽 지각을 통과하지 못했다. 만
화 우주 비행사는 첫 번째 아폴로 착륙 지점 근처에 서 있다.

_저자, 케네스 R. 랭의 뒤를 이어

리는 말한다.

달의 평온함과 아름다움에 대한 열렬한 숭배자로서, 더 나은 이름을 원하기 때문에 이 가설이… '빅 스플랫(두 우주끼리의 충돌로 우리 우주가 생겨났다는 가설)으로 알려지게 된 것을 말해야 하는 것이 슬프다.

# 행성 탐험

## CHAPTER

## CHAPTER 08

# 망원경 문제

## 법정에 선 천문학자들

대부분의 천문학자는 주제의 역사에 매료되어 있다. 천문학을 가르치는 일반적인 방법은 미신에서 이성까지, 그리고 무지에서⋯글쎄, 조금 덜한 무지까지의 역사적 발전을 추적하는 것이기 때문에 놀라운 일이 아니다. 그리고 나는 다른 사람들만큼 이 매력에 민감함을 고백한다.

2009년, 세계 천문학계는 갈릴레오의 망원경을 통한 최초 밤하늘 탐사 400주년을 기념하기 위해 제정한 국제 천문학의 해IYA를 기렸다. '이것이 현대 기구 천문학의 시작이자 증거기반 과학 역사의 이정표였다'라는 국제천문연맹의 홍보 문구가 널리 퍼졌다. 사실, 그것은, 그러나 더 의외로, 망원경과 그들이 밝혀낼 수 있는 것에 관한 논쟁의 시작이기도 했다. 그리고 그러한 논란은 오늘날까지도 계속되고 있다.

갈릴레오의 경우는 과학 과정에 관한 한 확실히 가장 획기적인 사건이었다. 그가 사용한 망원경은 그 자신의 발명품이 아니었다. 역사 기록에 의하면 1608년 가을에 네덜란드 북부지역에 거주하는 안경 제작자들의 손에 들어갔다. 먼 물체를 확대하기 위해 렌즈나 곡면거울의 조합을 사용한다는 생각은 훨씬 더 오랫동안 존재해왔다는 증거가 있다. 비록 현실에 이르지 못했지만 말이다.

예를 들어, 초서[1342~1400]는 1300년대 후반 《캔터베리 이야기》에서 그러한 것들을 언급했었다. 마침내 '먼 선지자'를 오랜 시간 동안 숨기거나 활성화되지 않은 후 나타나게 한 것은 치열한 외교 활동이었지만, 스페인과 네덜란드는 지난 40년 동안 싸우던 전쟁을 중단하기 위해 어려운 협상에 빠졌다.

한스 리퍼세이[1570~1619]라는 이름을 가진 진취적인 안경 제작자가 이 유용한 군용 하드웨어에 대한 특허를 구하기 위해 헤이그의 네덜란드 정부에 도착했다. 하지만 3주 만에 두 명의 개인이 이 발명에 대한 반소反訴를 제기했는데, 결과적으로 그에게 특허권을 주지 않았다. 그 발명품은 가방 밖으로 나왔고, 그 물건에 대한 소문이 빠르게 퍼졌다.

1609년 5월, 그 소식은 파도바대학의 유능한 수학 교수인 갈릴레오 데 빈첸초 보나 이우이씨 데 갈릴레이에게 전해졌다. 그의 통찰력은 그가 망원경을 만드는 데 필요한 광학 처방을 공식화한 다음 그것을 현실로 만드는 데 필요한 렌즈 연마 과정을 완벽하게 할 수 있게 했다.

사실, 그는 연속적으로 더 높은 배율로 적어도 4개의 버전을 만들어 멀리 떨어진 물체를 30배 더 크게 볼 수 있었다. 그가 1609년 말에 천체 발견에 착수한 것은 이 인상적인 기구와 함께였다.

달의 산들, 은하수의 응고된 우유보다는 응고된 별들, 그리고 가장 중요한 것은 4개의 인공위성이 '놀라운 속도로 별(목성) 주위를 날아다닌다'라는 갈릴레오 탐구 결과가 1610년 3월 작은 책자에 발표됐을 때 국제적인 명성을 얻게 했다.

《별의 전령》은 현재 사용 가능한 라틴어의 많은 번역본 중 하나를 얻을 수 있다면 매우 흥미로운 읽을거리이다. 그리고 그 책은 갈릴레오 자신의 달 묘사, 별들의 성단 그리고 목성의 위성 앞뒤 움직임으로 아름답게 묘사되어 있다. 이 책은 태양이 태양계의 중심에 있었다는 논란이 되는 코페르니쿠스의 이론(거의 70년 전에 폴란드의 위대한 천문학자에 의해 출판됨)을 명시적으로 지지하지는 않았지만, 목성의 위성은 모든 것이 지구 주위를 도는 것은 아니라는 것을 분명히 보여주었다.

1610년 말에 갈릴레오는 또 다른 발견을 했다. 그의 망원경은 아침이나 저녁 하늘에서 눈부신 별처럼 육안으로만 보이는 금성이 실제로 달과 같은 위상을 보인다는 것을 밝혔다. 금성이 하늘에서 태양에 가까울 때 발생하는 '완전함'과 '새로움'은 단계 모두에서 일어나기 때문에 지구가 아닌 태양 주위를 도는 궤도에 있어야만 했다. 이렇게 이미 10년도 훨씬 전에 갈릴레오 마음에 심어진 지동설의 씨앗이 마련되었다.

그러나 그것은 신성 로마 교회의 가르침과 상반된 위험한 생각이었다. 그 전능한 곳은 지구가 우주의 중심에 있고 모든 것이 그 주위를 돈다는 아리스토텔레스 학설(또는 프톨레마이오스 주장, 두 사람 모두 천동설을 주장)을 고수했다. 그리고 코페르니쿠스의 태양계 관점에 대한 지지는 1600년 2월 17일 '태양의 미친 사제'인 조르다노 브루노를 로마의 나보나 광장 남쪽에 자리한 재래시장 말뚝에 묶이는 경범죄 중 하나였다.

1613년에 갈릴레오는 영어로《태양흑점에 관한 편지들》로 알려진 긴 책을 썼다. 태양흑점 스케치, 설명적 그림, 다소 의외로 목성의 달 움직임에 대한 도식적 예측으로 화려하게 묘사된 이 책은 태양의 완벽한 상태에 대한 천동설에 도전하고, 지동설의 도전을 내려놓는다. 이 책은 특히 예수회 천문학자 크리스토프 샤이너의 연구에 비판적이다.

크리스토프 샤이너는 관측을 통해 태양 궤도를 도는 작은 물체의 군집으로서 태양흑점을 해석하도록 하여 천동설의 완벽함을 보존했다. 결국, 갈릴레오는 목성 주위를 무작위로 돌고 있는 물체를 발견했다. 그렇다면 신비한 지점을 설명하기 위해 태양 주위를 무작위로 도는 물체를 호출하는 것은 어떨까? 아, 편지에서 갈릴레오에게 반박했다. 목성의 달 움직임을 정확하게 예측할 수 있다. 따라서 도표는 다음과 같다. 점들의 움직임은 태양 표면 자체의 결함일 수 없으며, 따라서 반드시 그렇게 될 것이다.

샤이너를 화나게 한 것은 아마도 실수였을 것이다. 그것은 이미 또 다른 적수인 도미니카 수도사로부터 열기를 느끼고 있던 갈릴레오에게 맞서 예수회 공동체를 비난했고, 톰마소 카치니[1574~1648]라는 이름으로 천동설을 범했다. 1615년 3월, 갈릴레오의 편지와 다른 글을 인용하면서 그의 성소에 대해 불경을 인식했다는 불만을 공식적으로 제기한 사람은 카치니 수도사였다. 그때까지, 갈릴레오는 피렌체에 확고히 자리를 잡았지만, 그는 자신의 이름을 밝히기 위해 로마 여행을 결심했다.

그러나 그의 이름은 이미 그해 말 시작한 신앙교리성(또는 신성 로마 종교재판) 조사 이전에 있었다. 유자격자 또는 상담자로 알려진 학식 있는 신학자들로 구성된 그룹은 태양계(태양 중심) 모델의 장점을 심의하였고, 1616년 2월 24일, 종교재판소에 보고서를 제출하였다.

그들은 만장일치로 정지된 태양에 관한 생각은 '철학적으로 어리석고 터무니없으며, 성서 의미와 명백히 모순되기 때문에 공식적으로 이단적인 것'이라고 결론지었다. 마찬가지로 지구가 태양을 주위를 돈다는 제안은 잠시 쉬었다. 다음날 교황 바오로 5세는 추기경 회의를 소집하고 로베르토 벨라르미노에게 결과를 갈릴레오에 전달하도록 지시했다. 벨라르미노 추기경은 2월 26일 자택에서 열린 회의에서 이같이 밝혔는데, 이는 갈릴레오의 이후 난국에 결정적인 역할을 한 것으로 밝혀졌다.

벨라르미노 자신은 지동설에 반대하지 않는 것으로 이해됐다. 지동설은 단지 계산의 도구로 사용되었을 뿐이지 물리적 현실의 표현으로 사용되지는 않았다. 그러나 이야기 시점에서 회의 결과에 대한 두 가지 버전이 있으므로 상황은 모호해진다. 하나는 벨라르미노가 갈릴레오에게 지구운동의 지동설 주장을 보류하거나 옹호하지 말라고 지시하면서 만약 그가 묵인하지 못하면 감옥에 가게 될 것이라고 경고했다는 점이다.

이것은 갈릴레오의 인상이었고, 그는 벨라르미노에게 그의 재판과 비난에 대한 소문을 진압하기 위한 편지로 그것을 확인해 달라고 부탁했다. 자신이 진실이라고 알고 있는 것을 출판할 수는 없지만 종교재판의 끔찍한 형벌을 피할 수 있다는 인식 때문에 방해받으면서 연구로 돌아오고 정당하게 훈계받은 갈릴레오에게는 합리적으로 만족스러운 결과였다.

그러나 다른 버전에는 갈릴레오에게 지동설 모델을 완전히 포기하라고 성무성 사무총장이 지시한 '특별 명령'이 포함되어 있다. 갈릴레오는 구두로든 서면으로든 어떤 방식으로든 그것을 보유하거나 가르치거나 방어하지 말아야 한다. 그렇지 않으면 성무성은 그에 대한 절차를 밟기 시작할 것이다. 문서에 갈릴레오의 서명이 빠졌지만, 갈릴레오가 이 조항에 동의했고, 이에 따르기로 했다고 진술하고 있다. 그리하여 갈릴레오 최종 몰락의 씨앗이 뿌려졌다. 이 금지 명령은 16년 동안 기록에서 이해할 수 없을 정도로 사라졌고, 1633년 재판 전날 밤(갈릴레오가 놀랍게도)에 표면화되었다.

갈릴레오가 교회 내부의 태도를 잘못 판단함으로써 최종 재판을 자초했다는 것은 논쟁의 여지가 있다. 1623년 8월 6일, 마페오 바르베리니라는 이름을 가진 그는 작품의 늙은 챔피언이 교황 어반 8세가 되었고, 이듬해 봄에 갈릴레오는 그 가설이 어느 정도 받아들여졌을 수도 있다는 것을 암시하는 자유를 가지고 지동설에 관해 토론했다. 그러나 그러한 수용은 아마도 지동설 모델에 대해 단지 벨라르민이 본 것과 같은 방식으로 물리적 현실을 나타내기보다는 계산을 위한 도구로 간주하여 성경과 모순되는 것을 피할 수 있을 것이다.

오늘날 최고의 갈릴레오 학자 중 한 명인 네바다 대학의 모리츠 피노치아로는 이것이 가설을 구성하는 것에 대한 갈릴레오의 견해와 다르다고 말했는데, 이것은 아마도 현대적 관점과 더 일치했을 것이다. 즉 그것은 물리적 현실에 대한 아직 증명되지 않은 표현이다.

어반 8세와의 만남에 고무된 갈릴레오는 특히 지구상의 조수 현상과 관련하여 태양계의 지구 중심 모델과 태양 중심 모델을 비교하는 책을 쓰는 것을 그의 다음 주요 과제로 설정했다. 사실, 조수의 발생이 지구의 움직임을 증명하지 못하기 때문에 그는 헛다리 짚고 있었다. 그런데도 그의 책에서 다른 주장들은 태양 중심의 지동설 모델, 예를 들어 금성의 단계들을 강하게 지지했고, 그 전체적인 취지에서 이 책은 위험할 정도로 이단적인 지동설 관점을 주장했다.

갈릴레오는 그의 주장을 표현하기 위해 대화의 문학적 장치를 사용했다. 그의 《태양흑점에 관한 편지들》처럼 이 책은 폭넓은 호소력을 주기 위해 라틴어가 아닌 이탈리아어로 쓰였다. 그가 승인을 받기 위해 교회 당국에 제출했을 때 애초 제목은 《바다의 간만에 관한 대화》였다. 그러나 이것은 조석 운동의 실제 물리적 현상이 지동설 가설의 결과라는 것을 암시했고, 그래서 교황이 본문에 제안한 몇 가지 수정 사항과 함께 그것을 바꾸도록 지시받았다. 그래서 1632년 초 종교재판의 허가와 함께 이 책은 《갈릴레오 갈릴레이가 천동설과 지동설이라는 두 세계 최고 체계에 관한 대화》라는 제목으로 등장하였다.

주인공을 위해 갈릴레오는 의심할 여지 없이 그의 모임에 있는 친구들과 적들을 모델로 한 세 명의 개인과 연대했다. 살비아티는 사실상 지동설 입장을 주장하는 갈릴레오 대변자였다. 사그레도는 아마도 조수가 중요한 베네치아 출신으로 지적이고 공정한 관찰자였다. 심플리치오는 지구가 정지해 있고 태양계의 중심에 있다는 순진한 견해에 집착한 무능한 천동설 신봉자다.

《대화》서문에서 갈릴레오는 심플리치오라는 이름을 선택한 것은 6세기 아리스토텔레스의 견해를 따르는 저명한 대표자인 실리시아의 심플리치오(성인)에게 경의를 표하기 위한 것이라고 말한다. 하지만, 물론, 그 이름은 이탈리아어를 포함한 많은 유럽 언어에서 '심플턴(얼간이)'이라는 단어에 가깝다. 갈릴레오에게는 설상가상으로 어반 8세가 포함하라고 요구했던 천동설의 주장이 바보 같은 심플리치오의 말에 나타나게 되었다. 서투른 장치이다.

예상대로 불만을 품은 사람은 출판 후, 몇 달 만에 이 책을 특별위원회에 회부한 어반 8세 자신이었다. 당시 이 책은 이미 서점에서 불티나게 팔리고 있었다. 추가 판매는 즉시 금지되었다. 거기서부터 갈릴레오가 종교재판으로 가는 길은 불가피했다. 10명의 추기경으로 구성된 재판소는 1633년 4월부터 6월까지 로마에서 열린 그의 재판을 위해 배심원을 구성했다.

갈릴레오는 심문을 받았고, 특별 처분에 직면했다. 이와 관련해 모리츠 피노치아로는 갈릴레오가 실제로 날조한 것으로 추측하고 있다. 아마도 그의 적들은 벨라르민과 회담 후에 어떻게든 그것을 치워버렸을 것이다. 그의 사건에 가장 큰 해를 끼칠 수 있을 때만 그것을 생산했다. 조문 어딘가에서 고문이 언급되었다. 좋은 생각은 아니었지만, 한

편으로 그 종교재판은 친절함으로 알려지지 않았다. 반면에, 복잡함은 그것을 누그러뜨렸고, 앞서 말한 갈릴레오와 교회의 상호 작용에 대한 설명은 재판에 앞서 일어났던 일의 표면만을 긁는 것에 불과할 뿐이다.

1633년 6월 22일, 종교재판소는 평결을 발표했다. 유죄. 그리고 구체적인 범죄는 이단 혐의였다. 이것은 강함, 격렬함, 가벼움의 세 가지 수준의 심각성을 가진 범죄이다. 갈릴레오의 고발자들은 중간 단계를 선택했지만, 이단 자체를 두 부분으로 나누었고, 각각의 부분은 따로 다루어졌다.

당신은 격렬하게 이단으로 의심받고 있는 이 성무성에 의하여 자신을 표현해왔다, 즉, ①신성과 성경에 어긋나는 거짓 교리를 가지고 믿었다. 태양은 세계의 중심이며, 동쪽에서 서쪽으로 이동하지 않으며, 지구는 움직이고 세상의 중심이 아니라는 것이다. 그리고 ②(당신)은 성경에 반하여 선언되고 정의된 후에 개연성 있는 의견을 고수하고 변호할 수 있다.

갈릴레오는 정식 선고를 받았다.

진실한 마음과 거짓 없는 믿음을 가지고, 우리 앞에서 당신이 위에 언급한 오류와 이단, 그리고 가톨릭과 사도 교회와 반대되는 모든 다른 오류와 이단들을 우리가 당신에게 처방할 태도와 형태로 버리고, 저주하고, 혐오해야 한다. 게다가 우리는 갈릴레오 갈릴레이의《대화》라는 책을 공공의 칙령에 따라 금지할 것을 명령한다. 우리는 당신을 우리의 뜻에 따라 이 성무성에 정식 투옥할 것을 요구한다.

갈릴레오가 자신의 이단을 철회한 후 "그래도 지구는 돈다"라는 중얼거림은 묵시적인 것 같았다. 그러나 그 판결은 그의 인생의 남은 9년 동안 갈릴레오의 날개를 꺾었음이 확실하다.

토스카나 중심부의 시에나에 먼저 갇힌 그는 결국 피렌체로 송환되어 가택연금 생활을 했다. 시력이 나빠지자 그는 천문학 연구 이전에 수행했던 연구로 돌아와 효과적으로 새로운 역학 기율을 발명했다.

비록 종교재판소가 그의 책 출판을 금지하는 칙령을 내렸지만, 갈릴레오는 1638년 개신교 네덜란드에서《새로운 두 과학에 대한 수학적 증명》를 출판하여 한 권을 더 내놓는 데 성공했다. 그리고 1642년 1월 8일 77세의 나이로 사망할 때까지 그는 뉴턴에게 중력론을 발전시킬 수 있는 길을 열어주었다. 그러나 갈릴레오가 옳았다고 선언하는 데는 1992년 11월까지 무려 3세기 반이 더 걸렸다.

갈릴레오가 경험한 복잡한 법적 고통은 새로 발명된 망원경을 이용한 선구적 연구의 직접적인 결과였다. 그가 진실이라고 알고 있는 생각은 그 시대의 인정된 독단주의에 어긋났고, 그를 편협한 고발자들의 주목을 받게 했다. 망원경으로 법의 위반을 인지한 것은 이번이 처음이지만, 지난번과는 거리가 멀었다. 400년 역사를 통틀어 이 망원경은 몇몇 서사시적인 법정 싸움의 초점이 되어왔다. 재능은 있지만 때로는 특이한 사람들의 손에 의해 진화되어 종종 기술적인 발전의 결과로 분쟁의 중심에 부딪히기도 했다. 그러나 때로는 전혀 관련이 없는 일도 있었다.

예를 들어, 1600년대 중반 영국에서 사용 가능한 가장 훌륭한 망원경과 현미경을 제작한 런던에 기반을 둔 악기 제작자인 리차드 리브의 경우를 보자. 그때까지, 갈릴레오의 망원경 디자인에 많은 개선이 이루어졌다. 그것은 여전히 양쪽 끝에 렌즈가 있는 튜브였지만, 눈에 더 가까운 접안렌즈는 갈릴레오가 사용하는 축소(오목) 렌즈보다는 확대경이 되어 시야를 넓히고 마시는 빨대를 통해 보는 것처럼 관찰력이 떨어지게 하였다.

그렇다. 이미지를 거꾸로 뒤집었지만, 천문학에서는 사소한 세부 사항이었다. 그리고 망원경은 사실 훨씬 더 길어졌다. 그것은 17세기 렌즈의 결함에 대응하여 들어오는 빛을 굴절시켜 이미지를 형성할 뿐만 아니라 무지개 스펙트럼 색상으로 분산시켜 별과 행성이 천연색 줄무늬로 넘쳐나는 것처럼 보였다.

리처드 리브는 18m 길이까지 망원경을 제작하여 최소한의 거짓 색상으로 높은 배율을 제공하는 달인 안경사였다. 그것들은 자신과 그의 고귀한 후원자 모두를 위해 리브의 악기를 산 일기 쓰는 사람 사무엘 페피스와 같이 부유하고 유명한 것은 말할 것도 없고 로버트 훅, 로버트 보일, 크리스토퍼 렌을 포함한 그 시대의 주요 과학자들이 사용하였다. 하지만 리브는 분명히 화를 냈다. 1664년, 로버트 훅은 보일에게 보낸 편지에서 다음과 같이 썼다.

아마 들어보았을 거다. 한마디로 말해서 리브는 우연과 분노 사이에서 지난 토요일 손에서 내던진 칼에 맞아 다친 아내를 살해했다. 배심원단은 그것이 과실치사라는 것을 알게 되었고, 그의 모든 재산은 압류당했다. 그리고 그것은 그에게 불리하게 작용할 것으로 생각된다.

그리고 처음에는 후크가 "이제 그가 내릴 수 있기를 희망하지만, 돈이 좀 들 것"이라는 후속 메모에도 불구하고 그렇게 했다. 그러나 결국 일어난 일은 망원경 제작자로서 리브의 기술이 직접적인 결과였다. 몇 년 전에 그는 새로 복위된 찰스 2세인 국왕 못지않은 한 인물을 위해 10.7m 길이의 망원경을 만들었다. 그리고 왕은 그것에 기뻐했다. 그의 기쁨과 아내가 죽은 지 약 6개월 후에 리브에게 부여된 왕실 사면 사이에 연관성이 있을까? 확실한 것 같다. 그 사건은 기각되었지만, 실제로 그에게 많은 돈이 들게 한 것으로 보인다. 예를 들어, 그가 그의 동생 존에게 진 빚은 존의 유언에 기록되어 있다.

그것은 기술적으로 '색수차(색에 따라 렌즈의 초점이 달라지고, 상의 전후 위치가 달라지는 현상)'라고 알려진 망원경 렌즈의 가짜 색 문제에 대한 궁극적인 해결책으로 망원경 연보에 기록된 훨씬 더 큰 법적 다툼을 초래했다.

위대한 아이작 뉴턴은 이 문제를 해결할 수 없다고 선언했고, 주요 이미지 형성 요소인 소위 대물렌즈 같은 렌즈 대신 접시형 거울을 사용하는 아이디어에 관심을 돌렸다. 그로 인해 그가 1668년에 만든 최초의 성공적인 반사 망원경이 탄생했다. 그러나 그 후, 수십 년 동안 소수의 사람은 뉴턴이 무색 렌즈 망원경에 대한 아이디어를 버린 것으로 착각했을지 궁금해했다. 그리고 1730년대 초에 마침내 문제를 해결한 사람은 과학자가 아니라 변호사였다.

그것은 그가 1668년에 만든 최초의 성공적인 반사 망원경으로 이어졌다. 체스터 무어 홀(영국 법학자)은 영국 사법부의 네 법학원 중 하나인 이너 템플에서 일했다. 그는 광학을 연구하는 특이한 취미를 가지고 있었다. 몇 번의 실험 끝에 그는 서로 다른 유리로 만들어진 두 개의 분리된 렌즈를 가진 망원경 대물렌즈를 고안했다.

그 아이디어는 결과적으로 '무채색'이거나 가짜 색이 없는 렌즈를 만들도록 작동했다. 그러나 무어 홀은 변호사로서 자신의 발명품을 즉시 사용할 수 없었고, 특허를 얻기보다는 단지 자신이 알고 있는 런던 망원경 제작자 두 명에게 넘겨주었다. 하지만 믿을 수 없을 정도로 몇 번의 시험 후에, 그들은 그것을 제쳐두었다. 아마도 이 최신형 망원렌즈는 만들기가 너무 어려웠지만, 그 결과 20년 이상 무채색 렌즈가 무명상태로 사라졌다.

1730년대에 체스터 무어 홀의 렌즈를 만들었던 삯일하는 나이든 안경사의 도움을 받아 마침내 그 아이디어를 재발견한 이는 존 돌런드라는 이름의 견직공에서 변신한 안경사였다. 1758년, 돌런드는 왕립학회의 권위 있는 학술지 《km² 철학회보》에 자신의 실험 내용을 실었다. 그러자 사업가인 그의 아들 피터의 권유로 돌런드는 무채색 렌즈에 대한 특허를 성공적으로 신청했고, 그의 회사는 그것을 사용하는 유일한 광학기기 제조업체로서 번창할 수 있게 되었다.

돌런드의 무채색 망원경은 왕에서부터 왕립 천문학자에 이르는 모든 사람을 포함한 후원자들과 토마스 제퍼슨 대통령과 유명한 아마추어 천문학자였던 모차르트의 아버지 레오폴드와 같은 예상치 못한 유명 인사들과 함께 그 시대의 돌풍을 일으켰다.

그러나 런던의 다른 안경사들은 감명을 받지 않았다. 그들은 체스터 무어 홀이 무채색 렌즈를 처음 발명했다는 것을 알게 되었고, 돌런드 특허에 도전하기 위해 움직였다. 1764년 집단 소송에서 '안경제조업자들의 동업조합'의 35명 회원이 추밀원에 특허 무효를 청원했지만 성공하지 못했다. 나머지 사람들은 단순히 그것을 무시하고, 자신들의 무채색 망원경을 생산했다.

그 무렵 존 돌런드는 사망했고, 피터는 특허 침해에 대해 강경한 견해를 밝힌 유일한 소유자였다. 돌런드 대 런던 콘힐의 제임스 챔프니스 사건을 포함하여 몇 가지 법원 소송이 이어졌는데, 여기에서 민사법원 재판장인 캠던 경은 무어 홀의 발명과 관련하여 다음과 같이 지적했다.

"그러한 발명에 대한 특허로 이익을 얻어야 하는 사람은 그의 검시관 안에 그의 발명을 가두는 사람이 아니라 대중의 이익을 위해 그것을 내놓는 사람이다."

챔프니스와 많은 다른 회사들은 치명적인 손해와 기술특허사용료를 내야 했다. 그것은 그들을 순식간에 파산시켰으나 돌런드 회사는 점점 더 강한 회사로 발전했다. 2015년, 부츠 옵티시안 브랜드 이름 아래 여전히 살아 있는 회사인 돌런드와 에이치슨의 영국 번화가 광학 가맹점에서 이 이름을 볼 수 있었다.

체스터 무어 홀의 실험 이후 100년이 지난 지금, 무채색 렌즈는 다시 법적 분쟁의 중심에 섰다. 그러나 이번에는 영국 천문학에서 가장 유명한 인물 두 명이 관련됐다. 1829년 제임스 사우스 경과 리처드 시프생크스 목사는 곧 이름이 바뀐 왕립천문학회의 창립 총재와 서기가 되었다. 이 두 강인한 사람들의 문제는 거의 모든 것에 대해 서로 다른 견해를 가지고 있었고, 솔직히 서로를 경멸했다는 점이다.

그들의 적대감은 사우스가 이중 별 연구를 위해 유명한 프랑스 안경사로부터 정묘한 지름 30cm짜리 무채색 렌즈를 구매한 후 법적 절차에서 끓어올랐다. 이 렌즈는 당시 영국에서 가장 큰 망원경 렌즈였으며 사우스는 존경받는 기구 제작자인 에드워드 트로튼을 고용하여 망원경을 집에 설치하도록 했다. 일이 잘 풀리지 않아 1832년, 2년 반 동안의 작업 끝에 사우스는 '쓸데없는 쓰레기 더미'를 배달했다고 트로튼에게 편지를 보냈다. 주머니가 넉넉하지 않은 트로튼은 사우스에 대해 법적 조치를 취했고, 그는 수학 천재이자 영국 교회에서 서품된 목사 리처드 시프생크스라는 변호사를 고용했다.

6년간의 법적 논쟁이 이어졌지만, 1838년에 문제는 트로튼에게 유리하게 해결됐다. 안타깝게도 그는 3년 전에 사망했지만, 그의 회사는 제임스 사우스 경을 상대로 1,470파운드의 비용을 받았다. 이것은 사우스를 열 받아 미치게 했고, 의심할 여지 없이 이 사건에 대한 시프생크스의 개입은 재정적 손실보다 훨씬 더 그를 격분시켰다. 1839년, 그는 도끼를 들고 미완성 망원경으로 가서, 런던 전역에 그 음울한 나머지의 판매를 선전하는 포스터를 붙이고 트로튼, 시프생크스, 그리고 그들의 공범들(왕립 천문학자 못지않은 인물 포함)을 비난했다. 그리고 그는 1843년에 남은 조각들로 연습을 반복했다.

사우스와 시프샌크스 사이의 불화는 리처드 시프샌크스가 1855년에 세상을 떠날 때까지 10년 동안 계속되었다. 그러나 그게 끝이 아니었다. 사우스는 그의 오랜 적의 왕립천문학회의 빛나는 사망 기사를 구두로 강렬하게 전달했다. 그 이야기의 가장 슬픈 부분은 웅장한 프랑스 렌즈가 그 잠재력을 완전히 실현하지 못했다는 점이다. 마침내 1863년 더블린 대학의 던싱크천문대에 있는 망원경에 장착되었을 때, 당시의 기준으로는 작은 도구였다. 그렇지만 그것은 여전히 아마추어 천문학과 교육에 사용되고 있다.

우리가 사우스와 시프샌크스처럼 웃을 수는 있지만, 오늘날 망원경을 둘러싼 법적 분쟁에 대해서는 정말 재미있는 일이 없다. 제2장에서 언급했듯이, 현대 광학 망원경은 대기 조건이 천문학자들의 요구 조건과 아주 잘 맞아떨어지는 높은 산꼭대기에 있는 주요 국제적 협력 사업이다. 20세기 초 이후, 거울을 더 크게 만들 수 있으므로, 대형 접시 거울이 장착된 반사 망원경이 렌즈 망원경을 제치고 선택 기구가 되었다.

그리고 천문학에서 크기는 깊은 우주의 희미한 물체에서 모인 빛을 극대화하기 위한 모든 것이다. 오늘날 가장 큰 망원경에는 지름 8~10m 거울을 가지고 있으며, 때로는 단일 첨단 유리 조각으로 만들어지기도 하지만 종종 컴퓨터 제어 손가락으로 완벽하게 정렬된 맞물린 육각형 조각으로 구성되어 있다. 이것은 일반적으로 '매우 큰 망원경'으로 알려져 있으며, 그중 가장 생산적인 것은 칠레 북부에서 초거대망원경VLT으로 알려진 유럽남방천문대ESO가 운영하는 8.2m짜리 4개로 구성된 기구이다.

하지만 우리는 이제 지름 20m 또는 그 이상의 거울을 가진 차세대 초대형 망원경ELTs 즉 초대형 망원경에 거의 도달해 있다. 그리고 그것은 건설을 둘러싼 몇 가지 심각한 법적 문제를 제기했다.

사실, 오늘날 일어나고 있는 일은 1990년대에 애리조나 대학이 주 남부의 그레이엄산에 국제광학천문대를 건설하기 시작했을 때 예견되었다. 나무로 뒤덮인 이 3,200m 정상은 멸종 위기에 처한 그레이엄산 붉은 다람쥐의 본거지이며, 자연환경주의자인 천문학자의 불편함으로 인해 널리 알려진 법적 문제가 발생했다.

천문학자 대 자연보호론자의 논쟁은 산 정상의 전통적인 소유권 문제를 포함하기 위해 빠르게 확대되었다. 피날레노 산맥의 다른 정상과 마찬가지로 그레이엄산은 산카를로스 아파치 부족의 성지이다. 수년간의 항의와 법적 논쟁 끝에 결국 아파치 부족 협의회와 타협이 이루어졌고, 다람쥐 개체 수에 대한 독립적인 조사를 수행해야 한다는 조건으로 미 의회가 제정한 법에 따라 관측소 건설이 승인되었다.

이 산에서 가장 큰 망원경인 2×8.4m의 대형 쌍안경 망원경은 1998년과 2004년 사이에 지어졌고, 처음에는 다람쥐 수의 예상치 못한 정점과 일치하였으나, 지금은 천문학용으로 개발되기 이전과 비슷한 수치를 보인다. 환경 문제 외에도, 이 에피소드의 분명한 교훈은 천문학자들이 거대한 망원경 때문에 선호하는 산 정상은 종종 그 지역 원주민들에게 매우 중요하다는 점이다.

그리고 현재 개발 중인 3개의 불시착 발신 장치(ELT) 중 1개는 현재 결과를 예측하기 어려운 분쟁에 휘말려 있다. 이것은 30m 망원경 TMT 프로젝트인데, 다국적 지지자들은 이 망원경이 하와이 빅 아일랜드의 마우나케아 4,200m 정상에 있는 하와이 대학이 관리하는 땅에 세워질 것으로 예상한다. 그나저나 다른 두 개의 ELT는 남반구에 있으며, 이미 칠레 북부의 부지에 건설 중이다. 유럽남부천문대ESO의 39m 유럽 ELT와 23m 거대 마젤란 망원경인데, 둘 다 원주민 당국의 승인을 받았다.

실제로 마우나케아의 개발은 1960년대 후반에 최초로 천문 시설이 건설된 이후 논란이 되어왔다. 정상 지역은 하와이 원주민 종교의 성지이며, 사실상 섬 전체에서 볼 수 있는 곳이다. 오늘날, 이 산에는 12개의 별도 시설이 있는데, 북반구 최고의 광학 천문학 지역이라는 지위를 반영한다.

그러나 13번째 거대한 TMT는 지금까지 가장 눈에 띄는 구조물에 둘러싸여 전례 없는 항의를 불러일으켰다. 7년간의 논란 끝에 2018년 10월 하와이 대법원은 망원경의 건설을 승인했고, 현재 합법적으로 시설들이 서 있다. 그러나 2019년 3월 공개 포럼에서 하와이 대학은 '50년 경영 실패' 혐의로 비난을 받고, 하와이 원주민 법무 법인이 분쟁에서 알로하 정신(하와이 원주민의 정신문화)이 어떻게 되었는지 궁금해하는 등 지역 사회의 쓴소리를 샀다.

갈릴레오 재판에서 광년(빛이 1년간 가는 거리)처럼 보이는 갈등 속에서 이 민감한 문제에 대한 승자는 없다. 천문학자들은 하와이의 전통문화를 존중하고 싶어 하지만, 자연이 마우나케아에 내린 훌륭한 조건에 대해 질투하고 있다. 기대할 수 있는 제일 나은 방법은 선의의 표시로 기존 시설의 일부를 해체하고, 현장의 관리 구조를 검토하는 것과 관련된 타협이다. 40년 전 마우나케아에 처음 방문한 이후, 나는 마우나케아의 깨끗한 하늘을 소중히 여겨온 사람으로서 분쟁에 휘말린 모든 당사자의 주장에 공감한다. 나는 관심 있게 사태 추이를 지켜볼 것이다.

## CHAPTER 09

# 우주 버그

## 행성 보호 규칙

이 이야기는 1969년 11월 19일 수요일 NASA의 달 착륙을 잊을 수 없는 시대에 우주 비행 연대기에 기록된 상서로운 날과 함께 시작한다. 그날 오전 7시(그리니치 표준시) 몇 분 전에 아폴로 12호는 지난 7월 아폴로 11호의 역사적 착륙 후, 달 표면에 안전하게 착륙한 두 번째 인간 점령 우주선이 되었다. 여기서 나는 휴스턴 시간보다 그리니치 표준시를 인용하고 있다.

왜냐하면, 여러분과 나에게 보여주는 우주 비행사들의 선외활동(우주 비행 중 승무원이 우주선 밖으로 나와 활동하는 일) 또는 문워크의 모든 마지막 세부사항을 시청하기 위해 겨울 스코틀랜드의 흐릿한 TV 화면에 달라붙어 있었던 시간대이기 때문이다.

관심에도 불구하고 나는 그 미션에서 가장 기억에 남는 사건 중 하나를 놓쳤다. 정확한 착륙은 아폴로 12호의 우주 비행사 피트 콘래드와 앨런 빈이 2년 반 동안 달 표면에 앉아 있던 로봇 우주선까지 걸어 갈 수 있는 거리 내에 있게 했다. 서베이어 3호는 1967년 4월에 있었던 아폴로 비행에 대한 NASA의 집중적인 준비 일부였고, 미션을 맡은 과학자들은 혹독한 달 환경에 대한 장기적인 노출 영향을 조사하길 바랐다. $-150\,^\circ C$에서 $+120\,^\circ C$의 거의 완전한 진공의 월간 온도 범위와 아원자 입자에 의한 무자비한 충격이 우주선의 깨지기 쉬운 구성 요소에 어떤 영향을 미칠까?

콘래드와 빈은 TV 카메라를 포함한 서베이어의 여러 조각을 적절히 제거하고 지구로 돌아가기 위해 그것들을 포장했다. 사실, 그것은 실제보다 좀 더 세심하게 들린다. 카메라는 보통 달 샘플을 위해 예약된 특수 밀폐 상자 중 하나가 아닌 나일론 더플백(천으로 만들어 윗부분의 줄을 당겨쓰는 원통형 가방)에 박혀 있었기 때문이다. 그런데도, 1969년 11월 24일 아폴로 12호의 사령선에서 콘래드, 빈, 조종사 딕 고든과 함께 남태평양의 바닷물에 안전하게 착륙했다.

하지만 카메라의 경우 이야기의 시작에 불과했다. 돌아온 후, 이를 검사하는 과학자들은 단열재에서 일반적인 박테리아인 연쇄구균을 발견하고 놀랐다. 이 작은 미생물이 인간의 입과 목구멍에서 발견된다. 포자가 배양되었을 때, 그것들은 완벽하게 생존할 수 있는 것으로 판명되어, 이륙 전에 아마도 누군가가 재채기를 해서 카메라에 침착된 미생물이 달에서 2년 이상 생존했다는 놀라운 결론으로 이어졌다. 1971년 학술 문헌에 발표된 이 결론은 피트 콘래드가 '달 전체에서 발견한 가장 중요한 것'으로 간주했다.

우주 연대기

그러나 최근에는 카메라가 달을 떠난 후 오염이 발생했을 수 있다는 증거가 있으므로 이 주장에 대해 이의가 제기되었다. 귀환하는 3명의 우주 비행사들과 가깝게 아폴로 12호 사령선의 더플백 안에 있는 동안 카메라가 오염되었을 가능성뿐만 아니라 실험실의 '멸균 절차 위반'이 언급되었다.

지구로 돌아가는 3일간의 여행 동안 그들 중 아무도 재채기를 하지 않았다는 것은 상상하기 어려워 보인다. 다른 한편으로 박테리아가 달에 존재했음을 시사하는 배양 결과의 측면이 있다. 예를 들어 생명체에 도달하는 데 약간의 시간이 걸렸고, 표면에서가 아니라 단열재 내에서만 발견되었으며, 두 가지 모두 나중에 오염될 경우 발생할 가능성은 거의 없다. 결론은 우리는 아마도 진실을 결코 알지 못할 것이라는 점이다. 그러나 에피소드는 미생물이 우주의 혹독한 환경에서 살아남을 수 있다는 가능성을 강조했다.

아폴로 12호 에피소드 이후, 우주에 강한 미생물이 삶에 대한 결정적 열망을 가지고 지구로 돌아오는 다른 예들이 있었다. 아마도 가장 기억에 남는 것은 맥주의 끔찍한 영국 미생물군이 국제우주정거장 밖에서 553일을 견뎌냈다는 것이다. (여러분이 마시는 맥주가 아니라 데본의 어촌 마을은 나무숲을 뜻하는 고대 영어 단어 bearu에서 비정상적인 이름을 얻었다.) 2008년 우주정거장 외부에 맥주 절벽에서 발견된 미생물 거주자들로 이루어진 암석 덩어리가 탑재되었다. 18개월 후, 그것들은 지구로 돌아와 조사되었다. 왜일까?

비어의 절벽에서 나온 몇 개의 암석 덩어리(미생물 거주자가 모두 포함)는 2008년에 우주정거장 외부에 장착되었다. 18개월 후 지구로 돌아와 조사했다. 조사를 담당했던 영국 오픈 대학의 과학자들은 우리가 이미 알고 있는 미생물을 미리 선택하기보다는 완전히 무작위로 미생물 표본을 선택하여 우주 환경의 영향을 테스트하기를 원했다. 그것들은 보통 극단에 대한 욕망 때문에 극한 생물로 알려져 있고, 끓는 물에 있는 것을 개의치 않는 것뿐만 아니라 빙점 아래에서 생존할 수 있는 유기체도 포함한다.

맥주 미생물은 극한 생물이 아니었다. 그것들은 단지 평범한 실제적인 미생물로, 여러 다른 미생물 군집을 구성했다. 과학자들이 알고 싶었던 것은 이것들이 생명 유지 시스템에서 폐기물을 자연적으로 재활용하는 미래의 우주 탐험가에게 유용할 만큼 우주에서 충분히 강건한지 알고 싶었다. 그리고 이제 그들은 알고 있다. 왜냐하면, 인구의 상당 부분이 지구상에서 그 이야기를 전하기 위해 살아남았기 때문이다. 이것은 매우 유용한 발견이 될 수 있으며, 단세포 유기체가 우주의 가혹함에 반응하는 방식에 대한 우리의 이해를 확실히 강화해 준다.

그러나 놀랍게도 우주의 진공 및 복사 환경에서 살아남을 수 있는 동물 종이 적어도 하나 있다. 물곰이라고 알려진 8개의 다리가 달린 완보동물緩步動物이다. 비록 최대 길이가 1mm인데, 이것은 여러분이 소리를 지르며 도망쳐야 할 곰은 아니다. 천여 종 또는 그 정도로 알려진 완보동물 중 일부는 극한의 온도, 압력 및 복사열에서 살아남을 수 있다. 그것들은 지구상에서 가장 거친 동물일 뿐이다.

우주 연대기

그것은 신진대사를 중단하고 탈수된 공 모양으로 몸을 구부려 생존한다. 지구에서 표본은 물에서 성공적으로 재수화(再水化, 수액을 제공하면 정상적인 체액 균형이 회복되는 현상)되기 전에 이 상태에서 수십 년 동안 살아왔다. 2007년 9월 14일 바이오팬 6이라는 유럽의 실험에서 높이 올라간 우주 완보동물은 열흘 동안 열린 공간의 혹독한 환경에서 살아남았다. 적어도 그들 중 일부는 그랬다. 생존율이 특별히 높지는 않았지만, 귀환한 우주 비행사 중 몇 명은 완벽하게 정상적인 자손을 낳았다. 저명한 과학 저널 《네이처》가 기꺼이 실었듯이 이 생물들에게 우주복은 선택 사항이다.

지구상의 흔한 미생물들의 분명한 공간 경직성은 모든 종류의 흥미로운 가능성을 제기한다. 예를 들어 미생물 생물체가 태양계의 다른 곳에서 지구로 왔는가? 범종설汎種說은 영국의 상징적인 천문학자 프레드 호일이 현재 버킹엄 대학의 찬드라 위크라마싱과 협력하여 수십 년 전에 복원한 오래된 아이디어이다.

이 저명한 과학자들은 원시 생명체가 우주 전체에 공통으로 존재하며, 한 행성에서 다른 행성으로 우주를 여행하는 혜성 범종설 이론을 개발했다. 이 아이디어는 여전히 논란의 여지가 있지만, 우리는 생명 과정에 중요한 탄소 함유 분자가 46억 년 전 태양계가 형성될 때 나온 가스와 먼지구름에 존재한다는 것을 알고 있다. 그것은 오늘날 혜성에 보존되어 있으며, 아마도 생명의 구성 요소는 적어도 우주에서 왔을 것이라고 제안한다. 가능성이 희박하지만 혜성 범종설 아이디어는 아직 배제할 수 없다.

지구 미생물이 다른 천체로 운반되는(서베이어 3호에서 발생했을 수 있음) 두 가지 다른 상황과 외계 생물체(존재하는 경우)가 지구로 다시 이동하는 것은 태양계 탐사 분야에서 특별한 의미가 있다. 그것들은 각각 '전방 오염'과 '후방 오염'이라고 불리며, 그런데도 우주 미션을 계획할 때마다 주의해야 할 필요성을 강조하는 상상력이 부족한 용어이다.

왜 그것들이 그렇게 중요할까? 전방 오염은 아마도 지구상의 미생물을 어떠한 가상의 토착 유기체도 충분히 훼손할 수 있는 외계 환경에 도입할 수 있을 것이다. 아마도 그 오염의 결과는 수백만 년 동안 분명하지 않을 것이지만 여전히 나쁜 일임에는 분명하다. 후방 오염의 결과는 예측하기 어렵다. 자, 아마도 몇 마리 악성 화성 미생물이 미래의 샘플 회수 미션을 띠고 귀환했을 때 지구상의 모든 생명체를 죽일 수는 없을 것이다. 하지만 우리는 전혀 모른다.

결과는 우주 세계가 이러한 가능성을 극도로 심각하게 받아들이고 있으며, 수년 동안 그래왔다. 잠재적인 행성(또는 달) 오염 문제는 1956년 우주연맹회의에서 처음 제기되었다. 이것은 1957년 스푸트니크 1호(소련이 1957년 10월 4일 타원형의 지구 저궤도로 발사한 최초 인공위성)의 선구적인 궤도 비행 이전일 뿐만 아니라 미생물이 우주에서 생존할 수 있다는 실제 증거가 있기 훨씬 전에 발생했다. 그런 다음 1967년에 유엔우주조약이 비준되어 우주 법의 기초가 되었다. 뛰어난 선견지명으로 오늘날에도 여전히 사용되고 있는 소위 일련의 행성보호 규칙을 통합했다.

조약 제9조는 법적 근거를 제공한다. 그 내용은 다음과 같다.

"조약 당사국은 달 및 기타 천체를 포함한 우주 공간에 관한 연구를 추진하고, 외부물질 유입에 따른 해로운 오염과 지구환경의 악영향을 피하고자 탐사를 수행해야 한다. 필요한 경우 이 목적을 위해 적절하게 조처하여야 한다."

우리가 오염이 진짜 가능성이 있다는 것을 알고 있는 시대에 대담한 말들, 그러나 점점 더 의미 있는 말들이다.

행성보호 규칙은 이제 2년마다 만나는 대규모 과학자 그룹인 다국적 우주공간연구위원회COSPAR에서 관리한다. COSPAR은 카테고리 I (태양이나 수성과 같이 화학적 진화나 생명의 기원에 직접적인 관심이 없는 장소)에서 지구로 외계 생물 물질을 가져올 수 있는 샘플 반환 미션과 관련된 카테고리 V까지 다양한 미션의 범주를 정의한다.

행성보호 규칙에 따라 정의된 다른 범주는 이러한 한계 사이에 상당히 논리적으로 위치한다. 카테고리 III은 '화학 진화 및/또는 생명의 기원에 대한 중요한 관심 장소'에 대한 접근 비행 및 궤도 탐사 미션을 위한 것으로, 오염이 향후 조사에 영향을 미칠 가능성이 크다. 물론, 화성과 목성의 위성인 유로파와 토성의 위성 엔켈라두스와 같은 외부 태양계의 몇몇 장소들을 포함한다. 마지막으로, 가장 중요한 것은 카테고리 V는 실제로 그러한 위치에 착륙할 우주선에 대한 것이다.

화성은 지구 밖의 생명체를 찾는 데 매우 큰 관심 속에 있으므로, 붉은 행성(화성의 속칭)에 적용되는 특별한 규칙들이 있다. 사실,

COSPAR는 화성 특수 지역을 지구 생물체가 쉽게 번식할 수 있는 지역 또는 화성 생명체를 더 많이 수용할 수 있다고 생각되는 지역이라고 정의한다.

특히, 액체 상태의 물이 가끔 발생할 수 있는 화성의 모든 지역(행성의 평균온도가 0도 이하임에도 불구하고 몇 군데 있음)은 특수 지역으로 분류된다. 여기에는 최근 남쪽 극지방의 얼음 아래에서 발견된 폭 20km의 호수를 포함하고 있다. 이 장소는 소위 카테고리 IVc라는 가장 엄격한 행성보호 규칙의 적용을 받는다.

이는 우주선당 최대 30개 포자까지 멸균해야 함을 의미한다. 나와 같은 생물학자가 아닌 사람에게 그것은 극도로 낮은 오염 수준처럼 들린다. 실제로 그것은 '바이킹(우주 탐사선) 살균 후, 생물학적 부담'으로 알려져 있다. 1976년 NASA의 두 바이킹 착륙선이 이 수준으로 살균되었기 때문이다.

그것은 우주선이 지구 대기를 돌파할 때까지 생물학적 오염을 막기 위해 112°C에 가까운 온도에서 각각의 우주선을 구운 다음, 그것을 '바이오 실드(무균 처리 후 발사까지의 우주선 차폐 장치)'라고 알려진 가압 고치에 감싸면서 달성되었다. 그러나 결론은 살균을 통해 총 미션 비용 10억 달러 중, 약 1억 달러의 비용이 발생했다는 점이다.

화성 착륙선 미션에 대한 이 정도의 비용은 일부 우주생물학자들이 카테고리 IVc 규칙이 완화되어야 한다고 주장하게 했다. NASA의 화성 탐사 로봇 큐리오시티 탐사선에서 작업하는 라이언 앤더슨은 화성에서 가장 거주하기 쉬운 부분이 새로운 우주선을 보내기에 가장 힘든 곳이라는 것이 역설적이라고 말했다. 어쨌든, 화성 유기체들이 이미 두 행성 사이를 여행한 것으로 알려진 운석들, 즉 호일과 위크라마싱헤의 범종설(생명은 지구상의 무기물에서부터 진화하지 않았고 멀리 있는 행성에서 날아온 박테리아 포자 형태에서 발생하였다는 이론)의 변형에서 지구로 가는 길을 발견했을 가능성이 있다.

일부 과학자들은 지상 생명체가 실제로 약 40억 년 전 화성에서 시작되었다고 암시하기도 했다. 규칙 완화를 지지하는 다른 사람들은 로봇 DNA 염기서열 결정자가 미래의 미션을 위해 행성으로 보내지면 우리가 발견할 수 있는 화성 생명체를 찾는 작업이 더 어려워진다고 주장하면서 현상 유지를 지지한다. 중요하게도 그들은 그러한 생명체가 지상 생물에 의해 오염되면 일방적인 과정이며 원시 상태로 돌아갈 수 없다는 점을 지적한다.

물론 화성은 자체 오염 문제를 초래하는 인간들의 탐사 목표이기도 하다. NASA는 현재 이러한 미션의 엄청난 기술적 과제로 인해 앞으로 나아갈 것보다 지연될 가능성이 더 큰 2030년대 중반에 우주 비행사들이 붉은 행성 표면을 걷기 위하여 계획하고 있다.

나는 최근 두 명의 NASA 유명인(우주 비행사와 우주생물학자)에게 완전한 살균이 분명히 불가능하므로 승무원이 화성에 갈 때 카테고리 IV 규칙이 어떻게 적용할 것인지 물을 기회가 있었다. 이 사람들은 NASA의 완전히 다른 영역에서 일했고 내가 그들과 이야기했을 때, 지구 반대편에 있었다는 사실에도 불구하고 그들의 대답은 놀랍도록 비슷했다. 지금과 승무원 착륙 사이의 로봇 미션은 생명의 흔적을 찾지 못할 것이라는 근본적인 가정이 있었다.

그것이 사실로 판명된다면, 아마도 카테고리 IV 규칙을 약간 완화하여 미생물에 갇힌 인간이 방문할 수 있도록 할 수 있다. 하지만 더 큰 놀라움은 내가 만약 살아 있는 유기체가 그곳에서 발견된다면 무슨 일이 일어날지 물었을 때 일어났다. 둘 다 목소리를 낮추고 비슷한 음모를 공모하듯 '글쎄, 행성보호 규칙은 아마도 조용히 버려질 것이다'라고 말했다. 이것이 앞으로 어떻게 전개될지 지켜볼 일이다.

엄격한 오염 방지 절차가 적용되는 곳은 화성만이 아니다. 태양계에서 생명체를 찾는 핫 스폿은 거대한 행성의 몇몇 위성이다. 우리는 목성의 위성인 유로파, 칼리스토, 가니메데가 그 자체로 두꺼운 얼음 지각으로 덮인 물로 된 지구 바다에 의해 덮인 암석 핵을 가지고 있다는 것을 알고 있다. 토성의 위성인 타이탄, 엔켈라두스, 디오네는 비슷한 구조로 되어 있는 것으로 생각된다.

흥미롭게도, 유로파와 엔켈라두스는 남극 지역에서 분출하는 멋진 얼음 결정 간헐천을 가지고 있으며, 이를 통과할 수 있는 적절한 장비를 갖춘 우주선에 지하 바다의 무료 샘플을 제공한다. NASA/유럽 우주국ESA/이탈리아 우주 기관ASI의 카시니 우주선이 엔켈라두스를 탐사하는 동안 우리는 토성 위성의 얼음 아래 바다 바닥에서 열수 통풍구의 화학적 증거를 발견했다. 이것은 매우 시사적인데, 왜냐하면 어린 지구의 해저에 있는 유사한 활동적인 통풍구가 우리 행성에서 생명체가 생겨난 곳 중 하나라고 생각되기 때문이다.

틀림없이 토성의 위성 타이탄은 더 많은 것을 제공한다. 바위처럼 단단한 얼음 표면 아래에 있는 물로 된 바다뿐만 아니라 차가운 바다와 액체 탄화수소 호수가 꼭대기에 있다. 그것은 사실상 액체 천연가스의 바다이며, 기름진 비의 폭우로 때때로 보충되는 타이탄의 두꺼운 대기와 평형을 이룬다. 게다가 바다와 호수는 물(지구의 모든 생명체가 그렇듯이)이 아니라 천연가스의 구성 화학 물질인 메탄과 에탄에 기반을 둔 생명체를 수용할 수 있다. 제13장에서 이 특별한 세상을 살펴볼 것이다.

유로파와 엔켈라두스의 얼음 아래 바다나 타이탄의 탄화수소 바다에 사는 모든 생물체는 지구상의 생명체와 무관하게 기원했을 가능성이 크다. 관련된 거리는 매우 크다. 타이탄의 경우, 탄화수소를 기반으로 하는 모든 생명체는 지구 생명체와 완전히 다를 수 있다. 따라서 오염 위험을 감수하는 데는 많은 위험이 따른다.

이러한 이유로, 2000년대 초 목성을 탐구했던 NASA의 갈릴레오 탐사선은 위성의 오염 가능성을 피하고자 2003년에 이 거대한 행성의 대기권에서 타버리도록 만들어졌다. 마찬가지로, 매우 성공적인 카시니 탐사선은 2017년 9월 15일 토성의 대기권에 진입함으로써 의도대로 파괴되었다.

태양계의 표면을 오염시키지 않고 태양계의 얼음 위성들의 미래 탐사는 행성 과학자들에게 특별한 문제를 제기한다. 그래서인지 현재 제안되고 있는 대부분의 미션들이 착륙 위험을 감수하기보다는 궤도에서의 탐사를 고수하고 있다. 따라서 목성 얼음 위성 탐사선 주스는

2022년에 8년간의 여정을 시작할 예정으로 유로파, 칼리스토, 가니메데로 가는 유럽우주국 우주선이다. 그곳에서 체류는 미션을 띤 과학자들이 얼음 아래 생명체의 가능성을 굳게 염두에 두고 그 세계를 자세히 들여다볼 수 있게 할 것이다.

NASA도 계획이 있다. 결국, NASA의 승인을 받는다면 엔켈라두스 생명체 탐색선ELF은 암시적인 분자 신호를 찾기 위해 토성 위성의 얼음 분수를 통해 여러 번 비행할 것이다. 엔켈라두스 생명체 탐색선 ELF의 전신인 카시니는 수소 및 규산염과 같은 무기 분자를 감지할 수 있지만 엔켈라두스 생명체 탐색 선은 핵산, 아미노산 및 지질과 같은 생물학적 전구체를 찾을 것이다.

그리고 일부 생명과 관련된 분자들은 그들이 내뿜는 밀리미터 이하의 전파를 통해 탐지될 수 있고, 이것은 밀리미터 이하의 엔켈라두스 생명 기초 기구인 SELFI라고 불리는 또 다른 NASA 제안으로 이어졌다.

모든 유사한 미션과 마찬가지로 JUICE, ELF 및 SELFI는 가스 대기업으로 긴 여정에 앞서 카테고리 III 멸균이 필요하다. 그리고 그들의 여행은 위성을 오염시키지 않기 위해 각각의 모행성으로의 자살 충돌로 끝나게 될 것이다.

## CHAPTER 10

# 기후 변화
## 화성에 무슨 일이 일어났는가?

태양계의 모든 행성 중에서, 가장 잘 연구된 것은 매우 공상적이다. 화성은 천문학자들이 망원경을 발명한 직후, 지구와 같은 세계일지도 모른다고 추측하기 시작한 이래로 대중적인 상상력을 사로잡아 왔다.

19세기 말, 이탈리아 천문학자 조반니 스키아파렐리와 미국 천문학자 퍼시벌 로웰은 선진 문명이 지구 기후변화에 직면하여 행성이 지구 전체에 비치는 관개 네트워크를 발굴했음이 틀림없을 것이라 제안하며 이러한 환상은 극에 달했다.

지상 망원경을 사용하여 볼 수 있는 어두운 표시는 화성 사막을 잠식하고, 얼음처럼 차가운 극관(화성의 극에서 얼음으로 덮여 하얗게 빛나 보이는 부분)으로부터 인위적으로 수로를 통해 공급된 물로 둘러싸인 초목 지대였다. 우리가 화성인들과 소통하는 것은 시간문제였다.

1965년 7월 마리너 4호의 접근 비행까지(그리고 그 후의 마리너와 바이킹 미션) 우리가 화성에 대해 알고 있다고 생각했던 거의 모든 것이 틀렸다는 것을 드러낼 때까지 모든 것이 매우 적절하고 깔끔했다. 분화된 표면, 잦은 먼지 폭풍을 일으키는 지구만큼 밀도가 1%에 불과한, 건조하고 바람이 부는 대기와 추운 표면 온도(평균 -65℃)로 인해 화성은 확실히 사람이 살기에 부적합한 장소였다. 화성 궤도선과 착륙선의 전단과 함께 50여 년의 후속 연구가 이 관점을 바꾸는 데 아무런 도움이 되지 않았다.

화성에는 생명체가 진화할 수 있는 온화한 환경을 만드는 지구의 모든 속성이 없다. 태양풍으로부터 지구를 보호하는 지구 자기장 또한 없다. 표면 온도를 조절하기 위한 온실 공기 담요도 없고, 지구상에 있는 것처럼 탄소 함량을 조절하기 위한 것도 없다. 그리고 거대한 위성의 부재는 행성의 축 기울기를 불안정하게 만든다. 그러나 화성은 과거에는 매우 달랐던 감질나게 하는 조짐을 보이며, 그 의심이 오늘날의 연구 노력을 주도하고 있다.

화성이 태양계에서 가장 큰 화산 고원인 타르시스 융기를 품고 있다는 사실은 한때 지질학적으로 활동적인 행성이었음을 보여준다. 다섯 개의 거대한 화산이 타르시스 지역을 지배하고 있는데, 그중 올림푸스 몬스는 태양계에서 가장 큰 화산이다. 이것은 방패 화산인데, 하와이섬을 구성하는 화산들과 구조가 비슷하다. 그들의 얕은 비탈은 낮은 점도의 마그마로부터 온다. 올림푸스 몬스의 정상 칼데라(화산 폭발로 인해 화산 꼭대기가 거대하게 패여 생긴 부분)는 주변 경치보다 무려

27km나 높은 곳에 우뚝 서 있다. 이 놀라운 고도는 화성에 판구조론이 없기 때문으로 생각된다. 오렌지처럼 행성은 깨지지 않은 피부를 가지고 있는데, 이것은 아주 오랫동안 맨틀 밑 핫 스팟 위에 고정되어 있을지도 모르는 하나의 지각판으로, 올림푸스 몬스가 거대한 크기로 자랄 수 있도록 한다.

타르시스 지역의 성장은 가장 최근의 지질학적인 화성 시대(약 29억 년 전에 시작된 아마존 시대라고 알려져 있음) 동안 지속하였지만, 그것은 행성의 초기 역사로 행성 과학자들을 감질나게 한다. 46억 년 전 행성이 형성되고 약 9억 년 동안 지속한 가장 오래된 노아 시대에 행성은 의심할 여지 없이 따뜻하고 축축했다. 노아 시대에서 유래한 고대 점토와 퇴적암 형성은 화성에 널리 퍼져 있다.

액체 물이 풍부했다는 확실한 증거는 NASA의 화성 정찰 궤도선과 같은 궤도 선회 우주선과 스피릿, 오퍼튜니티(현재 둘 다 사라짐), 큐리오시티와 같은 탐사선에서 나온다. 궤도선들은 카메라, 레이더, 그리고 지구 전체를 커버할 수 있는 분석 기구로 큰 그림을 그렸다. 반면 탐사선들은 화성 표면 가까이서 개별적으로 접근하여 암석과 토양의 모든 면을 조사할 수 있는 장비로 무장한 로봇 지질 연구소 역할을 한다. 큐리오시티(NASA 화성과학실험실 프로젝트 중 하나의 미션으로 게일 분화구와 일대를 탐사하기 위한 탐사선)에는 레이저가 표면의 작은 영역을 증발시킬 때 방출되는 빛을 분석하여 최대 7m 떨어진 암석의 화학적 성분을 감지할 수 있는 쳄캠이라는 '레이저 지퍼'도 있었다.

물 침식과 관련된 지리적 특징은 토양과 암석 분석의 증거에 의해 뒷받침되는데, 이것은 액체 상태의 물에서만 형성되는 미네랄을 보여준다. 게다가 매끄러운 조약돌을 포함하는 자갈의 존재는 게일 분화구(오스트레일리아 아마추어 천문학자 월터 프레드릭 게일의 이름을 따서 명명되었는데, 19세기 후반과 20세기 초 동안의 그의 발견은 혜성, 쌍성, 스키아파렐리와 로웰처럼 그가 운하라고 믿었던 화성의 특징들을 포함한다)로 알려진 지질학적 기적의 큐리오시티 착륙 지점에 강과 개울이 상당 기간 흘렀음을 보여준다.

큐리오시티의 고대 호수 바닥을 분석한 결과는 오퍼튜니티가 이전에 행성의 다른 지역에서 분석했던 점토들을 발생시킨 산성 염수가 아닌 담수에 깔려 있었다는 것을 보여준다. 그 염수는 지구의 바다보다 훨씬 더 염분이 많았으며(사해만큼 염분은 아니지만), 철명반석(알루미늄과 철을 포함하는 황산염 광물)이라 불리는 철 황산염 광물의 존재는 그러한 환경에서만 형성되는 철명반석 때문에 산성을 암시했다. 산성도는 지상의 해저처럼 고대 화성 해저에 탄산염이 풍부하지 않은 이유로도 인용된다.

가장 감질나는 것은 화성의 낮은 북반구 전체가 한때 물로 덮여 있었다는 주장이다. 궤도에서 찍은 행성의 고해상도 영상에서 우리는 강, 계곡, U자형 만곡, 협곡, 광대한 해안선을 따라 펼쳐진 해변과 바다 절벽 증거 같은 지구의 물 침식과 관련된 특징을 볼 수 있다. 궤도를 도는 우주선(1997년부터 2006년까지 운용된 NASA의 마스 글로벌 서베이어)의 레이저 고도계는 화성의 북반구가 남반구보다 평평하고, 저지대이며, 분화량이 적다는 것을 보여주었다. 한때는 바다를 품고 있었다는 생각하게 했다. 예상되는 해안선의 높이가 바다 가장자리 주변(따라서 해안선이 될 수 없음)이 다양하다는 예전의 반대는 아마도 올림푸스 몬스의 분화에 기인하여 화성의 회전축 기울기가 대규모로 이동했다는 주장으로 반박됐다.

북반구와 남반구 사이의 5km 높이의 이분법이 해양분지의 결과인지, 아니면 행성의 맨틀에서 대류나 주요 소행성 충돌과 같은 다른 원인의 결과인지 하는 문제는 여전히 논란이다. 안정된 수역이 북반구 대부분을 뒤덮었다는 것은 일반적이지만, 배심원단은 그것이 얼마나 깊고, 얼마나 오래 지속하였지에 대해서는 여전히 의견이 분분하다.

수천만 년의 끊임없는 덮개, 또는 해저 건조가 긴 기간과 맞물린 습한 사건이 얽혀 있었는가? 어느 쪽이든, 고대 노아 시대에 액체 상태의 물의 존재가 입증된 것은 우주생물학자들에게 흥미로운 발견인데, 그들은 우주의 다른 곳에서 생겨난 생명체의 전망에 관한 연구는 언제나 물 환경에서 시작된다. 이는 지구상의 모든 생명체가 물을 작동 유체로 사용하기 때문이다.

화성의 습한 조건은 37억에서 29억 년 전 발생한 헤스페리아(고대 그리스·로마인이 이탈리아·스페인을 가리키는 말) 시대까지 잘 지속한 것으로 믿어진다. 이 시기는 30억 년 전의 가장 오래된 화석화된 지상 박테리아인 생명체가 지구에서 시작되었다는 사실을 알고 있는 기간이며, 5억 년 전에 존재했던 미생물에 대한 더 많은 논란이 있는 증거가 있다.

따라서 지구 너머의 생명체를 찾는 일이 중대한 국면으로 접어들고 있다. 2012년 화성에 도착한 직후, 큐리오시티는 화성이 거주할 수 있는 곳인지를 알아내는 미션의 주요 목표를 달성했다. 그것을 확립한 후, 이제 우리에게는 그 고대의 거주성이 실제로 살아 있는 유기체를 탄생시켰는지 알아내는 것이 남아 있다. 만약 그랬다면, 그들에게 무슨 일이 일어났는지 알아내기 위해서다. 다음 장에서 그 이야기를 다시 해보겠다.

하지만 제9장에서 설명한 판스페르미아 이론(생명이 지구 밖에서 기원한 것이라고 주장하는 이론)과 관련된 흥미로운 전망이 하나 더 있다. 화성 미생물이 두 행성 사이를 여행한 것으로 알려진 운석을 타고 행성 간 여행을 하면서 지구상의 생명체가 될 수 있었을까? 지구상의 생명체가 화성의 생명체와 공통의 기원을 공유했을까? 이것은 오늘날 우주생물학자들이 연구하고 있는 많은 가능성 중 하나에 불과하다.

그래서 만약 화성에 습한 과거가 있었다면, 그것을 변화시키기 위해 무슨 일이 일어났고, 행성 지구에 사는 우리에게 기후변화에 대한 교훈이 있을까? 지질학적 증거는 화성 바다나 대양이 20억 년에서 40억 년 전 사이에 사라진 것을 가리키고 있다. 즉, 지구의 46억 년의 수명중 전반기 어딘가에서 말이다.

그리고 도화선은 지구 지름의 절반 정도인 작은 크기였던 것 같다. 상대적으로 더 작은 철심을 가진 화성은 불처럼 태어나면서 남은 내부 열의 저장 공간이 제한적이며, 핵이 적어도 부분적으로 액체 상태로 남아 있다고 생각되지만, 이제는 내부 동역학이나 판 구조학을 지탱하기에 충분히 뜨겁지 않다. 이러한 과정은 고대 노아 시대에 폐쇄된 지

오래되었을 가능성이 있다.

지각의 암반 운동은 대기와 그 아래 맨틀 사이에서 탄소를 순환시키기 때문에 대기를 안정시키는 데 중요한 역할을 한다. 그러나 화성의 녹은 핵이 지구보다 더 빨리 식으면서 판구조론은 행성을 따뜻하게 유지하는 이산화탄소를 허용하는 '온도조절기'를 제거함으로써 역사 초기에 폐쇄되었다.

그래서 행성은 대부분의 온실 담요를 잃어버렸고, 차츰 식어 오늘날 우리가 보는 추운 세상이 되었다. 화성의 냉각 핵은 또한 이 행성에 눈에 띄는 자기장이 없으므로 태양풍에 대한 무절제한 노출을 초래하는 이유가 된다. 그리하여 대기 수증기가 수소와 산소로 분리되어 우주로 손실되는 과정이 강화되었을 것이다.

그렇지만 화성에 물이 없다는 뜻은 아니다. 그것의 대부분은 여전히 그곳에 있고, 극지방의 뚜껑에 얼음으로 갇혀 있거나, 낮은 위도의 영구 동토층인 지표면 토양 아래에 있다. 궤도를 도는 우주선의 지상 침투 레이더는 온대 위도에서도 얇은 토양층으로 덮인 빙하를 밝혀냈다.

그리고 2008년 6개월간의 미션 동안, NASA의 피닉스 착륙선은 화성 북극의 지표면 토양에서 겨우 몇 밀리미터 아래에 있는 영구 동토층을 발견했다. 또한, 때때로 눈이 내리는 것을 관찰하면서 대기와 지면 사이에 제한된 물 순환이 존재함을 입증했다. 대조적으로 화성의 전체 얼음의 양은 제한적이지 않다. 유럽우주국의 마스 익스프레스 궤도 탐사선의 데이터에 따르면 화성의 남부 극관만 녹아도 행성 전체를 평균 11m 깊이까지 침수시킬 수 있는 충분한 물이 생성될 것이다.

화성이 한때는 거주할 수 있는 행성이었지만, 지금은 지구 대기의 균형이 얼마나 섬세한지를 강조하지는 않는다. 그래서 우리 지구촌 거주자들에게는 교훈이 되는 것은 그것을 만지지 말라는 것이다. 특히 판구조론과 관련된 것이라면.

## CHAPTER 11

# 우리의 행성 B가 아닌가?

## 화성 식민지화

태양계에서 생명체가 존재할 가능성에 대해 생각할 때, 우리 인간이 승자라는 결론을 피하기 어렵다. 물론, 목성의 위성 유로파나 토성의 엔켈라두스와 같은 먼 세계의 얼음 아래 바다에 단지 지구 주민들을 노예로 삼는 순간을 기다리는 초 지능적인 존재가 있을 수 있다. 하지만 솔직히 말해서, 거의 그렇지 않아 보인다.

자, 여기 우리는 문명의 덫을 놓은 기술 종족이고, 우리는 꽤 영리하다고 생각한다. 나는 내가 음속에 가까운 속도로 지구 대기의 4분의 3을 비행하는 항공기에 앉을 때마다, 우리가 기술로 무엇을 성취할 수 있는지에 대해 경탄한다는 것을 인정해야 한다. 그것은 단지 흔한 일이다. 태양계를 탐색하는 지능형 센서로 장식된 로봇 우주선을 생각할 때, 나는 과학적 호기심이 인간의 마음에서 공학의 놀라운 업적을 이끌어낼 수 있는지에 관해 경외감을 느낀다.

물론 우리에게도 단점이 있다. 우리는 부족주의에 대한 위험한 열정이 있는데, 이것은 우리가 값비싼 군대를 유지해야 한다는 것을 의미한다. 또한 우리를 지탱하는 환경을 파괴하는 경향이 있다. 그것은 우리가 정말 익숙한 일이다. 그리고 우리가 그 일에 너무 익숙하므로, 우리 중 일부는 이미 우리 행성을 실패한 원인으로 평가한다. 그렇다면, 사람들이 구원을 위해 하늘을 보고 있다는 것은 별로 이상한 일이 아닐 것이다. 그리고 그들의 맹렬한 시선은 어디에 집중되어 있는가? 태양으로부터 네 번째 단단한 바위 행성을 주시하고 있다.

　　화성은 우리에게 특별한 유사점이 있는 세상이다. 그것은 일반적으로 투명한 대기와 함께 바위 표면을 가지고 있다. 그것은 지구 지름의 절반에 불과하지만, 낮 길이(24시간 47분)와 자전축 기울기(25.2도) 그리고 육지 면적(1억 4,500만km²)은 지구와 매우 유사하다( 화성에는 바다가 없다). 그리고 낮의 평균 기온은 영하 40도 정도이고, 대기압은 우리 대기압의 약 1%에 불과하지만, 화성의 가장 좋은 점은 비어 있다는 것이다. 아니면 적어도 그런 것 같다. 이것이 바로 인류가 지구상에서 문명 종말의 재앙에 대비한 보험으로 거주할 수 있는 지구의 구명보트로 널리 선전되는 이유이다.

　　우리가 얘기하고 있는 것이 어떤 종류의 재앙인가? 그것은 우리 자신의 잘못일 수 있다. 기후변화, 인구 과잉, 세계 전쟁 등 분명한 것들로 말할 수 있지만, 아마도 우리의 죽음은 급증하는 바이러스, 초화산, 불량 소행성 또는 근처에서 폭발하는 별의 영향에 달려 있을 것이다.

나는 인간이 얼마나 탄력적이고 창의적인지를 고려할 때, 자기 파괴적인 재난에서 우리의 생존 가능성에 관해서 낙관론자로 남아 있다. 그리고 우리가 충분히 빨리 행동할 수 있다면 대부분의 자연 위협은 기술적 해결책도 가지고 있다. 물론, 내 목록의 마지막 항목을 제외하고는 태양계에서 여러분이 어디에 있었는지에 아무런 차이가 없을 것이다.

이런 맥락에서, 인류가 과거에 그러한 재앙적인 멸종에 근접한 적이 있는지 묻는 것이 흥미롭다. 보존 생물학자들은 일부 외부 인자로 인해 인구 규모가 갑자기 감소하는 유전적(또는 인구) 병목현상을 조사한다. 여기에는 가뭄, 홍수나 지진, 화산 폭발 또는 소행성 충돌과 같은 자연재해로 인한 기근과 같은 환경 변화가 포함될 수 있다. 최종 산물은 유전적 다양성의 손실로 만약 인구가 살아남는다면 시간이 흐르면서 천천히 회복될 뿐이다. 그 후 그 손실은 생존자 후손들의 유전적 구성에 반영된다.

지난 20년 동안 여러 연구가 인간과 관련된 그러한 가능성을 조사하려고 시도했다. 1990년대 중반에 약 7만 년 전 인구가 전 세계적으로 수만 명으로 감소했다는 이론이 나왔다. 물론 지금은 현대 인류의 시대로 접어들었고, 병목현상을 일으킨 것은 무엇이든 약 4만 년 전까지 호모사피엔스(현생 인류)와 행성(그리고 그들의 유전 물질)을 공유했던 네안데르탈인의 쇠퇴를 촉진했을 수도 있다.

그러한 인구 병목현상은 지구적 규모의 큰 재앙적인 사건이 필요했을 것이며, 범인은 일반적으로 7만 4천 년 전 확실하게 기록된 수마트라의 토바 초화산 폭발로 추정된다. 이 잘 연구된 사건은 지난 백만 년 동안 지구상에서 가장 큰 화산 폭발로 여겨지며, 지질학적 증거가 남아 있는 가장 큰 규모에 속한다. 남아시아와 인근 바다에 화산재를 퇴적시켰고, 적어도 몇 년 동안 최대 15°C의 지구 냉각을 생성했다.

그러나 독립적으로 작업하는 두 국제 과학자 그룹이 2018년에 발표한 연구는 이 산뜻하고 깔끔한 이론에 의문을 제기한다. 그렇다 하더라도 수천 km³의 화산재가 대기 중에 쌓여 있고, 몇몇 동물 종 사이에 비슷한 시기에 개체군 병목현상이 나타났다는 증거가 있다. 그런데도, 많은 연구는 인간 개체군이 폭발의 여파로 번성했다는 것을 보여준다.

예를 들어, 인도 남부의 고고학적 유물은 화산재 층위와 그 아래에 있는 수만큼 많았다. 유전적 증거가 갑작스러운 인구 감소를 뒷받침하는지 또는 장기간에 걸쳐 확산한 것을 뒷받침하는지에 대한 의문도 제기되었다. 이 연구는 명확한 진술을 하기까지는 아직 갈 길이 멀다. 하지만 인정해야 한다. 그것은 자극적이라고 생각한다.

탈출로를 생각할 때 '식민지화'라는 단어는 우리가 화성에 적용된 가장 많이 듣는 용어이다. 그리고 그 용어는 정착뿐만 아니라 통제를 내포하고 있다. 이미 존재하는 사람(또는 행성 간 맥락에서 가능성이 더 큰 무엇이든)을 통제한다. 2016년으로 돌아가 보면 내가 늘 존경하는 우주 기업가인 일런 머스크의 기조연설은 화성 식민지 함대, 자립형 화성 도시, 그리고 한 번에 수백 명의 개인이 빠르게 행성을 식민지화하는 것에 대한 문구로 가득 차 있었다. 머스크의 비전에는 2020년대 초에 화성으로 화물을 보내는 미션이 포함되며, 몇 년 후 최초의 인간이 도착했다. 그는 향후 40~100년 동안 수백만 명의 인구가 정착할 것으로 예상한다.

그 연설 이후 몇 번 업데이트되긴 했지만, 아직도 나를 격려하지 않는다는 것이 두렵다. 2020년대 식민지 함대에 관한 이야기는 이미 도피주의자들 사이에서 잘못된 기대를 불러일으킬 수밖에 없다. 그러한 생각들은 또한 우리의 지구를 더 지속할 수 있고 안전한 세계로 만드는 것에 관한 우리의 무기력함을 정당화한다. 우리 모두 화성으로 가는 길이라면 왜 신경을 쓰겠는가?

머스크와 그의 스페이스 X 사의 업적에 감탄할 점이 많다. 그리고 나는 우주 비행에 관해서는 신기술 반대자가 아니다. 나는 어릴 때부터 부끄럼을 타지 않는 열광자였다. 인간을 행성 간 종으로 생각하는 것은 이치에 맞다. 나는 인간이 화성에 발을 들여놓아야 한다는 점에 진심으로 동의한다.

그러나 어떤 일이 있어도 머스크의 화성 인구 이주 메시지에서 영감을 얻으려고 하지만 결함이 있다. 첫 번째 문제는 아이디어 마케팅이 지나치게 낙관적이라는 점이다. 민간 부문에서의 좋은 기록과 매우 많은 자원에도 불구하고, 이 기술은 아직 많은 수의 사람을 행성 간 여행으로 데려갈 수 있는 것은 아니다. 머스크의 스타십은 현재 지구 표면에서 우주로 끌어 올릴 팰컨 슈퍼 헤비 발사체와 함께 개발 중이다. 이전에 발표된 비행당 100명의 화성 승객을 목표로 하는 이것은 거대한 공학이다. 머스크는 이러한 기술적 과제(대개 소셜 미디어를 통해)와 SpaceX가 제안하는 '매우 흥미롭고', '즐겁게 반 직관적인' 공학적 솔루션을 공개적으로 제시하는 정책을 고수해 왔다.

그러나 우주공학 전문가들은 머스크의 재사용 가능한 부스터가 국면 전환 요소라는 점을 인정하지만, 조금도 회의적이지 않다. 그리고 화성으로 가는 루트에 방사능 위험과 같은 일부 장벽은 눈에 보이는 곳 어디에서도 해결책이 없다는 것이 분명하다.

화성의 식민지 개척자들이 그곳에 도착할 때 그들을 지탱하기 위한 계획도 마찬가지로 모호하다. 바이오 재생 생명 유지는 식물과 동물이 사람의 배설물(숨 내쉬는 것뿐만 아니라 생각하는 것까지 포함)을 재활용하여 재사용하는 적대적인 환경에서 표준으로 선전되고 있다. 그러나 과학자들이 그것을 완성하기에는 아직 갈 길이 멀다. 수년에 걸쳐 지구에서 수행한 실험은 진정한 지속 가능성을 달성하기가 매우 어렵다는 것을 보여주었다.

애리조나에 있는 바이오스피어-2 시설은 1990년대 8명의 거주자가 생존할 수 있도록 외부 공급을 요구했고, 지금은 좀 더 적당한 과학 실험을 위해 사용하고 있다. 2014년에 시작된 중국 실험인 Yuegong-1이 더 성공적이었던 것 같다. 그러나 현재의 모든 우주 비행은 폐기물이 버려지는 기존의 생명 유지 시스템에 의해 지탱되는 경우가 남아 있다. 아폴로 9호 우주인 러스티 슈바이거트는 '궤도에서 가장 아름다운 광경은 해질녘의 소변 쓰레기'라고 관측했는데, 이는 태양 빛에 반짝이는 수백만 개의 얼음 결정체를 보고 다른 우주인들이 반향을 불러일으킨 감정이다.

아마도 머스크는 2018년에 제3차 세계대전에서 우리 종을 보존하기 위해 화성을 식민지화하는 것이 중요하다고 선언했을 때 분담금을 높이려고 시도했을 것이다.

"제3차 세계대전이 일어난다면 우리는 인류 문명의 씨앗이 그것을 되살리고 암흑시대의 길이를 줄일 수 있을 만큼 충분한지 확인하고 싶다."

매우 그렇다. 하지만 화성일 필요는 없다. 그리고 애초에 전쟁을 예방하기 위해 노력하는 것이 얼마나 좋을까?

스페이스X의 야망보다 더 겸손하지만, 상당히 허황한 것은 네덜란드의 식민지화 프로젝트 마스 원의 계획이었다. 2012년 설립 이후 마스 원은 자금 조달 모델의 경제성에 결함이 있음을 반복적으로 입증하면서 목표를 여러번 재설정했다. 원래 주최 측은 현실감 있는 TV 방송으로 자금을 조달할 계획이었으나 이 프로젝트는 예상되는 수익을 지나치게 과대평가했고, 인간을 화성으로 비행하는 데 드는 비용을 크게 과소평가했다. 계획된 혁신은 편도 비행에만 자금을 대는 것이었다. 그러면 식민지 개척자들은 집으로 돌아오지 못할 것이다. 윤리적 이유만으로 발사기관이 시나리오를 승인할지는 의문이다. 몇 차례 구제금융 이후, 그 기구는 2019년 초에 청산되었다.

슬픈 부분은 수만 명의 사람이 화성에서의 삶이 그들의 운명이라 믿고 '운 좋은' 식민지 개척자 중 하나가 되기 위해 지원했다는 점이다. 2천 명의 애초 지원자 중, 100명의 마스 원 비행 후보자에 이름을 올렸다. 그리고 미디어는 그렇게 열광적인 편도 여행자들을 인터뷰하는 것을 기뻐했다.

화성에 인간을 보내는 데 있어서의 기술적 장애 때문에, 화성에 발을 디딘 최초의 인간은 우주 비행사에게 공급하기보다는 민간 부문이 하드웨어를 제공하기로 계약된 세계 각국의 우주 기관 중 하나 또는 그 이상에서 나올 가능성이 압도적이다. 그리고 그것은 2030년대 중반 이전에 일어날 것 같지 않다. 아직 근처에 있으면 좋겠다.

모든 공학적인 문제보다 더 근본적인 것은 식민지화의 문제이다. 우리가 지구에서 보았듯이 이것은 원주민에게 끔찍한 결과를 가져온다. 그리고 아직 우리는 지구 너머에 생명체가 존재하는 곳을 알지 못하지만, 사실은 화성이 보이는 것처럼 비어 있는지를 모른다. NASA의 큐리오시티 탐사선은 이미 이 행성이 한때는 거주할 수 있었다는 것을 증명했고, 아직 모든 가능성을 배제하지는 않았다.

고대 주민들은 여전히 그곳에 있을 수 있다. 예를 들어, 오늘날 화성 대기에서 관측된 메탄 스파이크는 어디에서 왔을까? 메탄은 우주와 땅에서 모두 감지되었으며, 보충하지 않으면 햇빛에 의해 구성 성분인 탄소와 수소 원자로 빠르게 분해되기 때문에 중요하다. 무언가가 그것을 대체해야 한다. 살아 있는 유기체(지구 대기 중 메탄의 대부분의 원천)일까? 아니면 잔존 화산 활동일까? 그다지 흥미롭지는 않지만, 여전히 흥미로운 가능성이다. 유럽우주국의 엑소마스 가스 추적 궤도선은 내가 이 글을 쓰는 동안에도 이를 알아내기 위하여 화성 대기에서 표본을 뽑는다.

또한, 흥미로운 것은 2018년 중반 화성의 남쪽 만년설 아래에서 액체 상태의 물을 발견한 점이다. 유럽우주국의 궤도를 도는 마스 익스프레스 우주선의 극지 데이터에서 발견된 고강도 레이더 반사는 1.5km 두께의 만년설의 기저부 부근에 있는 액체 상태의 물 덩어리에서 나온 것일 수 있다. 화성의 존재는 이미 표면 착륙선에서 알려진 용해된 광물염에 의해 추정 온도인 −68°C에서 액체로 유지된다.

이것은 매우 중요한 발견이며, 붉은 행성(화성)에 살아 있는 유기체의 존재에 대한 추측을 고조시킬 것이다. 그러나 물 액체를 유지하는 데 필요한 염분의 농도는 지구와 유사한 미생물 생명체에게 치명적일 수 있으므로 주의가 필요하다. 즉시 물을 채취할 즉각적인 수단이 없어서, 배심원들은 새로 발견된 호수에 생명체가 숨어 있을 가능성에 대해 여전히 의문을 품고 있다.

그러나 2020년에 NASA와 유럽우주국 모두 화성에서 과거 또는 현재의 생명체에 대한 증거를 찾을 목적으로 새로운 탐사선을 화성으로 날릴 것이다. NASA의 화성 탐사선 마스2020과 유럽우주국의 엑소마스 착륙선은 이미 남쪽 만년설이 제외되기는 하였지만 우주생물학적 관심사인 화성의 환경을 표적으로 삼을 것이다. 엑소마스의 경우 러시아우주국을 포함하여 여러 다른 조직이 이러한 미션에 기여하고 있다.

내 생각에 앞으로 몇 년 안에 화성에서의 과거 생명체에 대한 확고한 지질학적 증거를 보게 될 것이다. 이는 2016년 미 항공우주국 스피릿 탐사선 자료에서 칠레 북부 엘타티오의 생물적으로 변화된 퇴적물에 근접하게 모방한 구세프 분화구의 오팔린 실리카 출토물을 발견했을 때 이미 암시된 바 있다. 과거의 삶의 발견은 현재의 삶에 대한 탐색을 가속하고, 행성의 지속적인 탐사를 촉진할 것이다. 인간과 관련된 탐험은 환상적인 돌파구가 될 것이다.

그러나 가능한 한 엄격한 규칙 내에서 수행되어야 한다. 이러한 규칙의 가능한 완화를 고려하여 인간 탐색을 수용해야 한다. 이 규칙은 다른 행성의 가능한 토착 생물권을 보호하는 것을 목표로 하고 있다. 우리가 수십억 년 안에 자신의 기술 능력을 갖춘 지적인 화성인을 볼 수 있는 진화 과정에서 간섭할 권리는 무엇일까?

수백만 명의 식민지 개척자들이 화성의 깨끗한 표면 위를 걷는다는 생각은 남극에 도시를 넓게 만든다는 생각만큼이나 마음에 들지 않는다. 그건 그렇고, 화성에 도시를 세우는 것보다 훨씬 쉬울 것이다. 그리고 다른 가능성이 있다. 블루 오리진의 제프 베이조스는 소행성에서 유래한 물질을 사용하여 만든 우주의 인공 거대 구조와 관련된 장기 비전을 설명했다.

느린 회전이 제공하는 중력과 베이조스가 '1년 내내 최고의 날에 마우이섬'에 비유하는 환경을 가진 그의 생각은 나와 훨씬 더 밀접하게 일치한다. 그러므로 우리가 화성 탐사를 우리 말고 나머지 사람들이 옆에서 응원하는 동안 남극탐사를 하는 것처럼 몇몇 전문가인 탐사자들에게 맡길 것을 제안해도 될까? 물론, 우리가 지구를 더 지속할 수 있고 안전한 세계로 만드는 동안에도 말이다. 이것이 진정한 도전이다.

## CHAPTER 12

# 변화의 잔상
## 사라지는 토성의 고리들

토성은 신진 천문학자들에게 달에 버금가는 매력적인 존재이며, 작은 망원경을 사용하는 새로운 하늘 관측자를 사로잡는 것이 분명하다. 30배 혹은 그 이상의 배율로 볼 때, 이 고리 모양의 거인은 거의 항상 기쁨의 숨을 헐떡이게 하는 초현실적이면서도 묘하게 익숙한 외모를 갖고 있다. 특히 처음 봤을 때는 더욱 그렇다. 이게 진짜일 수 있냐고 묻는다.

그러나 망원경으로 그것을 본 첫 번째 사람에게 그것은 좌절의 원인이었다. 아마도 토성이 당시 가장 멀리 알려진 행성이었다는 사실은 갈릴레오 갈릴레이가 그 행성을 관찰하기 시작했을 때, 우연히 마주쳤던 미스터리를 더욱 복잡하게 만들었다. 그는 그것이 1610년 북부의 봄과 여름에 집에서 만든 망원경으로 연구한 다른 세계와 다르다고 말할 수 있었지만, 무슨 일이 일어나고 있는지 알아낼 수 없었다.

금성, 화성 또는 목성은 모두 금성의 경우 달과 같은 위상을 가진 선명한 빛의 원반으로 보였지만, 토성의 원반에는 부속물이 있는 것처럼 보였다. 1613년《태양흑점에 관한 편지》25페이지에 있는 몇 개의 단락에서 그는 행성이 '서로 거의 닿는 세 개(별)가 함께 보인다'라고 말한다. 그는 그것이 손잡이인지 아니면 심지어 귀인지 궁금했다.

1612년 갈릴레오가 이 행성을 다시 관찰했을 때, 이 미스터리는 더욱 깊어졌고, 이 행성이 완벽하게 장식되지 않은 빛의 원반으로 변했다는 것을 알게 되었다. 신 토성은 그렇게 하지 않으려 했듯 토성이 자신의 자손들을 먹어치웠는지 그는 궁금해했다.

우리는 이제 토성의 고리가 1612년에 보이지 않았다는 것을 알고 있다. 그 이유는 29년짜리 궤도가 내부 태양계의 가장자리에 있는 위치로 이동했기 때문이다. 토성의 궤도면에 대한 고리의 기울기는 26.7도이며, 태양이 행성의 적도 위에 있는 토성 연도의 두 춘분 동안을 제외하고 대부분 궤도에서 볼 수 있다. 우리의 관점에서 보면 두께가 거의 없으므로 사라진 것처럼 보인다.

또한, 태양에 가장 가까우므로 행성에 숨겨진 그림자를 드리우지 않는다. 춘분 후 얼마 지나지 않아 고리가 다시 보이게 되었고, 1616년에 갈릴레오는 행성의 부속물이 더 크고 더 타원 모양으로 나타났다는 사실에 주목했다. 그가 당황한 것은 당연하다.

네덜란드의 귀족이자 과학자인 크리스티안 호이겐스가 토성을 '가늘고 평평한 고리이고, 어디에도 닿지 않고, 황도에 기울어졌다'라는 것을 밝혀내기까지는 17세기 천문학자들의 잇따른 좌절된 추측을 거의 40년이나 했다. 그는 1655년 26세의 나이에 이 발견을 했다.

호이겐스의 책《시스템아 새터뉴》은 14년마다 고리가 보이지 않게 되는 것에 관해 올바른 설명을 포함하여 이러한 현상을 설명했다. 그것은 인류가 토성과 사랑을 나누기 시작한 것이었고, 다른 천문학자들은 고리의 본질에 대해 10페니(페니의 가치를 가짐)를 추가하고 있었다. 아마도 그가 천문학자보다 시인으로 더 잘 알려져 있었기 때문에 1660년에 그가 한 이야기는 거의 200년 동안 무시되었다.

장 샤플랭은 고리가 호이겐스가 제안한 것처럼 단단한 물질이 아닌 많은 작은 궤도 물체로 구성되어 있음을 암시했다. 다른 사람들은 행성을 둘러싸고 있는 고리가 하나가 아니라 여러 개의 고리가 있다고 지적했다. 일부 고리는 그사이에 좁은 간격이 있다.

샤플랭을 옹호한 사람은 19세기 스코틀랜드의 위대한 물리학자 제임스 클러크 맥스웰이었다. 1859년에 출간된《토성 고리 운동의 안정성에 대하여》에는 단단한 고리가 토성의 중력을 견딜 수 없다는 맥스웰의 수학적 증명이 포함되어 있다. 그것은 행성 주위의 개별 궤도에서 '무한의 미연결 입자 수'로 구성되어있다고 하며 이 고리는 아마… 나선 성운을 제외하고 '하늘에서 가장 주목할 만한 물체'라고 묘사했다.

맥스웰의 결과는 1895년 미국 천문학자 제임스 킬러의 관찰로 확인되었다. 천체 속도계로 사용할 수 있는 분광사진기로 고리를 영리하게 관찰한 킬러는 내부 가장자리가 바깥 가장자리보다 빠르게 회전한다는 것을 보여주었다. 이는 고리가 단단하면 발생하는 것은 그 반대이다.

1970년에 분광사진기의 진단 기능을 사용하여 측정한 결과 고리가 일반적으로 얼어붙은 물이 얼음으로 만들어졌음을 보여주었다. 우리는 이제 무수한 얼음 입자들의 크기가 먼지 알갱이부터 10m 정도의 둥근 돌멩이까지 다양하다는 것을 안다. 그것은 행성과 위성의 중력 때문에 지름이 약 25만km이지만, 놀랍게도 두께가 100m도 되지 않는 물질로 그것들을 갈고 닦는다.

1979년, NASA의 파이오니어 11호는 지구와 잠깐 마주치는 동안 토성과 토성 고리를 연구한 최초의 우주선이 되었다. 파이오니어 11호가 그랬던 것처럼, 우주선이 행성들을 대대적으로 관광하는 데 문제가 되는 것은 그들이 어슬렁거릴 수 없다는 점이다. 그것은 초당 32km의 상쾌한 속도로 토성을 지나갔다.

파이오니어가 발견한 것 중에는 이전에는 알려지지 않았던 위성(거의 충돌할 뻔했던 에피메테우스)과 주 고리의 바깥쪽 가장자리에 있는 좁은 고리가 있었다. 그런데, 그 주 고리는 A-고리로 알려져 있고, 별도의 실체로 식별된 여섯 번째의 새로운 고리는 F-고리가 되었다. 실제로, 토성의 모든 고리는 멀리서 보았을 때 서로 합쳐지는 것처럼 보이는 미세한 '작은 고리'로 이루어져 있다.

파이오니어 11호는 1980년과 1981년에 각각 토성을 지나던 보이저 1호와 보이저 2호를 위한 길을 닦았다. 주 고리 시스템의 바큇살 같은 특징과 F-고리의 외가닥이 그들의 전설적인 발견 중 하나였다. 이는 역사상 가장 생산적인 우주 프로젝트 중 하나인 비교할 수 없는 토성 탐사선을 위한 장면이었다.

1997년에 발사된 카시니는 2004년 7월 토성에 도착하여 13년 동안 행성과 고리 및 위성에 대한 특별한 이미지와 데이터를 제공했다. 여러분은 그것이 이 책에서 여러 번 주연을 맡았음을 알게 될 것이다. 2017년 9월, 그것의 소멸은 우주 비행 역사상 가장 가슴 아픈 순간 중 하나로, 우주선이 의도적으로 토성의 바깥 대기로 날아가서 인류에게 관대하게 개방된 행성 일부가 되었을 때였다.

놀랍게도, 그것이 제공한 수많은 데이터로부터 새로운 발견들이 계속 생겨나고 있다. 그것이 사라진 후에도 말이다. 그리고 그것들은 놀라운 토성의 비밀들을 포함하고 있다. 이 행성이 그것을 태양계의 진주로 만들면서 왜 이렇게 거대한 고리를 가졌는지에 대한 의문이 호이겐스 시대부터 과학자들의 마음을 사로잡았다. 관련된 수수께끼가 있는데, 고리가 토성과 함께 형성되었는지, 아니면 보다 최근에 추가되었는지, 이러한 질문에 대한 답변이 아직 완전히 이루어지지는 않았지만, 우리는 이제 고리가 어떻게, 특히 언제 생성되었는지 훨씬 더 잘 알 수 있다.

고리는 우주에서 특별히 희귀한 것은 아니다. 많은 천체가 고리를 가지고 있는데, 여기에는 몇 개의 작은 태양계 천체들이 포함한다.(그들도 반은 인간, 반은 짐승인 역시 잡종이었기 때문에 켄타우루스이다. 누가 천문학자들이 상상력이 없다고 말하는가?) 고리 전달자들은 2013년에 발견한 커리클로와 천문학자들이 1990년대 이후 고리를 가진 것으로 의심해 온 케이론이다.

두 물체는 지름이 약 200km이며, 토성과 천왕성의 궤도 사이에 있다. 훨씬 더 큰 예는 해왕성의 궤도 너머로 순환하는 약 2,000km 길이의 축구공 모양의 물체인 꼬마 행성 하우메아이다. 태양 주위를 한 바퀴 도는 데는 느릿하게 284년이 걸리지만 극명한 대조를 이루며 3.9시간이라는 숨 막힐 정도로 짧은 시간에 축을 중심으로 자전한다. 따라서 긴 모양을 하고 있다.

그처럼 먼 세계의 고리가 매우 희미하다는 점을 생각할 때 어떻게 발견되는지 궁금할 것이다. 지구 표면의 넓은 지역에 배치된 많은 관측자를 포함하는 표준 절차가 있다. 그들은 소행성이나 왜성들이 그들 앞을 지날 때 선택된 별들의 빛이 희미해지는 것을 지켜보고 있다.

이것은 물론 그러한 물체들이 추적하는 방법을 신중하게 예측하는 것을 포함하지만, 이러한 계산은 태양계 천문학자들의 거래에서 중요한 역할을 한다. 목표 별이 얼마나 희미하게 보이는지 측정하여 조심스럽게 시간을 재면, 지구 표면에 별빛을 드리운 소행성의 그림자를 그려낼 수 있다. 그것은 천문학자들이 그것의 모양과 크기를 정확하게 결정할 수 있게 해주고, 고리나 위성이 있는지도 발견하게 해준다.

하나의 천체가 다른 천체 앞에서 지나가는 것을 엄폐라고 알려져 있는데, 이 단어는 '숨기다hide'는 의미가 있는 동사 '엄폐하다occult에서 왔다. 이 엄폐 방법은 작은 태양계 물체의 연구에 널리 사용된다.

크기 척도의 반대쪽 끝으로 올라가면, 태양계의 모든 거대한 행성은 고리를 가지고 있지만, 목성, 천왕성, 해왕성의 고리는 좁고 확실히 활기가 없다. 그들 중 누구도 너비와 광휘에 관한 것을 얻기 위해 토성에 원격으로 접근하지 않는다. 그러나 그들 사이에는 토성의 호화로운 장식의 궁극적인 운명과 밀접한 관계가 있을 수 있다.

행성의 구름 벨트에 비가 내리는 고리에서 얼음 물질의 첫 번째 증거를 발견한 것은 두 개의 보이저 우주선이었다. 그것은 행성의 중위도의 일반적으로 밝은 구름 벨트에서 신비한 어두운 띠의 발견과 함께 토성의 외부 대기의 전하 변화에 관한 연구에서 나왔다. 이 혼합에 고리 자체의 밝기 변화를 더 하면 관련 없는 효과의 뒤범벅처럼 보일 수 있다.

그러나 1986년 NASA의 고더드 우주 비행센터에 있는 과학자 잭 코너니는 이 가닥을 연결하여 고리에서 나온 얼음 입자가 태양의 복사선에서 전하를 획득한 다음 행성의 거대한 자기장이 구름 벨트 쪽으로 내려간다고 추론한다. 거기에서 그들은 구름을 밝게 만드는 안개를 씻어내어 어두운 띠를 만들었다.

코너니는 이 '고리 비'가 고리에서 물질을 배출하는 속도를 추정하여 초당 1t을 초과하는 수치를 얻었다. 이것은 2018년 말 하와이 마우나케아천문대에 있는 10m짜리 켁 망원경 2대 중 1대에서 얻은 데이터를 통해 확인했다. 그곳의 천문학자들은 얼음 입자들이 자장 선을 따라 아래로 휘돌 때 방출되는 적외선을 감지하여 물을 토성의 중위도 북쪽과 남쪽으로 흘려보냈다.

거의 동시에, 대부분의 미국 대학의 연구자들이 2017년 카시니 미션의 대담한 그랜드 피날레(토성 탐사선 카시니의 마지막 미션 이름) 궤도

22개에서 얻은 새로운 결과를 발표했다. 잃을 것이 아무것도 없었던 우주선이 고리와 토성의 대기 꼭대기 사이에 꿰매어졌다는 사실을 기억할 것이다. 2,000km 폭의 틈새를 헤쳐나가면서 카시니는 고리의 안쪽 가장자리에서 행성의 적도까지 얼음이 직접 흐르는 것을 감지했다.

또한, 흐름의 구성 요소도 측정하여 복합 탄소 함유 화합물이 예기치 않게 풍부하다는 것을 밝혀냈는데, 이는 유입 물질의 약 37%에 달했다. 놀랍게도 물 얼음은 고리의 가장 풍부한 성분이기 때문에 물 자체는 24%에 불과하고 나머지는 메탄, 일산화탄소 및 질소로 구성되어 있다.

토성의 자기장 선을 따라 소용돌이치며 흘러내리는 얼음과 적도를 향해 직접 떨어지는 얼음의 두 가지 과정을 합치면, 과학자들은 매초 적어도 10t이 고리에서 빠져나간다는 것을 밝혔다. 일부 측정 결과이 양의 네 배가 될 수 있다. 다소 걱정스러운 것은, 심지어 더 보수적인 추정조차 그 고리가 1억 년 이내에 완전히 사라지리라는 것을 암시한다. 그것이 그곳에 있는 동안 그것을 잘 살펴보는 것이 좋을 것이다.

이러한 배수로 인해 토성의 가장 안쪽 고리인 D-고리와 C-고리가 다른 고리에 비해 희미한 이유이기도 하다. 이는 고리가 내부 가장자리에서 표면으로 새어 내려가고 있으며, 고리 시스템에서 연속적으로 더 먼 곳에서 물질이 배출되고 있음을 나타낸다. 다른 거대 가스 행성의 쇠약해진 고리와 매우 흡사한 무언가를 생산하는 과정의 마지막 단계를 상상하는 것은 어렵지 않다. 그리고 이는 차례로 목성, 천왕성, 해왕성의 경우 우리가 최선을 다했음에도 거의 놓쳤음을 암시한다.

그리고 64,000달러짜리 질문을 해보자. 토성의 고리는 몇 살인가? 그것의 급속한 붕괴는 그것이 태양과 태양계의 나머지 부분과 함께 약 46억 년 전에 태어난 행성 자체보다 훨씬 더 젊음을 암시한다. 이 아이디어는 고리가 일반적으로 밝다는 사실에 의해 뒷받침되며, 그렇지 않으면 그것 안에 축적되었을 먼지투성이의 행성 간 잔해에 의해 대부분 오염되지 않았음을 시사한다.

이 제안을 뒷받침할 수 있는 한 가지 추가 측정이 있는데, 이 측정도 역시 그랜드 피날레 궤도를 도는 동안 이루어졌다. 카시니호가 행성과 고리 사이에 낙하하면서, 두 행성의 중력에 반응하여 고리의 무게를 측정할 수 있게 되었다. 2019년 1월에 그 측정 결과가 발표되었는데, 총 15,000조t(또는 좀 더 과학적으로 말하자면 $1.5 \times 10$의 19승 kg)이다.

그 엄청난 숫자에도 불구하고, 고리는 남극대륙 빙하의 절반 정도로 매우 작다. 고리의 질량을 아는 것은 행성 과학자들이 그것의 나이를 정확하게 모형화하는 것을 가능하게 한다. 그 해답은 최근의 기원에 관한 생각을 뒷받침한다. 그들은 이제 그 고리가 천만 년에서 1억 년 사이라고 믿는다. 토성의 나이와 비교했을 때 눈 깜짝할 사이이다. 공룡이 지구를 배회했을 때 토성은 아마도 고리가 없었을 것으로 생각하는 것은 놀라운 일이다.

그리고 마지막으로 토성의 고리는 어디에서 왔을까? 이제 일반적으로 이 장엄하지만, 일시적인 현상은 하나 이상의 얼음 물체가 부서져서 발생한 것으로 믿어진다. 아마도 큰 혜성이 토성에 너무 가깝게 흩어져 행성의 두근거리는 중력에 의해 무수히 많은 얼음 조각으로 부서졌을 것이다. 아니면 둘 이상의 얼음 토성 위성 사이에 충돌이 있었을 수도 있다. 고리의 질량은 확실히 행성의 작은 인공위성의 질량과 비슷하다. 이것보다 더 많은 것은, 적어도 카시니라는 경이로운 것에 견줄 또 다른 토성 우주 미션이 있기 전까지는 결코 알지 못할지도 모른다.

## CHAPTER 13

# 폭풍우

## 토성계의 이상한 세계

토성의 고리에 대한 카시니의 발견은 부인할 수 없을 정도로 놀랍지만, 나는 감히 이 행성 자체와 그것의 광범위한 위성 체계에 관한 발견이 훨씬 더 놀랍다고 말하고 싶다. 우주선이 13년 체류하는 동안, 4단계에 걸쳐 294개 이상의 토성 궤도를 완성했다.

먼저 프라임 미션(2004~2008)이 시작되었는데, 과학자들에게 토성 시스템에 대한 최초의 근접하고 개인적인 관점을 제공했다. 이는 태양이 고리의 가장자리를 정확히 비추었을 때인 2009년 8월 11일의 토성의 춘분을 포함하는 이퀴녹스 미션(Equinox는 춘분이나 추분처럼 밤낮의 길이가 같은 것을 말함 2008~2009)으로 확장되었다.(가장자리 조명은 어떤 역할을 하는가? 그것은 고리 안에 있는 어떤 '수직' 구조도, 예를 들어, 그 안에서 공전하는 작은 위성의 중력에 의해 생성되는 고리 체계에서 우아한 파장을 드러냄으로써, 그들이 던지는 그림자들 덕분에 완화된다.)

그리고, 우주선이 여전히 완벽하게 작동하면서, 이 프로젝트는 2017년 5월 25일 북쪽 하지를 포함하도록 다시 확장되었다. 이것은 하지 미션(2010~2017)이 되었고, 카시니는 여름 햇빛에 목욕을 한 채 행성의 북쪽 극지방과 달들의 장관을 이루었다. 이것은 솔스티스 미션(하지나 동지처럼 솔스티스는 태양이 적도로부터 북 또는 남으로 가장 멀어졌을 때를 말함. 2010~2017)이 되었고, 카시니는 여름 햇빛에 흠뻑 젖은 행성의 북극 지역과 일부 위성들이 장관을 이루는 장면을 얻었다. 마지막으로, 카시니는 궤도 기동을 위한 연료가 바닥나면서, 22개의 그랜드 피날레 미션 궤도를 돌면서 바람에 주의를 기울였다. 5개월 동안, 우주선이 놀랍게도 손상되지 않은 채 지구와 고리 사이를 계속해서 지나갈 때, 우리는 숨을 죽이고 2017년 9월 15일에 대서사적인 미션을 끝냈다.

카시니 미션의 풍부한 발견은 과학자들의 군대가 원시 데이터를 가져다가 새로운 지식으로 바꾼 덕분이었다. 그들은 수백 명에 달하며, 전 세계의 대학과 과학 기관에 기반을 두고 있다. 하지만 나는 두 명의 주요 인물이 없었다면 프로젝트가 성공하지 못했을 수도 있다. 첫 번째 인물은 캘리포니아 패서디나에 있는 NASA의 제트추진연구소JPL의 카시니 프로젝트 과학자인 린다 스필커였다. 다시 말해, 우두머리이다. 린다는 두 우주선이 1977년 태양계 바깥으로 발사되었을 때 합류했던 보이저 미션으로 행성 과학에서 이빨을 잘랐다.

나는 카시니가 토성의 대기로 마지막으로 잠수하기 한 달도 채 되지 않은 2017년 8월 대미국 개기일식(달이 태양을 완전히 가릴 수 있는 것을 볼 수 있는 지역이 미국뿐이어서 이렇게 부른다)을 보기 위해 미국을 방문했을 때 패서디나에서 린다를 만나는 영광을 누렸다. 과학에 관해 이야기를 나눈 후, 나는 그녀에게 우주선의 종말에 대해 슬퍼할 것인지를 물었다. 그녀는 7년간의 토성 항해 동안 커리어의 많은 시간을 미션 준비와 응원, 그리고 과학 프로그램을 감독하는 데에 보냈다.

"아니요, 저는 이미 다음에 오는 일에 집중하고 있어요"

그녀가 대답했다. 하지만 나는 미션 마지막에 제트추진연구소JPL의 생방송을 전 세계 수백만 명과 함께 봤을 때 그녀가 준비한 손수건을 놓칠 수 없었다.

"오래된 친구를 잃는 것 같다"

그녀는 나중에 언론에 말했다. 나는 놀라지 않았다. 나도 역시 그렇게 느꼈고, 열성적인 구경꾼일 뿐이었다. 내가 발탁하고 싶은 다른 사람은 미션의 관찰 단계 내내 카시니의 이미지 처리 과학 팀을 이끌었던 캐럴린 포코이다.

캐럴린은 전문 과학자 그 이상이다. 그녀는 또한 예술가의 눈을 가지고 있는데, 그녀가 우주선에서 얻은 50만여 개의 이미지 중 상당수는 그 아름다움에 숨이 멎을 정도이다. 이것은 특별한 주제 때문이 아니라 그 구성, 디테일, 색상, 조명 및 사물 병렬배치 즉, 멋진 그림의 모든 구성 요소 때문이다. 물론, 이미지는 과학적으로도 가치가 있어 토성 시스템에 관해 우리의 이해를 크게 높여주었다.

예를 들어, 토성의 대기는 복잡한 구조를 가진 행성 과학자들을 유혹한다. 행성은 감지할 수 없는 고체 표면은 없고 빽빽한 구름으로 둘러싸인 '거대 가스 행성(질량 대부분이 수소와 헬륨으로 이루어진 행성으로, 목성과 토성이 여기에 속함)'이다. 지구에서 작은 망원경으로도 구름 벨트를 볼 수 있는 목성과 달리 토성의 '날씨'는 태양과 더 먼 거리에서 더 차가운 온도로 인해 더 낮은 대기 수준에서 발생하기 때문에 다소 미묘한 표시가 있다.

그러나 취미용 망원경에 최첨단 전자 탐지기를 장착한 몇몇 독수리 눈을 가진 아마추어 천문학자들이 개발하면서 토성의 구름 벨트에서 폭풍을 정확히 찾아냈고, 카시니 미션 과학자들은 즉각적인 후속 조치를 위해 특이한 토성 기상학을 경고했다. 아마도 가장 잘 알려진 것은 뉴사우스웨일스 오지에 있는 브로큰힐의 트레버 배리일 것이다.

그는 내가 거의 20년 전에 알게 된 행운을 누렸던 은퇴한 광부이다. 별들에 영감을 받은 트레버는 은퇴 후, 스윈번 대학에서 천문학 학위를 취득했으며, 올해 최고의 졸업생으로 대학 우수상을 받았다. 그는 토성 폭풍 발견에 대한 선망의 대상이 되는 추적 기록을 가지고 있는데, 이것은 카시니 과학자들에게 이 겸손하고 실제적인 천문학자와 함께 일하는 것의 가치를 빠르게 확신시켜준 재능이다.

특히 활동적인 중위도 폭풍 중 하나는 기록을 깨는 것으로 밝혀졌고, 트레버의 과학적 가난에서 부자가 된 이야기는 그를 패서디나에 있는 캐럴린 포코와 그녀의 팀과 협력하고 하와이에 있는 고지대 천문대를 방문하게 했을 뿐만 아니라 호주 국영 텔레비전에서 자신의 특집 방송에도 출연했다.

토성이 춘분부터 움직이면서 봄볕이 이 행성의 북극 지역을 비추기 시작하자, 카시니의 카메라는 북극 주변을 휘몰아치는 맹렬한 허리케인을 보여주었다. 풍속이 시속 500km에 달하고 폭이 2,000km에 달하는 '눈'을 가지고 있어 폭풍 속의 진정한 거인이다. 그러나 그것은 더 특별한 것, 즉 완벽하게 육각형 모양의 구름 벨트의 정확한 중심에 자리 잡고 있다.

이 이상한 기하학적 패턴의 6개의 곧은 면은 각각 지구보다 크다. 솔직히 말해서, 사진에서는 자연현상이라기보다는 스패너를 가져가는 것처럼 보이지만, 이제는 행성의 극지 제트기류로 인한 것으로 이해하고 있다. 지구 자체의 제트기류처럼 순환하면서 좌우로 구불구불하지만, 지구와 달리 아래의 대륙과 바다에 의해 방해받지 않는다. 따라서 원주 주위에 6개의 '꼭대기'와 '저점'이 있는 안정적인 웨이브 패턴으로 자리 잡았는데, 이는 완벽한 육각형을 형성하는 원형 정상파이다.

일관된 모양에도 불구하고 색상이 변하는데, 2012년 11월의 토성 북부는 초봄에 찍은 이미지처럼 육각형 내부의 색조가 푸르스름하고, 매우 어둡다는 것을 보여주었다. 4년 후, 파란색은 다른 행성과 비슷한 풍부한 황금색으로 변했다. 과학자들은 이 금색 색조가 토성의 대기에서 햇빛에 의한 화학 반응으로 인해 더 많은 부유 입자(에어로졸)를 생성하고 더 높은 수준의 안개를 일으키기 때문에 발생한다고 생각한다.

토성 대기에서 폭풍우를 예상하지 못한다면 더 기괴한 상황을 발견하기 위해 멀리서 볼 필요가 없다. 행성의 많은 위성은 이상한 세계

## 육각형은 어떨까?

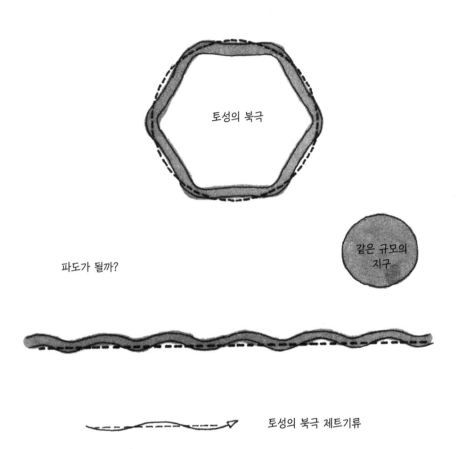

토성의 북극

같은 규모의 지구

파도가 될까?

토성의 북극 제트기류

토성의 북극 육각형은 거의 인공적으로 보이지만 이 도형은 행성의 극지 제트기류에서 6겹의 정상파 패턴에 의해 어떻게 형성되는지 보여준다. 육각형의 '꼭짓점' 근처의 대기 소용돌이는 육각형을 안정적으로 유지하게 한다. _저자

우주 연대기

이지만, 가장 큰 위성 타이탄은 단연코 가장 이상하다. 지름 5,150km로 이것은 목성의 가니메데(목성의 제3 위성) 다음으로 태양계에서 두 번째로 큰 위성이다. 수성보다 크고, 우리 달보다 반이나 더 크다. 그 사실은 1655년 3월 25일 토성 주위에 고리가 있다는 것을 발견한 이는 네덜란드의 위대한 천문학자이자 수학자인 크리스티안 호이겐스였다.

타이탄이 토성 주위를 도는 데 15일 22시간이 걸리는데, 축에서 회전하는 데에도 같은 시간이 걸린다. 따라서 지구의 달처럼 그것은 항상 모항성을 향해 같은 얼굴을 유지하지만, 유사성은 거기까지이다. 타이탄은 태양계에서 두꺼운 대기를 가진 유일한 위성으로 표면 온도가 약 −180°C로 안정되어 있다. 그리고 우리 달의 표면은 얇은 흙으로 덮인 단단한 암석이지만, 타이탄의 표면은 얼음 결정과 고체화된 탄화수소의 모래를 생성한 침식 과정에서 바위처럼 단단해진 얇은 얼음층으로 되어 있다. 이 물질은 타이탄의 적도 지역에서 오랫동안 바람에 날리면서 모래 언덕을 형성한다.

타이탄의 얼음 표면은 지구의 액체 물과 암모니아 위를 떠다니며, 타이탄의 암석 핵에서 핵 과정에 의해 따뜻하게 유지되는 껍질을 형성한다는 상당한 증거가 있다. 우리는 얼음 껍질이 중심핵과 독립적으로 회전한다는 것을 알고 있다. 왜냐하면, 표면상의 지리적 특성의 경도가 타이탄이 토성을 공전하듯 작은 앞뒤 움직임으로 나타나기 때문이다.

그리고 그것이 충분히 이상하지 않았던 것처럼, 타이탄은 많은 얼어붙은 화산을 가지고 있다. 이것은 부드러운 물과 암모니아로 구성된 마그마를 분출한다. 그러나 단 한 개만이 확인되었다.

맑은 기후에 사는 대부분의 도시 거주자는 여름날 바람 없는 대기에서 가끔 발생하는 주황색 안개에 익숙하다. 내 고향인 시드니는 산과 바다 사이의 분지에 자리 잡은 것으로 유명하다. 안개는 주로 차량 배기가스에서 나오는 탄화수소에 태양의 자외선이 작용하여 발생하는 광화학 스모그이다. 타이탄에는 자동차가 없지만(현재는 사라진 로봇 착륙선을 제외하고), 대기 구성은 비슷하다. 대부분 질소이지만 불투명한 주황색 안개를 유발하는 메탄과 기타 탄화수소가 섞여 있다. 따라서 우주에서 타이탄의 표면을 그리기가 어렵다.

흐릿한 대기에도 불구하고 우리는 타이탄이 지구에서와 비슷한 증발과 강우의 기상주기를 가지고 있음을 알고 있다. 그러나 대기 중의 수분은 수증기가 아닌(얼 수도 있음) 에탄, 메탄 및 기타 화합물 등 액체 천연가스로 흔히 생각할 수 있는 탄화수소의 혼합물이다. 실제로 이 에탄, 즉 에탄 혼합물의 구름은 일반적으로 타이탄 표면의 적은 부분을 덮고 있으며 조건이 맞으면 비가 내린다.

그것은 타이탄에서 탄화수소 바다의 가능성을 시사한 1980년대 초, NASA의 보이저 탐사선 두 대의 접근 비행에서 얻은 데이터였다. 1990년대 중반까지 미국 천문학자 칼 세이건과 다른 사람들은 지상 기반 레이더 데이터를 기반으로 표면에 해양 크기의 액체 메탄이 있을 수 있음을 시사했다.

카시니가 2004년에 토성 주위를 도는 궤도에 도착하자 큰 액체가 매우 빠르게 감지할 것이라는 희망이 있었다. 우주선은 호이겐스라는 작은 착륙선을 실었고, 2005년 1월 14일 타이탄의 표면에 착륙했을 때 일부는 바다에 첨벙첨벙 떨어질 것이라고 예상했다. 그렇지 않았지만, 낙하산 강하 중에 보내진 이미지들은 해안선으로 이어지는 배수로를 보여주었다. 감질나는 일이었다.

그러나 2007년까지 과학자들은 카시니 궤도선을 타고 스모그 침투 레이더에서 나온 메탄으로 가득찬 호수에 대한 확실한 증거가 있다고 믿었다. 이 호수는 대부분 타이탄의 북극과 남극 근처에 있었으며 현재 레이더와 적외선 지도작성을 통해 그 존재가 의심의 여지 없이 확인되었다. 그들은 타이탄 표면에 있는 얼음의 '암반석'에 있는 분지에 웅덩이를 채우고 있으며, 지구상의 액체 외에 우주 어디에나 알려진 유일한 안정적인 액체 몸체이다.

타이탄의 북쪽 북극에는 바다와 호수가 대부분이지만, 남쪽에는 몇 개가 있다. 바다(화성·달 표면의 어두운 부분) 또는 바다 위로 지정된 세계 3대 큰 호수 중 북아메리카 오대호와 비교할만한 크기이다. 타이탄에서 가장 큰 바다인 크라켄 마레는 미시간-휴론 호보다 약 3배 더 크다. 이 호수는 표면적이 117,300km²로 지구상에서 가장 큰 담수호이다.

길이가 몇 km에서 최대 수백 km에 이르는 약 30개의 작은 호수도 확인되었다. 이 모든 극지방의 바다와 호수는(강과 같은 특징을 통해) 메탄 강우 때문에 공급되는 것처럼 보이지만, 타이탄의 적도 지역에는 아마도 얼음 암반이 구멍이 많은 곳에 있는 메탄과 에탄의 '지하수면'에서 나오는 샘 때문에 공급되는 호수가 몇 개 있을 것이다.

카시니에 탑재된 레이더 장비는 타이탄의 호수와 바다의 깊이도 측정할 수 있다. 평균 수심은 가장 작은 호수의 경우 2~3m에서 바다의 경우 수십 m까지 다양하며, 타이탄에서 두 번째로 큰 바다인 리게이아 마레의 최대 수심은 200m(측정 한계) 이상이다.

레이더를 사용하여 호수와 바다의 평균 파도 높이를 감지할 수도 있고, 측정 결과는 높이가 약 몇 mm인 매우 작은 파도를 보여준다. 이것은 지표 바람이 매우 낮거나 호수의 액체가 기름기가 많거나 둘 다임을 시사한다.

비록 지금 우리는 타이탄의 호수와 바다에 대해 많이 알고 있을지라도 흥미진진한 궁금증이 많이 남아 있다. 하나는 크라켄 마레, 리게이아 마레, 푼가 마레와 같은 세 개의 큰 바다에서 관측된 일시적인 표면 특징에 관한 것이다. 그것들은 오고 가는 듯이 보이는 밝은 조각처럼 보인다.

그러나 일부 과학자는 이러한 특징이 레이더 반사(밝은 신호가 거친 표면을 나타내는 곳) 때문에 감지된다는 것을 염두에 두고, 가벼운 바람에 휩쓸린 바다의 표면 잔물결 때문이라고 말했다. 대안 가설은 그것들이 표면 위나 근처에 형성된 메탄 '빙산'이라는 것이고, 그 후에 조건이 변하면서 시야에서 가라앉는다는 것이다.

또한, 일부는 타이탄의 여름 날씨가 필요한 조건을 생성할 수 있다고 예측하면서 세 개의 큰 바다에서 열대성 저기압이 발생할 것이라는 가설을 세웠다. 아마도 카시니의 죽음은 여름에 너무 일찍 찾아왔다. 실제로 아무것도 관찰되지 않았기 때문이다. 비슷하게 시끄러운 것은 크라켄 마레에 있는 좁은 액체 목인 '크라켄의 목'으로, 타이탄의 29년 동안의 태양 여행의 특정 계절에 강한 조류와 어쩌면 소용돌이까지 일으킬 것으로 예상한다.

타이탄은 실제로 이상한 세계이지만 훨씬 더 극적인 비밀을 담고 있을 수 있다. 이미 만들어진 관측으로 증명된 표면에서 풍부한 유기(탄소 함유) 화학 물질에 대한 의혹이 제기되면서, 일부 과학자들은 이 추운 장소가 생명체가 진화하기 전에 우리 행성과 비슷한 대기를 가진 초기 지구의 유사체라고 믿는다. 다른 것은 더 나아가서 탄화수소 호수에는 이미 생명 형태가 번성해 있을 수 있다는 것을 시사한다.

그것들은 액체 메탄을 작동 유체로 사용하고 수소를 호흡하며 아세틸렌을 섭취하는 우리 행성에서 볼 수 있는 수성 생명체와는 상당히 다를 것이다. 흥미롭게도 이 두 화학 물질은 모두 타이탄 대기의 낮은 수준에서 고갈된다.

이것은 타이탄의 생명체에 대한 증거가 결코 아니다. 같은 효과를 똑같이 잘 생성할 수 있는 비생물적 과정이 있다. 그러나 그것은 태양계에는 지구상의 생명체와 너무나 근본적으로 다른 생명체가 존재하여 독립적으로만 형성될 수 있었다는 것을 암시한다. 그리고 그러한 두 번째 창세기가 옳다는 것이 증명된다면, 그것은 생명이 우주 전체에 널리 퍼질지도 모른다는 것을 시사할 것이다.

그 흥미로운 생각을 염두에 두고, 많은 우주선이 바다와 호수에 특히 관심 있는 타이탄을 더 탐험하기 위해 제안되었다. 그것들은 타이탄의 대기에 떠다니는 풍선으로 움직이는 로봇부터 바다를 탐험하는 로봇 잠수함에 이르기까지 다양하다. 현재까지 2019년 6월에 발표되고 2026년에 출시될 예정인 NASA의 잠자리 형 드론인 로토콥터 중 하나만 자금을 지원받았다. 다른 것들도 따라올 것 같다.

## CHAPTER 14

# 보이지 않는 행성 스토킹

## 제9행성 찾기

2016년 초, 세계 과학 매체들은 믿을 수 없을 정도로 멀리 떨어진 행성으로, 태양 주위를 도는 제9행성에 관한 이야기로 열광했다. 이 행성은 지구 질량의 10배, 지름은 최대 4배이다. 물론 지금 일부 천문학자들은 태양계에 이미 제9행성이 존재한다고 주장한다. 그들은 그것이 1930년에 발견되었다고 생각하며, 명왕성이라고 부른다.

2006년으로 거슬러 올라가, 그들은 천문학 관리기구(국제천문연맹, 또는 뉴스매체가 말하는 것처럼 '우버너즈')가 마침내 행성을 구성하는 것이 무엇인지를 정의하기 시작했을 때 심하게 화를 냈었다. 그 정의의 악명 높은 결과는 명왕성이 최종 명단에 들지 못했다는 점이다. 왜냐하면, 그것은 태양계 지역에서 중력적으로 지배하는 물체가 아니었기 때문이다. 그러나 여러분은 행성으로 간주하여야 할 필요가 있다.

가상의 제9행성으로 돌아가 보자. 하지만 어떻게 볼 수 있는가? 사실, 우린 볼 수 없다. '발견'은 우리가 볼 수 있는 천체의 움직임을 기반으로 한 추론이다. 천체의 물체는 해왕성의 궤도를 훨씬 넘어서 태양계에서 빠져나가는 얼음 소행성 군의 구성원이다. 소위 '해왕성 바깥 천체TNOs'는 소행성 명왕성의 구성원으로 잘 알려진 카이퍼 벨트(해왕성 바깥쪽에 있는 작은 천체를 통틀어 일컫는 말)로 유명한 얼음 소행성의 고리 너머에 있다. 그리고 그것은 가정된 제9행성에 결정적 증거를 제공하는 그들의 궤도에 관한 수학적 연구이다.

명왕성 자체는 소위 '제9행성'을 찾는 데 특징적이지 않다. 탐색은 더 작고 훨씬 더 멀리 떨어진 물체들인 일단의 해왕성 궤도 너머 가장 먼 천체eTNO 주변을 중심으로 이루어진다. 그중 가장 큰 세드나는 지름이 약 1,000km로 대략 명왕성의 절반 크기이다.

세드나는 현재 명왕성보다 태양에서 거의 3배, 지구와 태양에서의 거리보다 약 90배 더 멀리 떨어져 있다. 내가 '현재'라고 말하는 이유는 대부분의 먼 얼음 소행성들처럼 세드나는 매우 긴 궤도를 가지고 있고, 가장 먼 거리는 현재 거리의 10배 이상이기 때문이다. 예상하지만, 완전한 회로를 완성하는 데 약 11,400년이 걸릴 정도로 이 궤도를 따라가는 세드나의 진행은 꽤 느긋하다.

그렇다면 이 먼 물체들은 어떻게 우리에게 거무스름한 행성이 저 밖에 숨어 있다는 것을 말해 주는 걸까? 이야기의 시작은 2004년 세드나의 발견이었지만, 10년 후 미국 천문학자 채드 트루질로와 스콧 셰퍼드는 세드나와 몇몇 작은 eTNO의 궤도를 연결하는 기이한 변칙성을 지적했다.

그들의 늘어진 궤도는 현재 태양계에 대한 우리의 지식에서 예상되는 임의의 정렬과는 상당히 다른 방식으로 정렬된다. 트루질로와 셰퍼드는 아마도 거대하고 아직 알려지지 않은 행성이 궤도를 일직선으로 만들고 있으리라 추측했다. 그것은 2016년 미디어의 숨 막히는 열광을 불러일으킨 천문학자 마이크 브라운과 콘스탄틴 바티진에 의해 이루어진 저명한 캘리포니아공과대학의 추가 작업이었다.

그들의 계산은 눈에 보이지 않는 제9행성에 대해 가능한 질량을 산출했을 뿐만 아니라 그것의 궤도를 산출했고, 태양계의 다른 사소한 이상 현상들도 그것의 존재 때문에 설명될 수 있다는 것을 암시했다. 브라운과 바티진이 관찰한 행성은 지구-태양 거리의 200배보다 태양에 더 가깝지 않으며, 매우 긴 궤도는 태양을 6배 더 멀리 떼어낼 수 있다. 그것의 '연도'는 지구 1만 년에서 2만 년 사이로 추정된다. 브라운과 바티진이 흥분한 것은 그들의 작업이 내가 이 글을 쓰는 동안 아직 발견하지 못한 행성에 대한 탐색을 시작했다는 점이다.

그러나 이 가상의 행성이 지구 지름의 4배에 달한다면, 왜 아직 찾지 못했을까? 일치하는 배경에 대해 위장된 것일 수 있다. 가장 유력한 위치는 긴 궤도의 가장 먼 곳 어딘가에 있다. 왜냐하면, 이 궤도의 어떤 것이든 가장 느리게 움직여 시간 대부분을 보내는 곳이기 때문이다.

우리가 본 바와 같이, 이 위치에서의 거리는 지구와 태양 사이의 거리가 멀리 떨어져 있는 세드나의 거리보다 무려 1,200배나 될 것이다. 크기에도 불구하고 원반 모양보다는 매우 희미하고, 외관상으로는 점처럼 보일 것이라는 뜻이다. 그리고 정말 운이 나쁜 사고로 인해, 그것의 예상 방향은 하늘의 가장 붐비는 부분인 은하수에 있다.

자, 그 주위에 있는 수백만 개의 별과 똑같이 생긴 표적을 찾으려 한다고 상상해보라. 단지 그것이 하늘을 가로질러 아주 느리게 움직이고 있다는 사실만으로 그것과 구별된다. 제9행성이 아직 나타나지 않은 것은 당연하다.

알려진 천체의 궤도에 영향을 미치는 가상 행성의 이 주제는 천문학 역사에서 몇 가지 흥미로운 전례가 있다. 가장 잘 알려진 것은 수학적 발견에 대한 승리였고, 천문학자들은 태양계의 목록을 7개 행성에서 8개로 확장했다.

이 이야기는 위대한 17세기 과학자 아이작 뉴턴에서 시작한다. 그가 1687년에 만유인력 이론을 출판한 후, 당시의 천문학자들을 막을 수 없었다. 그들은 매우 빠르게 새로운 이론이 태양계의 모든 물체의 움직임을 알려진 경계까지 완벽하게 설명한다는 것을 발견했다.

뉴턴 시대에, 태양계는 토성 행성에 의해 대표되었지만, 1781년 윌리엄 허셜은 마침내 이 행성의 이름을 독일 천문학자 요한 엘레르트 보데가 발견하여 하늘의 신인 '천왕성'이라 제안했다.(사실 '허셜'과 '조지아 스타' 둘 다 제안했었는데, 어느 것을 선택하든 우리 모두 멍청한 농담을 피할 수 있었을 것이다.)

천왕성 발견 후, 궤도에 관한 세밀한 연구는 무언가가 천왕성의 위치가 약간 벗어난 것 같다는 것을 밝혀냈다. 19세기 전반, 당대 최고의 수학자들은 그것이 무엇인지 추리하려고 시도했다. 특히 케임브리지의 존 코치 애덤즈와 파리의 우르뱅 장 조제프 르 베리에는 독립적으로 일하고 있었다.

애덤즈의 1845년 새로운 행성에 대한 예언은 케임브리지 천문대 책임자인 제임스 챌리스에 의해 열렬히 환영받았는데, 그는 이 행성을 찾는 것을 거절했다. 그는 예측된 입장이 너무 부정확하다고 믿었고, 공손한 애덤즈는 주장을 강력하게 하면서 자신의 경력을 위험에 빠뜨리지 않으려 했다. 그러나 1846년, 르 베리에는 애덤즈의 예측보다 더 정확한 예측을 발표했고, 뒤늦게 챌리스와 천문학자 로열, 조지 아이리 경이 적절한 조사를 시작하도록 자극했다.

한편 르 베리에도 프랑스에서 탐색에 대한 열정을 높이지 못한 채 베를린천문대에 있는 요한 고트프리드 갈레에게 자신의 예언을 보냈다. 정확한 위치로 무장한 갈레는 1846년 9월 24일 현재 우리가 해왕성이라고 부르는 행성을 찾는데 단 한 시간이 걸렸다.

발견의 여파로 영국과 프랑스 천문계에서 누가 우선 발견했는지에 대해 많은 논란이 있었지만, 파리천문대 책임자인 프랑수아 아라고의 말은 이 상황을 잘 요약한다. 그의 말은 간결했다.

"르 베리에는 펜 끝으로 행성을 발견했다."

이 중력 이론의 승리는 과학적인 자만심과 그 저자가 아무리 구별된다고 하더라도 어떤 이론도 완전하다고 보장되지 않는다는 인식 사이에 있는 사건이 뒤따랐다. 다시 한번, 그 쇼의 주인공은 외경스러운 위르뱅 르 베리에였다.

1859년, 해왕성의 존재를 예측하는 데 성공하였으나 르 베리에는 거의 20년 동안 천문학자들을 괴롭혔던 또 다른 문제로 돌아왔다. 그것은 수성의 궤도에서 나타나는 설명할 수 없는 일부 행동이었다. 다시 한번 그는 뉴턴 이론의 수학을 사용하여 작은 행성이 수성 궤도 내에 존재해야만 한다고 예측했다. 이 행성은 중력에 의해 수성의 움직임을 바꿀 수 있을 만큼 크지만, 태양의 눈 부심에 숨길 만큼 작다. 그는 예측된 행성의 이름을 '벌컨'이라고 제안했다.

르 베리에의 예언이 발표되자 전 세계의 천문학자들은 새로운 행성 탐색에 나섰다. 그가 해왕성에 대해서는 옳았기 때문에, 모든 사람은 그가 벌컨에 대해서도 옳으리라 생각했다. 19세기 후반에 여러 천문학자는 포착하기 어려운 천체를 목격했다고 보고했고, 르 베리에는 1877년 그 존재를 확고히 확신한 채 무덤으로 갔다. 그러나 이 사실은 확인되지 않았고, 그의 죽음 이후 관심은 점차 희미해졌다.

그런 다음 1915년 알버트 아인슈타인은 일반상대성이론으로 알려진 새로운 중력 이론을 발표했다. 오늘날 그 이론은 현대 천체 물리학을 세운 기반이다. 그것은 결정적으로 뉴턴의 예측과 가장 다른 강력한 중력장에 있다. 그리고 태양계에서 강력한 중력장을 어디서 찾을 수 있을까? 물론 태양 가까이에서다. 새로운 이론을 발표하기 직전에 아인슈타인은 그것을 수성의 궤도에 적용했고 그것이 벌컨의 아이디어를 이끌어낸 관찰된 이상 징후들을 정확히 설명한다는 것을 발견했다. 그는 희열에 넘쳤다. '며칠 동안 즐거운 흥분으로 제정신이 아니었어'라고 그가 썼다. 당연하다. 마침내 벌컨의 신화가 잠잠해졌다.

신기하게도 벌컨 신화는 이미 발견되지 않은 또 다른 행성의 가능성에 대한 흥분으로 반향을 일으켰다. 이번에는 해왕성의 궤도를 넘어

선 행성이다. 19세기 말부터 천문학자들은 천왕성과 해왕성의 궤도에서 관측된 불규칙성이 제9행성에 의한 중력 교란의 결과라는 점을 시사했다.

1894년 애리조나주 플래그스태프에 천문대를 설립한 독립 천문학자 퍼시벌 로웰이 이른바 '제10행성(명왕성 궤도 바깥쪽에 있다는 가설의 미확인 행성)'에 대한 집중적인 검색을 시작했다. 로웰은 1916년 죽을 때까지 그 탐구를 계속했다. 논쟁적 유언으로 인해 중단된 이후, 천문학에 열정을 가진 일리노이주의 젊은 농부 클라이드 톰보가 1929년에 플래그스태프에서 탐색 작업을 재개했다.

1930년 2월 18일, 톰보는 로웰이 예측한 위치에서 멀고 천천히 움직이는 물체를 발견했다. 옥스퍼드에 있는 11세 여학생의 제안에 따라 명왕성이라는 이름이 빠르게 붙여졌다. 이 사람은 주목할 만한 베네치아 버니였는데, 그의 할아버지는 옥스퍼드의 천문학 교수인 허버트 홀터너에게 그녀의 제안을 전했고, 그는 그것을 다시 플래그스태프에 전보를 쳤다. 2009년 90세의 나이로 사망했을 때 베네치아는 명왕성에 우주선이 발사하는 것만 아니라 2006년 소행성으로 재분류되는 것을 목격했다.

이 발견은 보편적인 열정으로 환영받았다. 여기에 외부 행성의 궤도에서 관찰된 불규칙성이 뉴턴 중력의 추가 승리로 인한 중력 섭동 때문이라는 증거가 있다. 명왕성의 큰 거리는 지름 측정을 매우 어렵게 만들었지만, 그것은 아마도 지구보다 더 큰 행성으로 추정되었다.

그러나 20세기가 진행하자 천문 장비가 개선되어 명왕성의 지름은 점차 작아졌다. 우리는 이제 그것이 우리 달의 3분의 2 크기라는 것을 안다. 그리고 1978년 명왕성의 가장 큰 위성인 카론의 발견으로, 그 질량은 측정 가능한 양이 되었고, 천왕성과 해왕성의 궤도에 어떤 영향도 미치지 못할 만큼 작은 것으로 밝혀졌다.

물론, 명왕성의 다섯 위성에 관한 우리의 지식은 2015년 7월 14일 NASA의 인류 최초의 무인 소행성 탐사선 우주선 뉴호라이즌스의 서사적 비행 덕분에 엄청나게 성장했다. 예상했던 대로, 분화구로 표시된 죽은 세계와는 거리가 먼, 이 소행성은 지질학적으로 활동적이며, 질소 슬러시의 빙하 흐름, 거대한 떠다니는 얼음 조각들, 그리고 아마도 얼음 화산이 있을 것이다. 이 모든 것은 약 −233°C의 평균 표면 온도에도 불구하고 가능하다.

20세기 중반 명왕성의 작은 크기에 대한 실망은 잠깐 천왕성과 해왕성 궤도의 불규칙성에 대한 희생양이 될 가상의 제9행성에 대한 새로운 탐색에 박차를 가했다. 그러나 그때까지 일부 천문학자들은 그러한 물체가 필요하지 않다고 의심했다. 결국, 1980년대에 또 다른 유명한 행성 간 우주선 보이저 2호의 궤적에서 해왕성의 질량을 신중하게 측정했을 때, '제10행성'이라는 아이디어가 함께 완전히 사라졌다. 그 재평가는 모든 것을 균형으로 되돌렸고, 가상의 새로운 세계에 대한 필요성을 제거했다. 놀라움, 놀라움. 명왕성의 발견은 우연이란 행운에 지나지 않았다.

그래서 우리는 21세기 초에 태양계의 가장 먼 곳에 있는 제9행성에 대한 비슷한 예측에 직면했다. 우리는 그것을 믿어야 할까? 내 생각엔 그렇다. 왜?

첫째, 예측을 발표한 팀은 카이퍼 벨트(해왕성 바깥에서 태양의 주위를 도는 작은 천체들의 집합체)와 그 너머에서 가장 많은 물체를 발견한 사람 중 한 명인 캘리포니아공과대학의 마이크 브라운이 이끌고 있기 때문이다. 이 사람은 가볍게 예측하지 않으며, 멀리 떨어진 제9행성의 존재에 대한 초기 제안을 뒷받침했었다.

둘째, 이 예측이 하나가 아니라 매우 먼, 몇 개의 태양계 천체의 궤도에 관한 연구를 기반으로 한다는 사실이다. 그리고 그 수가 증가하고 있다. 제9행성에 대한 집중적인 탐색 결과, 의심스러운 궤도 특성을 가진 다른 먼 물체가 발견되었다. 그것들은 2012 VP113, 2014 FE72 및 2015 TG387과 같은 카리스마 있는 이름을 자랑한다. 후자는 핼러윈에 가깝게 발견되었기 때문에 '고블린(이야기 속에 나오는 작고 추하게 생긴 마귀)'으로도 잘 알려져 있다.

셋째, 앞서 언급했듯이, 가상의 행성은 정렬된 eTNO(해왕성 궤도 너머 가장 먼 천체) 궤도의 문제뿐만 아니라 태양계의 다른 특이점들, 즉 행성의 궤도에 비해 태양의 자전축이 약간 기울어지는 문제, 그리고 거의 '수직' 궤도를 가진 몇몇 eTNOs(천체들 가운데서도 가장 근접한 해왕성 바깥 천체)의 발생과 같은 문제들을 해결할 것이다.

만약 제9행성이 발견되면, 뭐라고 불러야 할까?

천왕성에 대한 허셜의 이름을 반영하는 한 가지 제안은 '조지'이다. 그러나 마이크 브라운과 콘스탄틴 바티진은 '여호사밧(기원전 9세기의 유다 왕을 일컬음)'을 사용했는데, 그들 사이에는 '패티'라는 약자가 있다.

일부 천문학자들은 명왕성을 발견하는 과정에서 클라이드 톰보의 유산을 감소시키기 때문에 문화적으로 무감각하다고 주장하면서 '제9행성'이라는 용어 자체에 반대해 왔다. 그들은 제10행성과 같이 암시가 적은 편견이 있는 것을 선호할 것이다.

결국, 물체는 명확하게 식별된 후에만 정식 이름이 필요하다. 이러한 문제에서 항상 그렇듯이, 그것은 국제천문연맹, 즉 우버너즈에 의해 수여될 것이며, 거의 확실히 그리스나 로마 신화에서 유래될 것이다.

집필 당시, 많은 대형 망원경들이 제9행성의 탐색에 관여하고 있으며, 곧 온라인으로 출시될 새롭고 더 큰 망원경들도 이 탐사를 시작할 것이다.

PART 03

# 우주에 관하여

**CHAPTER**

## CHAPTER 15

# 천성 바코드
## 빛 사용 설명서

천문학자들은 별에서 물리적 샘플을 추출할 수는 없지만, 별이 무엇으로 만들어졌는지 정확하게 말할 수 있다는 것은 놀라운 일이다. 그들이 이것을 배운 방법은 천문학의 위대한 이야기 중 하나이며, 망원경의 발명과 함께 중요한 순위를 차지한다. 그것은 19세기 파리 철학자로 오귀스트 콩트라는 이름을 가진 뜻밖의 인물에서 시작한다.

이성 철학과 엄격한 아이디어 테스트의 중요성이 과학적 방법의 핵심이기 때문에 여러 측면에서 그는 과학의 영웅이다. 그러나 1835년, 그는 별에 대한 우리의 이해와 관련하여 스스로 실망했는데, 그때 그는 우리가 '어떤 방법으로도 별의 화학적 성질을 연구할 수 없을 것'이며, 그들의 밀도와 온도와 같은 속성은 '우리에겐 영원히 거부될 것'이라고 자신 있게 주장하였다.

글쎄, 절대 안 된다고 말하지 마라. 특히, 같은 해의 과학자들은 이미 우리가 그 문제를 조사할 방법을 이해하기 위해 조처하고 있었다. 1835년 8월, 영국의 과학자 찰스 휘트스톤은 더블린에서 열린 영국 과학진흥회의 5차 회의에서 연설을 했다. 그는 프리즘을 사용했는데, 이 프리즘은 170년 전에 아이작 뉴턴에 의해 '스펙트럼'이라는 도구를 발명하면서 햇빛을 진한 보라에서 진한 빨강까지 무지개 색깔의 띠로 분해하는 능력을 갖추고 있었다.

그러나 햇빛을 구성 요소 색깔로 나누기 위해 프리즘을 사용하는 대신에, 휘트스톤은 그것을 두 개의 금속 전극 사이에 형성된 전기 스파크로 가리켰다. 연속적인 색의 띠로 구성된 스펙트럼이 아니라, 프리즘은 각각 스파크 자체의 이미지인 일련의 분리된 좁은 빛의 선들을 드러냈지만, 하나의 색으로 구성되었다. 그것은 마치 선 사이에 있는 다른 색깔들이 지워진 것 같았다. 우리는 이 특징들을 '방출선'이라고 부르는데, 이 각각의 것은 다른 미세한 파장의 빛에 해당하며, 보라색 선은 빨간색의 약 절반의 파장을 가지고 있다는 것을 안다. 따라서 백열등에서 나오는 일반 백색광은 연속 스펙트럼으로 알려진 것을 생성하는 수백만 개의 인접한 파장으로 구성되지만 방출 스펙트럼의 불연속 밝은 선은 불꽃에 의해 자극받은 금속의 원자에 의해 생성된다.

휘트스톤이 더블린에서 기쁜 마음으로 지적했듯이 다른 금속은 다른 패턴의 밝은 선을 방출한다. 그리고 그것은 별과 다른 많은 종류의 천체가 무엇으로 만들어졌는지 원격으로 결정할 수 있는 열쇠이다. 사실, 다른 영국 과학자들의 초기 연구는 이미 불꽃에서 타오르는 다른 염분들도 다른 여러 방출 선을 생성한다는 것을 보여주었지만, 이 주제에 관심을 두게 된 것은 휘트스톤의 시연이었다.

그 후, 1857년 콩트가 사망한 지 2년이 지나지 않아 하이델베르크 대학의 구스타프 키르히호프라는 이름을 가진 그다지 유명하지 않은 한 물리학자가 이 주제에 대해 자세히 분석했다. 그는 분젠 버너(분젠이 발명한 가스를 연소시켜서 고온을 얻는 장치) 명성으로 유명한 로버트 분젠이라는 누구나 알만한 이름을 가진 화학자와 긴밀히 협력했다.

그들은 함께 광원의 스펙트럼을 볼 수 있는 개선된 장치인 분광기를 고안하였고, 이를 사용하여 모든 요소가 단지 몇 개의 금속이 아니라 고유한 방출선 스펙트럼을 가지고 있다는 중요한 발견을 하였다. 그것은 마치 천성 자체가 상상할 수 있는 모든 화학 물질에 비추어 식별 바코드를 숨긴 것과 같다. 분광기에 의해 바코드가 밝혀지면 물질의 정체를 알 수 있다.

이 두 명의 위대한 과학자가 함께 서 있는 유명한 사진이 있다. 아마도 1850년대 초반 공동작업을 하면서 찍은 것 같다. 조각상 같은 분젠은 젊고 조금 더 가냘픈 체격인 동료 위에 우뚝 솟아 있어 분광학의 로렐과 하디처럼 어렴풋이 우스꽝스러운 모습을 보여준다. 아마도, 그들의 협업이 키르히호프 법칙(전기회로에 대한 법칙)으로 알려진 것에 내재한 빛 분석의 기본 규칙을 만들어냈다.

간단히 말해서, ①흰색의 뜨거운 금속 덩어리 또는 발광 전기 필라멘트 같은 백열채가 연속 스펙트럼을 방출한다, ②스파크 또는 불꽃에서 자극되는 물질은 본 바와 같이 자체 특성 방출선 스펙트럼을 방출한다, 그리고 ③만약 여러분이 차가운 가스를 통해 뜨거운 물체의 연속적인 스펙트럼을 본다면, 여러분은 흡수 스펙트럼이라고 알려진 것을 얻을 것이다.

그것이 무엇일까? 거의 기적적으로, 기체가 자극받으면 방출되는 색상 즉, 파장은 배경원의 연속 스펙트럼에서 감산 되어 밝은 선이 아닌 어두운 선으로 교차하는 색의 리본을 생성한다. 놀랄 것도 없이, 그것들은 흡수 선(광선이 통과한 물질에 광선이 흡수되기 때문에 스펙트럼 상에 보이는 검은 선)이라고 불린다. 왜냐하면, 간섭하는 가스에 의해 흡수되므로 배경원의 빛이 그 파장에서 흡수되었기 때문이다. 그리고 다시, 어두운 선의 패턴은 빛의 이동을 통해 가스를 모호하지 않게 식별한다.

1861년에 키르히호프와 분센은 1802년 이후로 인식되었지만, 결코 이해하지 못한 태양의 연속 스펙트럼에서 어두운 선이 태양 대기의 알려진 요소에 의해 생성된 흡수 선이라는 것을 보여줄 수 있었다. 어쨌든 대기는 태양의 가시적 '표면'인 광구라고 불리는 기본 발광 가스보다 온도가 더 낮다.

일거에 두 과학자는 1억 5천만km 사이에 있음에도 불구하고 태양이 무엇으로 만들어졌는지 확실히 밝혀냈다. 그것은 대부분 수소이지만 다른 많은 원소의 분광 신호도 있다. 오귀스트 콩트의 자신감 있는 선언은 지금까지 심각한 위협을 받고 있었다.

최후의 일격은 1860년대 후반에 일어났다. 또 다른 영국인은 적어도 자신만큼 능력 있는 아내의 도움을 받아 천문학에 대한 자신의 관심을 추구하기 위해 가족 사업을 팔았다. 진지한 연구가 가능한 망원경을 갖춘 그는 키르히호프와 분젠이 태양 스펙트럼에 관해 연구했다는 소식을 열렬히 환영했고, 별들이 태양과 같은 종류의 분광 신호를 보였는지 아닌지를 조사하기로 했다.

그의 이름은 윌리엄 허긴스였는데, 그는 윌리엄 밀러라는 이름을 가진 런던의 킹스칼리지 화학과 교수인 친구의 도움을 받았다. 허긴스와 밀러는 함께 망원경용 분광기를 만들고 나서 그들의 열망하는 눈에 스펙트럼이 보일 만큼 밝은 모든 것을 확인하면서 하늘을 여행하기 시작했다.

그들이 발견한 것은 그들을 놀라게 했다. 달과 행성들은 기본적으로 태양의 스펙트럼(예상대로 반사된 햇빛에 의해 빛난다)을 보여주었지만, 별의 스펙트럼은 크게 달랐다. 우리는 이제 이것이 주로 허긴스에게는 알려지지 않은 다른 크기와 온도 때문이라는 것을 인식하지만, 그는 주요 메시지를 이해하는 데 어려움이 없었다. 친숙한 지구적 요소의 바코드 표시는 별의 흡수 선에 있던 그의 눈앞에 있었다.

"공통 화학은… 우주 전역에 존재한다."

나중에 그가 쓴 것처럼, 정말 획기적인 사건이다. 허긴스와 밀러는 1864년에 50개의 별 스펙트럼 카탈로그를 출판했고, 천체 물리학에 대한 새로운 과학이 탄생했다.

1875년에 결혼한 허긴스의 아내 마거릿은 단지 그를 도왔을 뿐이라고 생각되어왔지만, 최근 연구들은 몇 권의 공동 저술 논문들을 통해 그들이 동등한 동반자임을 분명히 밝혔다. 게다가 윌리엄과의 결혼을 앞둔 마가렛의 기술적 관심 덕분에 그녀는 그들의 연구를 획기적으로 발전시킨 혁신을 만들 수 있었다.

예를 들어, 그녀는 여전히 분광사진기로 알려진 것을 만들기 위해 카메라를 분광기에 부착하여 별의 스펙트럼을 연구하면서 사진 아이디어를 촉진했다. 오늘날의 기기에는 사진판이 아닌 최신 전자 센서가 장착되어 있으며, 물리 법칙이 허용하는 한 민감하다. 그러나 그것은 마가렛 허긴스의 분광사진기와 같은 원리로 작동한다.

우리는 이 장에서 허긴스의 발견에 관해 더 많이 들을 것이지만, 제외한 한 가지 관찰이 있었다. 별빛이 도플러 효과(파원에서 나온 파동의 진동수가 실제 진동수와 다르게 관측되는 현상)라고 알려진 뭔가를 보여야 한다는 것은 1840년대부터 알려져 왔다. 이름을 붙일 수 없을지라도 대부분 사람은 그것에 익숙하다. 음파에 적용하면 음원이 이동할 때 발생하는 음높이의 변화인데, 소방차나 구급차가 사이렌을 울리며 속도를 낼 때 가장 많이 들린다. 긴급 차량이 다가오면 소리가 높아지고 후퇴하면 낮아지는데, 그 효과는 소리의 파동에 의해 발생한다.

빛에서도 똑같은 일이 발생한다는 사실은 천문학자들이 행성, 별, 은하 등 어떤 것이든 시선을 따라 물체의 속도를 측정할 수 있음을 의미한다. 그들은 스펙트럼선의 이동을 찾고 그것을 측정함으로써 방사형 방향(즉, 우리를 향하거나 멀어진다고 할 수 있는데, '향하면' 청색 이동을 생성하고 '멀어지면' 적색 이동을 생성함)으로 물체의 속도를 추론할 수 있다. 실제로 분광기나 분광사진기는 천체 속도계가 된다.

그러나 정교한 측정을 위해 1868년부터 허긴스 부부는 여러 번 시도했지만, 1889년이 되어서야 포츠담의 천체 물리학 천문대 책임자인 헤르만 칼 보겔이 사진상으로 최초의 신뢰할 수 있는 항성 방사 속도 측정값을 얻었다.

사실, 보겔의 초기 연구는 페르세우스 북반구 별자리에 있는 밝은 별 알골과 관련이 있었다. 이 별은 밝기가 다양하며, 이미 쌍성계라고 불리는 것으로 알려져 있는데, 두 개의 별은 질량의 중심 주위를 공전하고 있다. 보겔은 스펙트럼선에서 주기적인 변화를 감지했는데, 이는 동반자 궤도를 돌면서 방사형 속도 변화를 나타내는 별 중 더 밝기 때문이라고 하는 것이 올바른 해석이다. 이러한 물체는 분광 이진법으로 알려져 있는데, 보통 규칙적인 속도 변화가 이중성의 유일한 증상이기 때문이다. 시각적인 모습에서, 그것들은 단일 별과 구별할 수 없다.

분광 기술의 몇 가지 응용 분야를 더 언급하겠다. 알골에 대한 보겔의 작업이 시사하듯이 도플러 효과는 사물이 회전하는지와 속도를 추론하는 데 사용할 수 있다. 우리는 몇 장 앞에서 토성의 고리가 고체 물체와 같이 회전하는 것이 아니라 입자의 무리처럼 회전한다는 것을 보여주기 위해 1890년대에 사용되었다는 것을 보았다. 이 기술은 회전하는 행성, 별, 가스 구름에서 수십억 개의 별의 전체 은하까지 천문학의 전체 영역까지 확장된다.

오늘날 천문학자들은 완전히 보이지 않는 것들을 발견하기 위해 그 효과를 이용하고 있다. 태양 이웃에 있는 별들의 행성은 대부분은 너무 희미해서 가장 큰 망원경으로도 직접 볼 수 없지만, 그것은 궤도를 돌면서 모항성을 잡아당기는 방식으로 자신을 드러낼 수 있다. 그 결과 별의 움직임의 앞뒤 구성 요소는 매우 미세하다. (목성 크기의 행성의 경우 초당 몇m에서 지구와 비슷한 천체의 경우 초당 몇cm에 이른다) 그런데도 속도는 첨단 장비로 감지할 수 있으며, 이른바 '도플러 흔들기 기술'은 사이딩 스프링의 앵글로-오스트레일리아 망원경을 포함하여 세계의 여러 주요 관측소에서 일상적으로 사용하고 있다.

사실, 가장 큰 문제는 보정이다. 왜냐하면, 행성이 모항성을 중심으로 움직일 때 며칠, 때로는 몇 주 또는 몇 달 간격으로 찍은 초정밀 관측치를 비교해야 하기 때문이다. 그리고 모든 스펙트럼선이 같은 영점에 대해 측정된다는 것을 확신할 필요가 있기 때문이다. 예를 들어, 새롭고 이국적인 광학 장치들은 요오드 세포와 광학적 빗을 위해 사용된다.

여러분은 또한 자력이 빛에 미치는 영향에 의해 감지될 수 있다는 것을 알면 놀랄지도 모른다. 네덜란드의 물리학자인 피터르 제이만은 1896년에 빛이 자기장에서 방출될 때 스펙트럼선(방출 선과 흡수선 모두)이 여러 구성 요소로 분할된다는 사실을 발견했다. 이 제이만 효과는 천문학자들이 태양과 별의 자기를 조사할 수 있게 한다. 그리고 제이만 효과와 도플러 이동을 결합하면 별이 너무 멀리 떨어져 있어 원반을 볼 수 없는 경우에도 별(태양에서 볼 수 있는 태양흑점과 같은)이 그린 그림처럼 지도를 만들 수 있다. 이 복잡하지만, 매우 효과적인 기술을 제이만 도플러 이미징이라고 하며, 주로 남퀸즐랜드 대학의 동료들이 앵글로-오스트레일리아 망원경으로 수행한다.

마지막으로 우주의 팽창이다. 1929년, 미국의 천문학자 에드윈 허블은 분광사진기를 사용하여 은하계가 거리에 비례하는 속도로 우리로부터 날아가고 있다는 것을 발견했다. 공간을 통과하는 물체의 움직

임에 의해 야기되는 도플러 효과 때문이 아니라 이러한 이른바 '후퇴
속도'는 우주 자체가 팽창하기 때문으로 해석된다. 다시 말해서, 공간
은 점점 커지고 있고, 은하를 동반하고 있다. 그 발견에 경의를 표하기
위해, 우리는 이 전체적인 확장을 허블 흐름이라고 부른다.

이 은하들로부터 오는 빛은 수십억 년은 아니더라도 수억 년을 여
행해왔기 때문에 우주는 방출된 이후 크게 팽창했다. 광파는 그 자체
가 팽창에 참여했기 때문에, 그것들이 출발할 때보다 더 긴 파장으로
뻗은 우리의 망원경에 도달한다. 그것은 방출 또는 흡수선의 바코드를
포함한 광 스펙트럼이 빨간색으로 전환된다는 의미이다. 이 효과는 단
순한 도플러 효과와 구별하기 위해 '우주적 적색편이(먼 곳에 있는 성운
의 스펙트럼선이 파장이 긴 쪽으로 몰리는 현상)'라고 불리며, 천문학자들이
이용할 수 있는 가장 주목할 만한 도구 중 하나이다.

그 효과는 빛이 방출될 때 시간의 한 점을 빛에 찍는 것이다. 스펙
트럼선의 바코드가 소스를 떠났을 때 어떻게 생겼는지 알기 때문에 우
리는 얼마나 많은 적색편이를 경험했는지 직접 측정할 수 있다. 그러
므로 천문학자들은 빛이 시작되었을 때 오늘날의 우주에 비해 우주가
얼마나 작았는지를 추론할 수 있다. 그리고 시간이 지남에 따라 우주
의 크기가 어떻게 변하는지 알면 빛이 그것을 방출한 은하계를 떠날
때를 계산할 수 있다.

다시 한번, 이 작업은 우주의 상세한 3차원 지도를 만드는 데 사용
되는 기술을 사용하는 곳인 앵글로-오스트레일리아 망원경 조사의 주
요 부분이다. 그것들은 우주가 약 138억 년 전에 만들어진 것으로 여

겨지는 사건인 빅뱅에 의해 각인된 구조를 드러낸다. 그리고 그것들은 또한 암흑물질과 암흑 에너지의 본질과 관련한 현대 천문학에서 가장 시급한 몇 가지 질문을 조사하는 데 사용된다.

그런 상세한 지도 제작은 사업의 한 가지 더 많은 속임수를 포함하고 있다. 그리고 그것은 내가 천문학에 종사하는 동안 깊이 관여해 온 것이다. 허긴스, 허블 그리고 역사를 통틀어 수많은 천문학자가 별과 은하를 분광 관측했을 때, 그들은 한 번에 하나씩 관측하는 것 외에 다른 대안이 없었다. 그리고 각 관찰은 거의 영원히 걸렸다.

나는 확장하는 우주에 관한 자신의 연구를 공식화하기 위해 에드윈 허블이 사용한 은하 스펙트럼의 일부 관측을 수행한 베스토 슬리이퍼라는 20세기 초 미국 천문학자의 연구에 항상 감탄했다. 1917년에 발표된 슬라이퍼의 25개 은하 스펙트럼 목록의 각 은하에 대해 20~40시간 동안 관측해야 했다. 이는 밤마다 같은 물체를 관찰하여 사용 중인 조잡한 사진판 중 하나에 충분한 정보를 축적한 후 희미한 스펙트럼을 드러내기 위해 개발한다는 것을 의미했다.

오늘날의 은하 목록은 수십만 개로 측정되며, 곧 수백만 개가 될 것이다. 그리고 우리 은하계에 있는 별들의 목록에서도 마찬가지이다. 어떻게 그러한 총계가 달성되는가? 관측 당 노출 시간은 더 큰 망원경, 더 효율적인 분광사진기 및 초고감도 전자 이미지 센서 덕분에 수십 시간에서 수십 분으로 감소했다.

그러한 발전에도 불구하고 천문학자들은 내가 말한 거래의 속임수가 아니라면 한 번에 하나씩 목표물을 관찰하는 것으로 제한될 것이다. 그리고 그것은 천문학자들이 한 번에 수백 개의 물체를 관찰할 수 있도록 하는 보다 영리한 기술을 사용하는 것이다. 조만간 수천 개로 증가할 것이다.

대부분의 대형 망원경은 상당히 넓은 시야를 가지고 있다. 즉, 관측할 때마다 상당량의 하늘이 보인다. 사이딩스프링천문대의 영국 슈미트 망원경처럼 정말로 광각망원경에서는 보름달 지름의 12배인 가로 6도의 하늘 영역을 볼 수 있고, 남십자성(남쪽 하늘의 은하수 가운데에 위치하여 '十' 자 모양을 이루는 네 개의 별) 전체를 덮을 수 있을 만큼 충분히 큰 지역을 볼 수 있다. 대부분 망원경은 이것보다 더 작은 필드 크기를 가지고 있지만, 아이디어를 얻을 수 있다.

자, 망원경은 많은 수의 목표별이나 은하를 보여주는 데 매우 효과적이다. 하지만 어떻게 각각의 빛의 샘플을 분광사진기로 전송할 수 있을까? 기타 줄처럼 유연하면서도 사실상 빛의 세기를 손실 없이 한쪽 끝에서 다른 쪽 끝으로 빛을 전달하는 유리 같은 얇은 가닥의 광섬유에 답이 있다.

수백 개의 섬유 다발이 있고 선택한 물체에 각각의 한쪽 끝의 위치를 정확하게 지정할 수 있는 경우, 섬유의 유연성 덕분에 빛을 망원경으로부터 몇 m 떨어진 편리하고 안정적인 위치로 가져간 다음, 모두 다른 끝에서 일직선으로 깔끔하게 배열할 수 있다. 왜냐고? 왜냐하면, 그것이 분광사진기에서 모든 것을 동시에 분석하는 데 필요한 것이기 때문이다. 그리고 그 속임수는 꿈처럼 작용한다.

　　　　　　　　　　　　　　　　　　　　　우주 연대기

다중 섬유 분광학 기법의 한 가지 어려움은 각 섬유가 망원경에서 선택한 목표와 정확히 정렬되어야 한다는 점이다. 그것은 1mm의 아주 작은 부분까지 정확해야 하며, 정교한 로봇 기술을 요구한다. 이 기술은 몇십 년이 걸리는 연속적인 단계를 거쳐 완성되었다.

그중 대부분은 내가 직접 관여해왔다. 내 동료 중 몇몇은 나를 다 섬유 분광학의 선구자 중 한 명이라고 친절하게 언급해 주었고, 내가 처음으로 은하보다는 별을 관측하는 기술을 사용했고, 1980년대와 90년대에 다양한 대형 망원경을 위한 획기적인 기구를 만드는 등 다양한 일을 한 것은 사실이라고 생각한다.

하지만 나는 이 주제에 대해 세계 최초의 박사 논문을 썼다고 주장할 수는 없다. 그 영광은 존 힐이라는 이름의 저명한 미국 천문학자에게 돌아간다. 내 것은 두 번째였다.

나는 이 기술을 사용하여 이루어진 발견이 천문학에 혁명을 일으켰으며, 현재 세계에서 가장 큰 망원경 대부분에서 다중 섬유 기기를 사용하고 있다고 말하는 것이 너무 무례하다고 생각하지 않는다. 나는 이미 은하가 진화하는 방식과 우주 전체가 진화한 방식을 이해하는 데 도움이 되는 대규모 은하 조사를 언급했다.

그러나 많은 별의 분광 관측은 우리 은하의 구조와 진화에 대한 유사한 통찰력을 우리에게 제공하고 있다. 2003년부터 2013년까지 앞서 언급한 영국 슈미트 망원경 1호는 방사성 속도 실험RAVE이라고 불리는 설문 조사에 참여했다.

방사성 속도를 기억하는가? 나는 RAVE의 프로젝트 관리자였으며,

50만 개의 별 속도와 기타 특성을 담은 최종 목록이 곧 출판될 예정이어서 기쁘다. 한편 더 큰 앵글로-오스트레일리아 망원경은 갈라로 알려진 백만 개의 별들을 조사하고 있는데, 이 별들은 악의적인 오스트레일리아 앵무새처럼 들릴 수도 있지만, 실제로는 헤르메스를 이용한 은하 고고학이다.

물론, 헤르메스는 그 자체가 초 민감성 자가재배된 분광사진기의 약어지만, 은하 고고학은 가능한 많은 별의 정확한 화학을 측정함으로써 우리 은하의 역사를 조사하는 것이다. 그리고 다 섬유 분광학의 능력을 2030년대까지 확장할 새로운 기술을 이용한 새로운 설문 조사가 앞으로 있을 예정이다. 나는 이 혁명에 그렇게 가까이 관여한 것에 대해 특권의식을 느낀다.


마지막으로 윌리엄 허긴스가 한 또 다른 발견으로 돌아가겠다. 실제로 그의 잘못은 아니지만 오귀스트 콩트에 필적하는 부당한 과학적 오만의 예가 되었다. 1860년대 초, 허긴스가 새로운 천문 분광학 과학으로 달성할 수 없는 것이 있는지 궁금해했을 때, 그는 당시의 위대한 과학 문제 중 하나로 관심을 돌렸다. 그것은 별도 행성도 아닌 하늘에 있는 잘못 정의된 안개 낀 조각들인 성운의 본질과 관련이 있었다. 큰 문제는 이 별들이 너무 희미해서 개별적으로 볼 수 없는 무수한 별들로 만들어졌는가, 아니면 빛나는 가스 구름 같은 다른 것으로 만들어졌는가 하는 것이었다. 또는 (지금 우리가 알고 있는 바와 같이) 두 가지를 모두 합친 것이다.

허긴스는 1864년 8월에 분광기를 이 성운 중 한 곳을 겨냥했고, 그가 본 것에 놀랐다. 별 구름의 흡수선 스펙트럼이라기보다 오히려 들뜬 가스의 분명한 신호인 방출선. 그는 30년 후를 회상하면서 '성운의 수수께끼는 풀렸다. 빛 그 자체에서 우리에게 온 대답은 다음과 같았다. 별들의 집합이 아니라 발광 가스이다.' 40세의 나이에 허긴스는 그의 시대의 천문학을 혁명적으로 변화시켰고, 역사에서 그의 위상은 확실해졌다.

하지만 걸림돌이 있었다. 얼마 지나지 않아 천문학자들은 다양한 성운에서 볼 수 있는 방출 선 중 일부가 지구상에 알려진 어떤 원소에도 속하지 않는다는 것을 깨달았다. 그렇다. 수소가 있었다. 그런데 이 밝은 녹색 선은 그들이 이미 본 어떤 것과도 일치하지 않는 것일까?

그것은 사실 퍼즐이었지만 1868년 일식 동안 태양의 스펙트럼에서 관찰된 이상한 노란 선에서 전례가 있었다. 두 명의 영국 과학자인 노먼 로키어와 에드워드 프랭클랜드는 이것이 지구에는 존재하지 않지만, 태양에는 존재하는지 알려지지 않은 원소의 신호라고 추론했다.

'헬륨'이라고 불리는 이 물질은 언젠가는 지구 화학 원소의 목록에서 그 모습을 드러낼 것으로 예상하였다. 그래서 1895년 스코틀랜드 화학자의 손에 의해 윌리엄 램지라는 이름이 붙었는데, 그는 그것을 희토우라늄으로 알려진 광물로부터 분리했다. 이것은 지구가 아닌 우주에서 발견된 최초의 화학 원소로 천문 분광학의 승리였다.

그러므로 천문학자들은 신비한 녹색 선을 포함하여 성운의 스펙트럼에서 확인되지 않은 방출 선이 또 다른 알려지지 않은 원소의 스펙트럼 신호였다는 것을 당연시해야 하는 것은 놀라운 일이 아니다. 최고의 자신감을 가지고 그들은 그것을 '성운'이라고 불렀는데, 이것은 마가렛 허긴스가 1898년에 처음 기록했지만 아마도 발명하지는 않았을 것이다.

측정된 선의 파장과 원자에 대한 이해의 향상을 사용하여 과학자들은 성운의 특성을 발견하기 위해 열심히 노력했다. 예를 들어, 1914년에 발표된 인상적인 연구 논문에서 프랑스의 저명한 천문학자 트리오는 그것이 두 가지 다른 요소여야 한다고 추론했지만, 그것들이 무엇인지 식별하는 데 더 다가가지는 못했다.

마침내 20세기 초에 방출 선이 발생하는 이유에 대한 이해가 개선되면서 안개가 걷히기 시작했다. 자극받은 원자가 매우 특정한 파장으로 빛을 방출한다는 사실은 핵 주위에 구름이 낀 전자가 차지하는 특정 에너지 수준 때문에 발생한다. 특정한 파장은 전자가 특정한 '양자'의 빛을 방출하면서 한 에너지 레벨에서 다른 에너지 레벨로 점프할 때 방출된다.

친숙하게 들리는가? 좋다. 이것은 양자 이론의 기초이다. 그러나 그 이론의 기발한 점 중 하나는 그것이 소위 선택 규칙을 포함한다는 것이다. 이러한 에너지 전환 중 일부는 허용되지만 다른 일부는 금지된다. 그런 일은 일어나지 않는다. 사실, 그렇다. 하지만 자극받은 원자들이 지구의 실험실에서 가능한 어떤 압력보다 훨씬 낮은 압력의 가스에 속할 때만 그렇다. 예를 들어, 우주 깊은 곳의 희박한 가스 같은 것 말이다.

1927년, 다양한 원소의 전자 변환으로 방출될 빛의 이론적 파장을 계산하느라 바빴던 사람은 캘리포니아공과대학을 다니는 28살의 천재 아이라 스프래그 보웬이었다. 물론 그는 금지된 선이 실제로 금지된 것이 아니라 지구에서 만나는 가스 압력에서는 거의 불가능하다는 것을 깨달을 때까지 선택 규칙을 따랐다. 눈부신 순간에 그는 성운을 생각했다. 계산으로 돌아가서 그는 선택 규칙이 그것들을 금지하지 않는 경우 금지된 방출 선이 방출될 수 있는 것을 알아냈다.

그리고 그가 산소를 보았을 때, 금지된 파장은 밝은 녹색 선을 포함하여 성운의 파장과 완벽하게 일치했다. 유레카! 영감을 받아 보웬은 다른 요소가 방출할 금지된 선을 열렬히 계산하여 비슷한 결과를 얻었다. 그의 결과는 결국 1928년 한 세미나 논문집에 실렸다. 그리고 성운은 역사책에 기록되었다. 아이라 보웬은 1973년 사망할 때까지 천문학의 과학과 기술 분야에서 몇 가지 커다란 발전을 주도하면서 미국의 천문학 분야에서 뛰어난 경력을 쌓았다.

## CHAPTER 16

# 반향

## 폭발하는 별과 빛의 반향

우리 달은 지구 궤도를 돌면서 하루에 약 8만 8천km의 우주를 여행한다. 그건 우리 대부분이 1년 동안 운전하는 것보다 훨씬 더 많은 거리이다. 물론 우리 대부분은 달처럼 평균 시속 3,679km를 달리고 있는 건 아니지만 여전히 먼 길이다. 그리고 지구는 태양을 중심으로 궤도를 돌고 있는데, 마치 성실한 부모처럼 달과 함께 태양을 따라간다. 하루에 지구는 자신의 지름보다 200배가 넘는 260만km를 돌파한다.

그러나 태양과 그 행성들은 우아한 나선 팔로 치장한 거대한 별들의 소용돌이 일부로서 우리 은하의 중심을 중심으로 단숨에 움직이고 있다. 어느 날 정오에서 다음 날 정오 사이에, 태양과 그 전체 은하는 인상적인 2천만km를 커버한다. 더글러스 애덤스가 아주 설득력 있게 지적한 것처럼, 그것은 공간이 크다는 것을 보여준다.

우주가 크고 사물이 그 우주를 통해 멀리 있는 길을 이동한다는 것을 받아들이면, 우주에서 하루의 시간 규모로 또 어떤 일이 일어날까? 흥미롭게도 대답은 가끔 격변적인 사건을 제외하고는 많지 않다. 예를 들어, 한 쌍의 블랙홀이 합쳐지거나 소행성이 행성의 표면에 충돌한다.

그러한 것은 그들의 눈앞의 환경에 빠른 변화를 일으키지만, 일반적으로 말해서 우주는 하루에서 다음 날까지 거의 똑같다. 일어나는 대부분의 일은 지구의 지질학적 과정과 비슷한 수천만 년 또는 수억 년의 시간 규모에서 발생한다. 그들에 대해 생각한다는 것은 여러분의 정신세계를 다른 체제로 재설정하는 것을 의미한다.

하지만 역설적이게도, 우주의 장기적인 변화를 촉발하는 간단한 격변적인 사건이 가끔 있다. 예를 들어, 우리가 초신성으로 알고 있는 물체인 폭발하는 별을 생각해보라. 태양 질량의 약 8배가 넘는 별이 수명을 다하면 놀라운 에너지로 폭발한다. 폭발은 순식간에 시작되지만 관련된 프로세스를 개발하는 데 몇 시간이 걸린다. 초신성이 궁극적인 광채로 떠오르면 망각으로 사라지기 시작하는데 며칠 또는 몇 주가 걸리지만, 이것은 우주의 다른 사건 대부분과 비교할 때 눈 깜짝할 사이이다. 사실, 초신성이 진화하는 방식과 방출되는 에너지의 양은 정확한 폭발 유형에 따라 다르다. 이제 천문학자들은 다양한 질량과 촉발 메커니즘을 포함하는 다양한 종류의 점수를 인식한다.

우리 자신의 존재에 가장 중요한 초신성의 결과 중 하나는 우주에서 새로운 화학 원소의 생성이다. 우리의 세계에 있는 탄소, 네온, 산소 및 실리콘이 태양과 같은 평범한 별의 내부에서 형성되었다는 것을 알고 있을 것이다. 이 원소들은 수소로 시작하는 핵 공정에서 나왔는데, 수소는 138억 년 전 빅뱅이라는 모든 대재앙의 원천에서 만들어졌다.

그러나 철보다 더 무거운 많은 원소는 초신성 폭발에서 마주친 온도와 압력의 극치에서만 설계될 수 있다. 1954년 우리가 범종설(지구에 생존하는 생명체의 기원이 지구 밖에서 유입되었다는 가설)과 관련하여 만났던 프레드 호일에 의해 처음 발전된 아이디어이다.

사실, 프레드를 천문학적 스타 반열에 오르게 한 것은 이 발견이었다. 내가 그의 생애 말년에 개인적으로 알고 있던 걸걸한 요크셔맨(요크셔 출생자)인 그는 결국 잘못된 것으로 판명된 우주 이론을 옹호하지만 전후 천문학의 분위기를 설정했다. 그는 우주가 하나의 거대한 폭발적 사건으로 탄생했다는 대안적 발상과 달리 우주가 팽창하면서 물질이 지속적으로 생성되고 있다는 '정상상태 이론'(우주는 늘 같은 상태를 유지하며 변화하지 않는다)의 평생 옹호자였다. 프레드는 이것을 '빅뱅'이라고 조롱했고, 그래, 거기서 이름이 유래되었다.

프레드 호일의 초신성 폭발에서 생성된 원자 목록에는 우리 자신의 건강에 필수적인 미량의 원소와 희귀성으로 인해 우리가 소중히 여기는 몇 가지 흥미로운 요소가 포함된다. 예를 들어, 우라늄과 납 같이 약간 덜 매력적인 품목은 말할 것도 없고 금과 백금이다. 하지만 여러분의 보석함에 담긴 내용물 중 일부는 폭발하는 별의 끊임없는 분노 속에 존재하기 시작했다는 것은 분명 흥미로운 생각이다.

이러한 폭발의 또 다른 주요 결과는 충격파가 주변을 울리는 것이다. 초신성에 의해 방출된 물질들의 폭발은 별들 사이의 희소한 기체를 휩쓸고 있는데, 이를 소위 성간물질(별과 별 사이의 공간에 존재하는 물질)이라 한다. 성간물질은 보통 $cm^3$당 개별 원자로 측정된다. 그러나 일단 압축되면 새로운 세대의 별을 생성할 수 있다. 특히 충격파가 우리 은하와 같은 은하의 원반에 있는 밀도가 높은 가스와 먼지구름 중 하나를 통과할 경우 더욱 그렇다.

그 새로운 세대의 더 거대한 구성원은 매우 밝고, 수소 연료 저장고가 완전히 텅 빈 청백색 별들이다. 그래서 그것들의 짧은 수명은 수십억 년이 아니라 수백만 년으로 계산된다. 빨리 살고, 일찍 죽는다. 따라서 그들 자신이 빠르게 초신성으로 변하면서, 은하계를 통해 진행될 수 있는 또 다른 충격 전선을 만들어 낸다.

극단으로 치닫는 이 메커니즘은 우리가 많은 은하에서 볼 수 있는 아름다운 나선 팔을 만들어낸다. 놀랍게도, 그것은 거대한 환상에 지나지 않는다. 이것은 은하 원반 전체에 고르게 퍼져 있는 지극히 평범한 별들의 줄이 아니라, 은하의 원반을 통과하는 초신성 파동에 의해 촉발된, 다소 드물지만, 매우 밝은 젊은 별의 줄들에 의해 추적된다.

별의 형성에 대한 이 기이한 큰 파도는 밀도파라고 알려져 있으며, 사실상 은하의 희소한 물질을 통과하는 음파인데, 이것은 은하가 낳은 어린 별들에 의해 드러나는 음파이다.

초신성은 또 다른 유명한 환상을 만들어 낼 수 있는데, 30년 전 처음 만난 이후로 나를 매료시켰다. 반향을 상상해보라고 해서 소개하겠다. 어떻게 생각하는가? 아마도 먼 절벽면에서 울리는 '어이'라는 신호? 아니면 위대한 대성당에서 사그라드는 음악의 잔향? 우리 대부분은 튀는 음파와 그로 인해 생성되는 분위기를 좋아한다. 그러나 천문학자들은 소리가 아닌 빛을 포함하는 또 다른 유형의 반향을 매우 좋아한다는 사실을 알고 놀랄 수도 있다.

그리고 놀랍게도, 우리는 그것을 우리 은하계의 먼지투성이 지역의 구조를 그리는 데 사용할 수 있다. 그렇지 않으면 오래전에 죽은 초신성 폭발을 마치 오늘 일어난 것처럼 보기 위해 과거를 깊이 들여다보아야 한다.

초기 천문학자들이 망원경으로 밤하늘을 탐험했을 때, 그들은 별과 행성들 사이에서 '성운'이라고 불리는 작은 안개 조각들을 발견했는데, 이는 안개를 뜻하는 라틴어에서 유래한 것이다. 진정한 본질이 알려지지 않은 무언가에 대해 놀랍도록 일반적인 용어였다. 우리는 이제 여러 종류의 성운을 인식하지만, 한 가지 특정 유형은 근처 별의 빛을 반사하는 연기와 같은 먼지 입자로 구성된 것이었다. 당연히 천문학자들은 이것들을 '반사성운(자체 빛이 없어 다른 항성에서 받은 빛을 반사하여 빛을 내는 성운)이라고 부른다,

이제 별빛의 지속적인 빛이 아니라 초신성의 타오르는 섬광이 비추는 반사성운을 상상해보라. 이 성운은 만약 이 성운을 비추는 별들이 근처에 없다면 이전에는 보이지 않았을 수도 있지만, 초신성의 빛이 이 성운에 도달하면서 밝게 보일 것이다. 빛은 우주를 통해 유한한 속도로 이동하고 우주가 너무 크기 때문에 폭발이 발생한 후 수개월 또는 수년 또는 수 세기 동안 빛을 발할 수 있다.

이 놀라운 효과를 가벼운 반향이라고 부른다. 그리고 초신성의 빛

의 파동은 그것이 다시 어둠으로 돌아가기 전에 단지 몇 주 또는 몇 달 동안 지속할 수 있으므로, 빛의 반향은 짧은소리의 청각적 울림과 정확히 유사하다. 멀리 낭떠러지에서 튀어나오는 당신의 유쾌한 '어이'처럼 말이다.

초신성의 빛 파동의 또 다른 중요한 특성은 폭발하는 별을 팽창하는 빛의 껍질로 둘러싸면서 모든 방향으로 방사한다는 것이다. 그것은 초신성과 관련하여 앞, 뒤 또는 옆에 떨어져 있는 위치와 관계없이 근처의 먼지구름에서 튕겨 나갈 수 있음을 의미한다. 요점은 초신성에서 다른 거리에 있는 구름이 일반적으로 다른 시간에 빛을 낸다는 것이다.

나는 '보통'이라고 말하는데, 빛이 지구로 직진하는 직진 파동과 비교했을 때 빛의 반향의 시간 지연에 대한 미묘함이 여기에 있다. 그 시간 지연은 초신성에서 반사성운까지의 거리뿐만 아니라 우리와의 거리에도 달려 있다. 따라서 이 거리의 합이 같은 두 먼지구름은 동시에 밝아진다. 빛이 굽은 경로를 따라 이동할 때 같은 시간 지연이 있기 때문이다.

이 모든 정보를 사용하면 빛의 파동이 개별 구름 또는 구름의 각 부분에 대한 반응을 살필 수 있으므로 초신성 근처의 먼지 분포를 정확하게 그릴 수 있다. 초신성 빛의 반향에서 소스가 번개에 의해 생성된 과열된 플라즈마의 구불구불한 선이 아니라 단 하나의 강렬한 빛의 지점이라는 점을 제외하면 건물이나 땅에서 근처의 천둥소리가 울리는 소리와 비슷하다. 즉, 먼지구름의 기하학은 빛의 반향으로부터 정

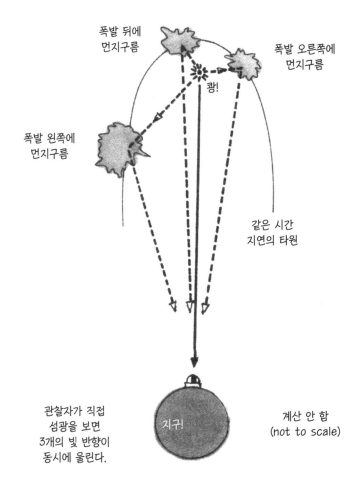

폭발 뒤에
먼지구름

폭발 오른쪽에
먼지구름

쾅!

폭발 왼쪽에
먼지구름

같은 시간
지연의 타원

관찰자가 직접
섬광을 보면
3개의 빛 반향이
동시에 울린다.

지구!

계산 안 함
(not to scale)

초신성 폭발과 같은 폭발로 인한 빛은 직접(실선) 또는 먼지구름의 반사(파손된 선)를 통해 망원경에 도달할 수 있다. 이 빛의 반향은 나중에 도착하지만, 타원형 선을 따라 놓인 먼지구름은 같은 지연으로 볼 수 있다. 3차원 공간에서 모양은 타원체이다. _저자확히 계산될 수 있으며, 천문학자에게 강력한 조사 도구를 제공한다.

아마도 초신성의 빛 반향이 가장 잘 알려진 예는 1987년 대마젤란운LMC에서 폭발한 초신성 1987a에서 비롯했다.

LMC는 우리의 가장 가까운 이웃 은하 중 하나이며, 남반구에서 큰 흐릿한 부분(확실히 작은 안개가 낀 부분이 아님)으로 볼 수 있으며, 맨눈으로 보면 은하수의 부서진 부분처럼 보인다. 몇 주 동안 초신성은 망원경 없이도 분명하게 보였고, 1604년 말에 독일의 위대한 수학자이자 천문학자인 요하네스 케플러가 본 이후 최초의 맨눈으로 본 초신성이었다. 그런데 케플러의 초신성의 얽힌 잔해는 뱀주인자리의 별자리에서 여전히 볼 수 있다. 우리는 '초신성 잔해'라는 기술적 이름으로 이러한 이국적인 잔해를 우아하게 장식한다.

물론 초신성 1987a는 실제로 1987년에 폭발한 것이 아니다. 폭발은 약 16만 년 전에 일어났다. 이것은 초신성에서 우리 쪽으로 직접 이동하는 빛 파동이 초당 300,000km의 속도로 여기에 도달하는데, 그렇게 오래 걸린 LMC의 거리이다. 당연히 우리가 그 거리를 160,000광년으로 묘사하는 이유이다.

초신성 폭발을 예측할 수 없다는 점을 고려할 때 빛 파동의 도착은 예상대로 전 세계의 천문학자들을 놀라게 했다. 그들 중 한 명으로 사이딩스프링천문대에 근무하는 나의 유명한 동료인 롭 맥노트는 놀라기보다 더 황폐해졌다. 그는 초신성이 나타난 밤에 일상적인 조사의 목적으로 LMC를 촬영했지만, 밤이 끝날 무렵 피로로 인해 다음 날 아침까지 필름 처리를 미뤘다. 나는 그가 다음날 오후에서야 슈미트 망원경 건물에 나타났는데, 약간 어지러워 보였던 것을 기억한다.

"LMC에 맨눈 초신성이 있어요"라고 그가 황량하게 말했다.

"거의 400년 동안 최초의 맨눈 초신성. 그리고 나는 그 발견을 놓쳤습니다."

그러나 그는 자신의 추적에 의연했고, 이후 미국의 저명한 천문학 잡지에서 '세계 최고의 관측자'로 선정되었다. 초신성 1987a는 세계의 천문학자들을 열광적인 활동으로 몰아넣었다. 처음으로, 도움받지 않는 눈으로 볼 수 있을 정도로 밝은 초신성은 현대 천문학자가 민감한 광학 기구의 배터리를 사용하여 정밀하게 조사할 수 있었다.

앵글로-오스트레일리아 망원경은 극 위치에 있었고, 특수 장비는 수완이 좋은 직원에 의해 급히 깨졌다. 천문학에서는 다른 과학에서와 마찬가지로 발을 민첩하게 하는 것이 좋다. 이것은 전형적인 예이다. 그 결과, 초신성은 그 수명의 얼마 안 되는 범위 내에서 측정, 파악 및 분석되었는데, 초신성에 관하여 지난 50년 동안 배운 것보다 더 많이 가르쳐주었다.

그러나 그 빛이 사라진 지 2년 후, 이상한 일이 일어났다. 천문학자들이 흥분이 끝났다는 안도의 한숨을 쉬고 정상 연구로 돌아갈 수 있었던 것처럼, 천문사진가 데이비드 말린이 앵글로-오스트레일리아 망원경으로 만든 특수 처리된 사진은 초신성 잔해 주변에 두 개의 희미한 고리가 있음을 보여주었다.

그들은 당시 가장 활기차고 재능 있는 과학자 중 한 명으로 데이비드 앨런이라는 이름을 가진 천문학자에게 관심을 불러일으켰다. 데이비드는 금성의 대기에서 우주에서 가장 멀리 떨어진 물체에 이르기까지 연구 관심사를 가진 천문학의 진정한 박식가였으며, 과학자들과 비과학자들 모두에게 그의 발견에 대해 흥미롭게 이야기할 수 있는 재주가 있었다. 천문학을 대중에게 알리는 데 대한 오스트레일리아천문학회의 상이 그의 명예로 명명된 것은 우연이 아니다.

데이비드는 초신성 주위에 나타난 고리가 팽창하는 물질의 기포로 인한 것이 아니라는 것을 즉시 깨달았다. 대마젤란운의 거리에서 그러한 기포는 관찰된 지름을 얻기 위해 빛의 속도보다 더 빨리 부풀어야 했을 것이다. 물론 불가능하다. 그러나 두 데이비드 부부와 동료들이 한 고리의 정확한 사진 측정은 곧 그것이 초신성의 빛의 반향임을 증명했다. 그 색은 가장 밝은 초신성의 색과 정확히 일치했다.

왜, 이 빛의 반향은 초신성이 근처의 먼지구름을 비추었을 때 나타나는 개별 얼룩이 아니라 빛의 고리 형태를 취했을까? 다시 한번 데이비드 알렌은 무슨 일이 일어나고 있는지 재빨리 깨달았다. 초신성은 초신성 주변의 먼지구름이 아니라 그 앞에 놓여 있는 반투명한 것을 비추고 있었다. 데이비드는 《천문학 연감》이라는 1991년 영국 출판물에 자신의 연구에 관해 생생하게 설명했다.

그의 논문은 초신성 앞에 있는 두 장의 얇은 먼지에 의해 우리 쪽으로 산란한 빛에 의해 고리가 발생한다는 것을 어떻게 보여주었는지 자세히 설명한다. 이 시나리오는 평범한 관찰자에게는 분명하지 않을 것이다. 여러분은 그가 이 기하학을 드러내는 계산을 하면서 느꼈던 흥분을 느꼈고, 시트가 아마도 우주의 먼지 거품의 앞면과 뒷면이라는 것을 깨달았을 때 그는 만족감을 느낄 수 있었다. 그러나 이것은 거대한 거품이었고, 초신성 앞에서 아주 먼 길에 놓여 있었고, 그것과는 전혀 관련이 없었다.

데이비드의 가설은 NGC 2044라는 약간 우아하지 않은 이름의 뜨거운 별 무리가 주변 물질을 쌓아 올리는 개별 별에서 물질이 흘러나와 '눈 쟁기처럼 점점 더 밀도가 높은 잔물결을 형성하여 간다.' 이 뜨거운 별 모음은 초신성 1987a의 앞쪽과 약간 옆에 있기에 완벽하게 합리적으로 보인다. 우리는 이제 현대 이미지를 통해 전체 지역이 가스와 먼지구름으로 덮여 있으며 고대 초신성 폭발로 인한 거대한 먼지물질의 거품이 어디에나 있다는 것을 알고 있다.

데이비드는 또한 초신성 1987a가 우주에서 자신의 기포를 발굴할 것이지만, 구형이 아닌 길쭉한 기포, 즉 양극 성운을 발굴할 것으로 예측했다. 그리고 그는 바로 돈을 벌었다.

그의 《천문학 연감》 논문이 발표된 지 불과 몇 년 후, 당시 새로워진 허블 우주 망원경의 이미지들은 이 초신성으로부터 분출된 물질이 폭발하기 전에 원래 별에 의해 더 부드럽게 떨어져 나간 물질들과 충돌하기 시작한 밝은 빛의 고리를 보여주었다. 그 충돌은 여전히 진행 중이지만, 우리는 이제 더 많은 것을 알게 되었다. 몇 년 전에 칠레에 있는 유럽 남부 천문대의 초대형 망원경으로 자세히 관찰한 덕분에, 물질의 고리는 모래시계 모양의 파편 거품의 '허리선'으로 3차원으로 볼 수 있다.

데이비드가 정확하게 추측한 대로 양극 성운이다. 안타깝게도 데이비드 알렌은 이러한 흥미로운 발견을 보지 못하고 죽었다. 그는 1994년 7월 26일 뇌종양으로 47세의 나이로 사망했다. 그러나 나는 그가 오늘날의 초신성 1987a에 대한 우리의 지식을 환영했을 것이라는 기쁨을 상상할 수 있다.

나는 데이비드가 최근에 빛의 반향을 관찰하면서 너무 황홀했을 것으로 생각한다. 2000년대 초, 초신성 1987a 앞의 얇은 먼지 시트보다 훨씬 복잡한 먼지구름이 보였다. 이 이야기는 2002년 1월에 시작되었다. 이전에는 눈에 띄지 않았던 별이 태양 광도의 600,000배까지 밝아진 후 다시 사라졌다. 처음에는 밝기가 다른 상당히 평범한 변광성으로 여겨졌기 때문에 외뿔소자리 V838이라는 표준과 다소 기억에 남지 않는 명칭이 부여되었다. 이것은 일각수(신화에 등장하는 이마에 뿔이 하나 달린 말)인 외뿔소자리 별자리에서 발견된 838번째 변성이라는 것을 의미한다.

폭발은 별을 산산조각냈을 수 있는 초신성 폭발을 구성하지 않았다. 전례가 없고 설명할 수 없는 크기의 증가만큼이나 마찬가지였다. 20,000광년의 거리에서, 외뿔소자리 V838는 허블 우주 망원경$^{HST}$보다 덜 예리하게 보이는 어떤 것에도 비밀을 포기할 것 같지 않았다.

그리고 2002년 이후로 HST로 별을 반복적으로 관찰한 결과, 별이 크고 복잡한 먼지구름으로 둘러싸여 있음이 밝혀졌다. 별의 폭발에서 나오는 빛의 범위가 확장됨에 따라 구름의 다른 부분은 아마도 얽힌

자기장과 관련이 있는 섬세한 구조를 가진 빛과 그늘의 표적 중심점 패턴으로 조명되었다. 다시 한번, 빛 반향의 기하학적 구조가 잘 이해되어 있으므로 천문학자들은 이를 사용하여 의료계에서 우리가 익숙한 컴퓨터 단층촬영과 매우 유사한 기술로 먼지구름의 복잡한 구성을 조사할 수 있었다.

2002년 5월부터 12월까지 외뿔소자리 V838 성운은 지름이 4광년에서 7광년으로 확장되는 것으로 보였다. 소위 '초광속(또는 빛보다 빠른)' 확장이다. 초신성 1987a 빛 반향의 경우처럼 이것은 환상이며, 확장되는 빛 껍질이 주변을 비추는 것처럼 보이는 방식에서 기인한다.

최근에 NASA와 HST를 함께 운영하는 유럽우주국ESA은 2002년과 2006년 사이에 획득한 외뿔소자리 V838의 연속적인 이미지를 변형하여 만든 빛의 반향 진화에 대한 놀라운 비디오를 배포했다. 이 비디오는 인터넷에서 찾아볼 가치가 있다. 하지만 확장되는 재질의 껍질처럼 보이지만 인상에 불과하다는 것을 기억해야 한다.

일반적으로 빛의 반향은 외뿔소자리 V838과 비슷한 폭발 사건을 되돌아볼 수 있는 일종의 타임머신을 제공하지만, 현대 천문학 시대 이전에 일어났다. 예를 들어, 최근에 천문학자들은 우리 은하에서 가장 불안정한 천체 중 하나인 남반구별에서 오래전에 없어진 폭발을 연구하고 있다. 그 이름은 에타 카리나이이다.

1840년대로 거슬러 올라가면 잠깐 하늘에서 두 번째로 밝은 별이었는데, 본질은 태양의 약 6백만 배의 밝기를 가졌다. 적어도 6,000광년 떨어져 있는 것이 다행이다. 그 폭발은 빅토리아 원주민 부룽족의 드림 타임(오스트레일리아 원주민 신화에서 과거의 신화적 황금기) 전설로 이어졌다.

그러나 2014년 말과 2015년 초에 이루어진 관측에 따르면, 근처의 먼지구름에서 빛의 반향이 확인되었다. 이 별은 이미 형태상 쌍성으로 알려져 있었는데, 구성하고 있는 두 별은 공통 질량 중심 주위를 공전하고 있다. 그리고 새로운 관찰은 구성하고 있는 작은 별이 폭발하는 동안 더 큰 별의 부풀어 오른 바깥 대기에 실제로 담겼다는 것을 시사한다. 상황이 그렇게 밝아진 것은 당연하다.

더욱 흥미롭게도 빛의 반향은 아주 먼 과거에는 밝게 빛났지만, 이제는 희미하게 사라진 물체를 연구하는 데 사용할 수 있다. 2008년 하와이에서 일본 스바루 망원경을 사용하는 천문학자들은 덴마크의 위대한 천문학자 티코 브라헤에 의해 관측되었을 때인 1570년대 초반 몇 달 동안 밝게 빛나는 초신성에 의해 비친 먼지구름에서 나오는 빛을 관찰했다.

티코는 1572년 11월 초신성에서 빛의 직접 파동을 보았지만, 희미한 반향은 먼지구름에서 멀리 반사되어 약 9,000광년의 거리에 436광년의 추가적인 경로 길이를 더했다. 나는 현대 첨단 기술 분석이 이제 티코가 4세기 전에 관찰한 것과 똑같은 짧은 빛의 폭발에 적용될 수 있다는 놀라운 생각을 발견했고, 그가 상상할 수 없었던 초신성의 세부 사항을 드러낸다.

그리고 더 많은 것이 올 것이다. 임박한 차세대 '극대형 망원경'을 통해 우리는 오래전에 멸종된 초신성에서 나오는 이러한 먼빛의 반향을 더 많이 발견하게 될 것이다. 아마도 1054년에 중국 천문학자들이 기록한 눈부신 대낮 초신성조차도 현대 망원경에 의해 그 비밀이 풀릴 수 있을지도 모른다. 그 폭발의 잔재는 하늘 전체에서 가장 잘 연구된 천체 중 하나인 게성운이다. 폭발이 일어난 지 거의 천년이 지난 후에 폭발의 빛 자체의 세부사항을 비슷하게 살펴볼 수 있다면 그것은 놀라운 성과가 될 것이다. 반향이 진행됨에 따라 그것은 꽤 길 것이다.

## CHAPTER 17

# 무명의 신호
## 빠른 무선 폭발 미스터리

2007년 웨스트버지니아 대학의 던컨 로리머 교수와 그의 동료들은 펄서(눈에 보이지는 않지만, 주기적으로 빠른 전파나 방사선을 방출하는 천체)라고 알려진 물체에서 방출되는 특징적인 신호를 찾기 위해 파크스 무선 접시형 안테나로부터 수신되어 보관된 데이터를 탐색하고 있었다.

아주 규칙적인 짧은 시계 같은 방사선의 폭발이다. 이러한 신호는 회전하는 중성자별에서 나온다. 믿을 수 없을 정도로 밀도가 높고 자성이 강한 물체들은 방사능이 등대 빔처럼 우주를 휩쓸고 다닌다. 예상할 수 있듯이 지구가 빔을 차단하기에 올바른 방향이면 방사선이 일련의 파동으로 도달한다.

하지만 로리머 팀이 발견한 것은 뭔가 달랐다. 6년 전인 2001년 7월 21일에 수집된 데이터에는 매우 강력하고 매우 짧은 단일 전파 방출 파동이 있었다. 간단히 말해, 5천 분의 1초(5밀리 초, 또는 ms) 미만을 의미한다. 그러나 하늘의 같은 부분에서 수집된 90시간의 추가 데이터는 더 폭발하지 않음을 보여주었는데, 이는 소위 '로리머 폭발'을 일으킨 것이 무엇이든 고유한 사건, 즉 폭발하는 별 또는 중성자별의 합병이라는 것을 시사한다.

팀은 그 관찰에서 또 다른 중요한 증거를 수집했다. 백색광이 많은 무지개 색상이 함께 혼합된 것처럼, 무선 방사는 다양한 주파수로 구성된다. 그리고 백색광이 프리즘을 통과하여 구성된 색상으로 분해될 수 있는 것처럼, 무선 방사는 동시에 모든 것을 관찰하는 영리한 수신기에 의해 주파수 스펙트럼으로 퍼질 수 있다.

AM 또는 FM 라디오의 튜닝 손잡이를 즉시 위아래로 움직여 모든 방송국을 동시에 선택할 수 있는 것과 같다. 팀이 로리머 폭발의 무선 주파수를 분석했을 때, 5밀리 초 폭발 동안 시간 안에 약간 번져서 더 높은 주파수가 더 낮은 주파수보다 먼저 도착하는 것을 확인했다.

이러한 주파수의 분산은 전파 천문학자에게는 익숙하다. 전파 천문학자들은 이를 완전히 비어 있지는 않지만 낮은 주파수를 늦추는 전자구름을 담고 있는 깊은 우주를 통해 전파 신호가 통과하기 때문이라고 해석한다. 그리고 로리머 폭발에서 관찰된 분산의 양은 그 근원이 우리 은하의 주변을 훨씬 넘어서 수십억 광년 단위로 측정된 거리에 있음을 시사했다. 그것이 무엇이든, 로리머 폭발은 멀리 떨어져 있었다. 이것은 그것이 바로 무선으로 정말로 밝은 것임을 암시했다.

그러다가 로리머 폭발이 발견된 지 얼마 되지 않아서 이야기는 예

우주 연대기

기치 않게 요란한 희극으로 치달았다. 그것은 1998년부터 파크스 무선 망원경에서 비슷한 신호가 기록되었다는 사실을 깨닫고 시작되었다. 그것은 로리머 폭발과 매우 유사한 분산 특성이 있었지만, 이 사건은 먼 우주로부터 온 신호에서 예상한 것처럼 무작위로 분포되기보다는 어떻게든 하루의 시간과 연결된 것처럼 보였다.

지상의 기원이라는 주장과 함께, 그들의 가능한 근원과 그들이 로리머 폭발과 어떻게 관련될 수 있는지에 대한 제안들이 쏟아져 나오기 시작했다. 번개 섬광, 핵폭탄 실험, 심지어 항공기 무선 신호까지 제안되었다. 이 사건들은 아르헨티나 소설가 호르헤 루이스 보르헤스에 의해 발명된 신화 속 생물의 이름을 따서 '페리톤'이라는 이름이 붙여졌다.

그러나 2015년까지, 원래의 로리머 폭발과 더 유사한 현상이 다른 전파 망원경에서 관측되었고, 그것들은 분명히 천체의 기원이었다. 천문학자들은 그것들을 빠른 전파 폭발FRB라고 부르기 시작했다. 반면에 페리톤은 이름의 우아함에도 불구하고 다소 의심스러워졌다. 그것은 파크스 전파 망원경에서만 관찰되었으며, 다른 곳에서는 없었다. 또한, 그것은 점심시간에 가장 많이 관찰되는 것 같다.

결국, 돈이 떨어졌고, 과학자들은 파크스 식당의 전자레인지가 점심 요리를 마치기 직전에 클릭해서 열리면, 근처의 망원경이 감지할 수 있는 방사능을 방출한다는 것을 깨달았다. 게다가, 전자레인지의 전자제품의 갑작스러운 가동 중단은 FRB를 완벽하게 모방한 주파수 분산을 만들어냈다. 전파 천문학 동료들 사이에 몇 명의 얼굴이 빨개진 대가를 치르고 페리톤 문제는 해결되었다.

일단 주의를 딴 곳으로 돌리기 위해 길을 벗어나자, 진정한 전파 폭발FRB를 찾기 위한 탐색이 본격적으로 재개되었고, 이번에는 전 세계의 다양한 대형 전파 망원경에서 찾아낸 여러 개의 기록 자료들이 발견되었다. 그것들은 극도로 멀리 떨어져 있다는 개념을 뒷받침하며 하늘 곳곳에서 발견되었다. 그리고 그것들은 평평한 별의 원반을 가진 우리 은하수와 아무런 관련이 없다. FRB의 각 탐지는 한 번만 발생했으며, 이는 모두 한 쌍의 중성자별이 충돌하는 것과 같은 파괴적인 사건에서 시작되었음을 시사한다.

2015년 11월 푸에르토리코 아레시보에서 당시 세계에서 가장 큰 단일 접시형 전파 망원경이 수집한 기록 자료를 통해 한 개의 FRB가 불규칙한 간격의 방사선 폭발로 여러 번 폭발했다는 사실이 밝혀졌다.

FRB 121102라는 화려한 이름으로 알려진 이 전파원은 분명히 파괴적인 사건 때문에 폭발할 수는 없었다. 이러한 정신적인 성과에 의해 수명이 다한 폭발과 초 충돌은 배제되었다. 그리고 FRB 121102의 다중 폭발은 계속되었으며, 기록된 사건 수는 현재 100개를 훨씬 넘는다. 수수께끼를 더하는 것은 여러 번의 폭발로 인해 천문학자들이 우주에서 정확한 방향을 찾아낼 수 있다는 사실이다. 예상대로(이색적임에도 불구하고, FRB는 별과 관련된 무언가의 결과라고 가정하기 때문에), 방향은 거리를 측정할 수 있는 은하의 방향과 일치했다. 그것은 30억 광년 떨어진 곳이었다. 이것은 매번 폭발할 때마다 물체가 어떤 것이든 간에 태양이 1년에 방출하는 것보다 더 많은 에너지를 방출한다는 것을 의미한다. 그리고 그것은 다시… 그리고 또다시….

　FRB 121102의 다중 폭발이 다른 FRB와 다른 것으로 표시된다는 사실을 깨달은 천문학자들은 어깨를 으쓱하고 일반적인 단발식 다양성의 천체 물리학적 메커니즘을 이해하는 데 집중했다. 마그네타(강력한 자력장을 가진 중성자별)라고 불리는 고도로 자화된 중성자별의 화염은 펄서가 붕괴하고 블랙홀이 폭발하는 것처럼 그 기원으로 제안되었다. 자기는 다양한 이론에서 공통된 주제이지만, 결론은 FRB가 현대 천문학의 가장 큰 미스터리 중 하나로 남아 있다는 것이다. 지금까지의 관측에 따르면, 일부 천문학자들은 매초 우주 어딘가에서 이런 현상들에 대한 우리의 이해 부족이 극도의 안도감을 줄 것이라고 제안했다.

　긍정적인 측면에서 새로운 기술이 곧 문제에 대한 새로운 정보를 가져올 것이다. 예를 들어, 완전한 작동의 첫해에, 호주 스퀘어 킬러미터 어레이 패스파인더ASKAP 망원경 배열은 알려진 전파 폭발의 수를 사실상 두 배로 증가시켰다. (병리적 중계기 FRB 12110을 무시하기). ASKAP은 36개 안테나 각각에 위상배열 피드PAF로 알려진 광각 무선 이미지 센서가 장착되어 있으므로 이를 찾는 문제에 매우 적합하다.

　또한, 소위 '파리 눈' 상태에서는 안테나가 모두 약간 다른 방향을 가리킬 수 있다. 그것은 ASKAP가 알기 어려운 섬광을 찾기 위한 탐구에서 보름달의 거의 1000배에 달하는 지역을 이미지화할 수 있게 해준다. 이런 종류의 작업에서 시야는 감도만큼이나 중요하며, 현재 이 시설은 전파 폭발FRB 감지 분야에서 세계 최고로 평가받고 있다.

ASKAP에서 새로 발견된 19개의 FRB 중 가장 낮은 분산을 가진 FRB가 발견되었는데, 이는 관찰 된 것 중 가장 가까운 것임을 의미한다.

여러분은 FRB 171020이라는 이름으로 기뻐한다는 소식을 듣고도 놀라지 않을 것이다. 분산 측정은 그 거리가 10억 광년 미만임을 시사했다. 그것은 우리가 우주 문턱이라고 부르는 것이 아니라 숙주 은하를 식별할 수 있다면 확실히 가시광선 망원경 범위 내에 있을 것이다.

그리고 2017년에 서명한 오스트레일리아와 유럽 남부관측소ESO 간의 10년 전략적 파트너십을 바탕으로 정확히 그렇게 되었다. ESO는 칠레의 세로 파라날(칠레 북부의 아타카마사막에 있는 산)에서 우아한 유럽 이름이 아니라 초거대망원경VLT으로 통칭하는 4개의 8.2m 망원경을 운영한다. 그들은 세계에서 가장 포괄적인 기구 세트를 갖추고 있으며, 이제 오스트레일리아 천문학자들이 공개 경쟁을 통해 접근할 수 있다.

FRB 171020의 위치와 일치하는 은하가 발견된 것은 그것 중 하나였다. 이 은하는 또 다른 까다로운 이름이 ESO 601-G036이다. 우리는 자신을 도울 수 없다. 어쨌든 VLT로 측정한 거리는 1억 2천만 광년으로 FRB 분산 측정의 상한선 내에 있다. 그래서 처음으로 반복되지 않는 FRB의 숙주 은하가 확인되었다. 이것이 왜 중요한가? 왜냐하면, 우리가 많은 FRB에 대해 그것을 할 수 있다면, 우리는 그것들을 유발하는 숙주 은하의 속성을 발견할 수 있기 때문이다.

그리고 ESO 601-G036은 이것에 대한 힌트를 제공한다. 아주 희미한 또 다른 은하가 가까이에 있다는 점에서 최근에 충돌했을 수도 있다. 은하 충돌은 그 안의 가스를 일으켜 잠재적으로 밝고 수명이 짧은 별을 형성하는 폭력적인 사건이다. 아마도 우리가 다른 FRB의 은하계 환경에 대해 더 많이 알 때 공통된 주제로 밝혀질 수 있다.

이 작업을 이끄는 천문학자 중 한 사람은 전 오스트레일리아천문대의 친구이자 동료였던 스튜어트 라이더이다. 그는 특히 성공에 흥분하며 말한다.

"우리는 흥미진진한 새 시대의 정점에 서 있다. 여기서 빠른 전파 폭발FRB이 어디서 일어나는지 배우려고 한다. 이것은 두 대륙에서 가장 잘 관측되는 장소에서 지구상에서 가장 우수한 전파와 광학 망원경을 하나로 모으는 호주의 ESO 접근의 시작과 일치할 정도로 우연한 일이다"

실제로 운이 좋으며 스튜어트에서 온 최신 뉴스는 2019년 6월 현재 그가 속한 연구 그룹이 또 다른 세 개의 FRB를 발견했으며, 그중 하나는 다시 식별된 가시광선 대응물을 가지고 있다는 것이다.

그러나 이번에는 FRB가 은하의 어느 부분에 있는지 식별할 수 있을 만큼 정밀도가 높다. 그것은 FRB가 은하의 중앙 블랙홀과 아무런 관련이 없음을 암시하기 때문에 일부 천문학자들을 놀라게 한 밀도가 높은 중앙 지역에서 멀리 떨어져 있다.

한편, 새로운 관측 자원에 대한 스튜어트의 말에 반항하는 것처럼 새로운 북반구 전파 망원경은 또한 적어도 하나의 추가 중계기를 포함하여 최대 5개까지 FRB의 의미 있는 수확을 하였다. 캐나다 수소 강도 대응실험인 차임은 호주 제곱 킬러미터 어레이 패스파인더ASKAP보다 낮은 무선 주파수에 민감하다.

그러나 감도가 자랑하는 점은 방향 위치의 정확성이 부족하여 가시광선 대응 물이 아직 확인되지 않았다. 캘리포니아공과대학의 오웬 계곡 전파 천문대에 있는 또 다른 새로운 시설의 동료들은 2019년 7월에 멀리 떨어진 은하와 FRB의 또 다른 식별을 발표했다. 이러한 발견은 빠르게 발전하는 이 분야에서 새로운 시설의 중요성을 강조하고 있으며, 전 세계 천문학자 대부분이 빠른 전파 폭발FRB의 기원에 대해 더 많은 빛을 비추기 시작할 때까지 기다릴 수 없다.

그러나 기다리지 않은 천문학자가 한 명 있다. 그리고 그가 FRB에 대한 명확한 모델이 없다는 것에 대해 느꼈던 좌절감은 그를 특히 급진적인 결론으로 이끌었다. 이 사람은 하버드 스미소니언 천체물리학 센터의 아비 로브이며, 많은 천문학자가 금지한다고 생각하는 아이디어를 주저하지 않는 것으로 알려진 저명한 과학자이다.

"우리가 어떤 확신하고 가능한 자연적 출처를 식별하지 못했기 때문에 인공적 기원은 고려하고 확인할 가치가 있습니다"

2017년 3월, 로브와 공동 저자인 하버드대학의 마니스비 링검은 FRB가 자신의 은하계를 통과하는 라이트 세일 동력 우주선(미국 행성협회가 추진 중인 돛을 펼치고 지구 궤도를 항해하는 우주선)을 구동하기 위해 외계 문명에 의해 발사되는 레이저의 방사선으로 인해 발생할 수 있다고 추측했다.

그들은 "대형 라이트 세일 동력을 공급하기 위해 사용되는 빛줄기가 FRB와 일치하는 매개변수를 산출할 수 있다"라는 점에 주목한다.

즉, 물리학은 그대로 유지된다. 사실, 물리학은 이 연구가 경박한 기고문이 실리지 않는 학술 출판물인《천체 물리학 저널 회보》못지않은 곳에 실렸다는 중요도를 유지한다. 더욱이 링검과 로브는 FRB 121102의 다중 폭발도 가설에 따라 설명될 수 있다고 지적한다. 아마도 가장 최근에 보고된 중계기가 될 수 있다.

로브는 전파 폭발FRB이 정말로 외계인 정보의 결과라고 믿는가? 그는 말한다.

"과학은 믿음의 문제가 아니라 증거의 문제입니다. 시간을 앞당길 가능성이 있는 것을 결정하면 가능성이 제한됩니다. 아이디어를 내고 데이터를 판단할 가치가 있습니다."

세계 천문 공동체의 대부분 구성원은 회의적으로 말한다. 어쩌면 경멸할 수도 있다. 그러나 그들은 최근 자금을 지원받은 미세한 우주선이 지구에서 가장 가까운 우리의 행성으로 보내질 수 있는지를 조사하기 위한 제안, 즉 브레이크스루 스타샷으로 알려진 이 프로젝트는 우주선에 동력을 공급하기 위해 레이저로 움직이는 라이트세일에 의존한다는 점에 주목하고 싶을 것이다.

몇 세기에 걸쳐 이 기술이 어떻게 진화할지 상상해보라. 여러분은 사방에 FRB를 가지고 있을 수 있다.

## CHAPTER 18

# 폭풍의 눈
## 안팎의 블랙홀

    2019년 4월 10일, 주목할 만한 이미지가 전 세계 언론의 주목을 받았다. 그 이미지는 지구 크기의 망원경으로 명확하게 정의되고 먼 은하의 심장부에 있는 태양의 65억 배 질량을 포함하는 블랙홀의 그림자를 보여주었다. 블랙홀의 손아귀에서 아슬아슬하게 빠져나온 예측된 방사선의 고리가 대륙 반대편에서 신문지를 읽는 것과 같은 배율로 처음으로 보였다.

    메시에(프랑스 우주 여행가 샤를 메시에의 이름을 따 만든 메시에 목록을 일컬음) 87로 알려진 이 목표 은하는 우리 은하수로부터 약 5천5백만 광년 떨어져 있다. 그것은 중앙 블랙홀이 주변에서 가스와 별을 소비하고 있다는 의미인 활성 은하로 알려져 있다. 하지만 현재는 상대적으로 조용해서 블랙홀의 그림자를 볼 수 있다. 성공적인 관측은 2017년 지구 서반구에 퍼져 있는 8개의 고주파 전파 관측소 배열인 '이벤트 호라이즌 망원경'을 사용하여 이루어졌다.

각각의 망원경에는 특수 데이터 레코더, 원자시계 및 민감한 감지기가 장착되었다. 실험이 작동하려면 모든 현장에서 날씨가 좋아야 했다. 하지만, 그 이벤트에서 천문학자들은 망원경 할당 시간 열흘 중에서 단지 7일만을 필요로 했다. 그 결과 5,000년 분량의 MP3 플레이에 해당하는 5페타바이트(페타바이트는 1000조 바이트)의 데이터가 제공되었으며, 이제는 몇 킬로바이트의 이미지로 축소되었다.

그 자료는 주요 국제 협력에 의한 10년의 작업을 포함하고 있었다. 미디어 콘퍼런스에서 프로젝트 책임자인 셰퍼드 도레에만은 데이터 감소와 관련된 많은 작업을 수행한 초임자 연구원들에게 특별한 찬사를 보내며 관련된 많은 과학자에게 경의를 표했다. 전형적인 것은 이미지 처리 프로세스에서 핵심 알고리즘을 개발하는 그룹을 이끌었던 미국 컴퓨터 과학자 케이티 보우만의 역할이었다. 보우만은 전체 협업이 프로젝트에 얼마나 많은 이바지했는지 강조함으로써 관심을 끌었다.

최종 이미지가 나왔을 때 파티가 있었느냐는 질문에 도레에만은 압도적인 결과에 예상대로 이미지가 놀랍다고 했다. 그리고 미디어 콘퍼런스에 앞서 이미지를 보지 못했던 프랜스 A 코르도바 국립과학재단 이사는 그녀가 눈물을 흘렸다고 고백했다. 이것이 획기적인 과학에 따라 생성된 감정이다. 이것은 의심할 여지가 없다.

이 세간의 이목을 끄는 미디어 발표가 전 세계의 관심을 사로잡는데 성공했지만, 블랙홀 연구에서 수십 년 동안 축적된 지식의 깊이는 대중에게 훨씬 덜 분명하다. 유치원생부터 이론 물리학 교수에 이르기까지 모두가 그들을 좋아한다. 그러나 그 이미지가 공개될 때까지 우리 지식의 대부분은 예상되는 특성을 설명하기 위해 개발된 수학적 정리에 기반을 두고 있다. 이제 우리는 이러한 정리가 작동한다는 직접적인 증거를 얻었다.

그중 내가 가장 좋아하는 것 중 하나는 '털 없음(블랙홀의 모든 특성은 질량, 전하, 각운동량에 의해서만 결정된다는 이론) 정리'라는 흥미로운 이름을 가진 것이다. 외부에서 볼 수 있는 블랙홀의 유일한 특성은 질량, 전하, 각운동량 또는 회전 에너지라고 한다. 그 밖의 모든 특성은 방사능이 빠져나갈 수 없는 경계인 사건의 지평선의 베일 뒤에 숨겨져 있다.

다른 말로 하면, 블랙 비트이다. 이 용어는 1970년경 미국의 이론 물리학자인 존 휠러가 만들었는데, 그는 "블랙홀에는 머리카락이 없다"라고 말했는데, 이는 위에서 언급한 것 이외의 모든 정보는 외부 관찰자가 접근할 수 없다는 것을 의미한다.

휠러는 실제로 이 용어를 프린스턴 대학에서 함께 일한 제자 제이콥 베켄슈타인 탓으로 돌렸다. 실제로 많은 사람은 '블랙홀'이라는 용어 자체가 존 휠러에서 유래했다고 생각한다. 확실히 그는 1967년 강연에서 청중 중 누군가가 '중력적으로 완전히 무너진 물건들'을 언급하면서 질려서 그가 왜 그것들을 블랙홀이라고 부르지 않느냐고 물었다. 그로 인해 이 용어가 일반적으로 사용되었지만, 그 기원은 최근 1960년대 초에 또 다른 전설적인 물리학자 로버트 디키로 거슬러 올라간다. 그리고 1964년 초에 처음으로 인쇄되었다.

어원에도 불구하고 블랙홀에 대한 개념은 훨씬 더 오래되었다. 18세기 영국 성직자가 처음으로 어떤 별이 빛조차도 빠져나갈 수 없을 정도로 거대할 수 있음을 시사했다는 소식을 듣고 놀랄 수도 있다. 따라서 그것들은 보이지 않을 것이다. 존 미첼은 케임브리지에서 화려한 학업 경력을 쌓은 후 1767년 서부 요크셔의 마을 손힐이란 마을에서 교회의 교구 목사가 된 매우 재능 있는 사상가였다. 그곳에서 그는 천문학, 중력, 지질학 및 기타 과학적 추적의 여러 측면에 대한 수학적 조사를 수행했다.

독창성이 뛰어난 미첼은 1783년 《왕립학회 철학회보》 못지않은 저널에 자신이 〈다크 스타〉라고 불렀던 작품을 발표했다. 그의 논문은 그러한 물체들이 주위를 공전하는 것처럼 보이는 별들을 찾아냄으로써 발견될 수 있다는 선입견을 포함했는데, 이것은 당시엔 아무것도 아니다. 그리고 그것이 오늘날 몇몇 블랙홀을 발견하는 방법이었다.

시대를 훨씬 앞서 있었던 미첼의 연구는 근본적으로 무시되었고, 소수의 다른 초기 선각자의 공헌과 마찬가지로 곧 잊혀졌다. 그리고 거기에는 어두운 별에 대한 개념이 20세기 초까지 놓여 있었다.

카를 슈바르츠실트라는 이름의 또 다른 천재가 앨버트 아인슈타인의 새로운 중력 이론을 모호하지 않게 그것의 존재를 예측하는 형태로 만들었다. 보통 일반상대성이론으로 알려진 아인슈타인의 이론은 질량을 가진 모든 것이 주변의 공간과 시간을 왜곡한다고 말하는데, 우리는 그 왜곡을 중력으로 느낀다. 다른 어떤 거대한 물체도 반응하는 왜곡을 따라 미끄러지듯 움직인다.

물질은 존재의 결과 때문에 빈 우주가 이상하게 뒤틀린다는 생각은 시간이 지남에 따라가며 일어난다는 것은 더더욱 그렇듯이 직관적이지 않다. 그러나 아인슈타인의 이론이 1915년 말에 발표된 이후, 수명이 1nm 이내로 시험 되었고, 매번 좋은 점수로 통과되었다. 그리고 오늘날, 그것은 매일 실용적으로 응용한다.

예를 들어, GPS는 일반적인 상대성을 고려하지 않는다면 작동하지 않을 것이다. 아인슈타인 출판의 여파에서 슈바르츠실트의 연구는 즉각적인 결과가 훨씬 적었지만, 블랙홀의 이론적 근거를 제시했다. 그는 구형의 물질 덩어리 근처에서 중력이 작용하는 방식을 보았고, 실제로 그가 개발한 수학적 해법은 행성과 별과 같은 평범한 천체에 잘 작용한다. 그러나 결정적으로 그들은 구형 물질 덩어리가 극소점으로 축소되면 어떤 일이 발생할지 예측한다.

그들이 여러분에게 말하는 것은 아주 작은 덩어리는 그 안에서 아무것도 빛조차도 빠져나갈 수 없는 상상의 구체를 만들어낸다는 것이다. 구체는 덩어리 중심에 있고, 그 반경은 우리가 슈바르츠실트 반경(물체의 질량이 구체 내에 모두 모여 있다고 가정했을 때, 구의 표면에서 탈출 속도가 빛의 속도와 같아지는 반경)이라고 부르는 거리이다.

내가 몇 단락 앞에서 시사했듯이, 그 구체는 사건의 지평선이라고 알려져 있다. 여러분이 무뚝뚝한 우주 여행자로서, 눈치채지 못하고 쉽게 떨어질 수 있지만, 먼 곳에서 관찰하는 관찰자는 중력이 시간을 늦추는 방법(기술적으로 중력 시간 팽창이라고 함)의 결과로 여러분이 훨씬 더 느리게 그것에 접근하는 것을 볼 수 있다. 결국, 외부 관찰자에게 여러분은 사건의 지평선이 얼어붙은 것처럼 보일 것이다. 결코, 그것을 건너지 않는 것처럼 보일 것이다.

하지만 슬프게도, 비록 여러분이 그것이 지나가는 것을 알아차리지 못했을지라도, 곧 여러분을 위한 일이 배 모양처럼 되기 시작할 것이다. 글쎄, 그것은 사실 매우 서투른 비유이다. 왜냐하면, 여러분이 아주 작은 덩어리에 접근했을 때, 여러분의 발은 머리보다 더 중력을 느낄 것이고, 여러분은 불편하게 길고 얇은 무언가에 이끌리게 될 것이다. '스파게티화(사람이나 천체가 블랙홀에 가까이 가면 중력으로 인해 국숫발처럼 길게 늘어날 것이라는 예측)'라고 알려진 과정 말이다.

'작은 덩어리'가 블랙홀을 구성하는 것은 확실하지만, 우리는 보통 블랙홀을 묘사하기 위해 약간 다른 언어를 사용한다. 우주의 밀도가 무한한 단일 지점인 특이점이라고 한다. 나는 곧 그 미친 아이디어로 돌아갈 것이다. 그러나 지금은 무한 밀도가 무한 질량을 의미하지 않는다는 점에만 유의하라.

사실, 블랙홀에 있는 물질의 양은 슈바르츠실트 반경, 즉 사건의 지평선의 반경을 정의한다. 질량이 더 많다는 것은 더 큰 사건의 지평선을 의미하기 때문에, 예를 들어, 태양의 질량을 가진 블랙홀(하나의 태양 질량 블랙홀로 알려짐)은 지름이 약 6km인 블랙홀의 사건의 지평선을 가지고 있지만, 지구의 질량을 가진 사건의 지평선의 지름은 동전 크기인 18mm에 불과하다. 차라리 우리를 우리 자리에 두는 것 아닌가?

슈바르츠실트가 실제 천체가 아인슈타인의 일반 상대성 방정식

해법에 따라 예측된 특성을 가진 것으로 발견되리라고 상상한 적이 없을 것이다. 그리고 슬프게도 그의 삶은 그가 개발한 지 불과 몇 달만으로 단축되었다. 그는 1916년 5월 1차 세계대전이 한창일 때 독일군에 복무하는 동안 러시아 전선에서 사망했다. 그는 물집증으로 알려진 희귀한 자가 면역 질환으로 고통받았으며, 결국 목숨을 잃었다. 향년 42세였다.

천문학의 세계로 돌아가서, 이론 물리학자들은 연속적으로 더 독특한 속성을 가진 물체를 가정하기 시작했다. 우리는 정상 별들이 중력과 중심에서 일어나는 핵반응에 의해 발생하는 방사선의 압력 사이에서 미묘한 균형을 이루고 있다는 것을 알고 있다. 일생, 그들은 핵로에 동력을 공급하는 수소 연료가 고갈되면서 몇 가지 뚜렷한 단계를 겪는다. 하지만 연료가 다 떨어지면 어떻게 될까? 기본적으로 중력이 이기고 중심핵이 붕괴한다. 그리고 붕괴의 최종 결과는 별의 원래 질량에 따라 달라지는 것이다.

1930년대까지, 천문학자들은 대부분의 정상별에서 붕괴의 최종 산물이 백색왜성이라고 불리는 물체라는 것을 알아냈는데, 이 물체가 '전자 변성'이라고 다소 명백하게 묘사된 상태이다. 그것은 확실히 조사한 것처럼 들리지만, 그것은 별의 중력에 의한 붕괴가 전자가 서로 뒤엉켜 있는 압력에 의해 중단되었다는 것을 의미한다. 결국, 귀결된 것은 태양 질량이 지구의 지름으로 압축된 물체이다.

백색왜성의 많은 예가 알려져 있다. 그리고 실제로, 50억 년 안에 연료가 다 떨어지면, 우리 태양은 그 운명을 맞이하게 된다. 그러나 태양 질량의 1.4배 이상으로 무너지는 별이 있는 경우 전자 압력이 부패를 멈추지 않고 중력이 다른 것을 멈출 때까지 계속 압축한다.

2차 세계대전 직전에 과학자들은 이 다른 뭔가가 중성자가 함께 밀집하는 압력이라는 것을 깨달았다. 그것은 중성자 퇴화를 나타내는 물체를 생성할 것이다. 태양과 같은 별이 도시 크기로 압축되었다고 생각하라. 그러나 태양 질량의 약 2.2배(최근 중력파를 사용하여 확인된 한계, 제20장 참조)를 가진 별에서는 중성자가 붕괴를 멈추지 않는다. 그리고 다른 것도 마찬가지이다. 따라서 붕괴는 특이점으로 계속 이어진다. 즉, 차원이 0인 우주의 한 지점, 즉 블랙홀로 알려져 있다.

1980년대 에든버러에서 그녀와 함께 일 할만큼 운이 좋았던 내가 아주 잘 아는 누군가의 주요 발견을 천문학자들이 블랙홀의 현실로 받아들이도록 자극했다. 이것은 1967년에 케임브리지 대학에서 데임 조셀린 벨 버넬(데임은 작위를 받은 부인 앞에 붙이는 직함)에 의해 이루어진 펄서의 발견이었다. 우리가 앞 장에서 언급했듯이, 펄서는 믿을 수 없을 만큼 규칙적으로 짧은 방사선 파동을 방출하는 물체이며, 1969년에는 자극을 따라 방사선을 방출하는 빠르게 회전하는 중성자별로 인식했다.

그렇다면 중력적으로 붕괴한 중성자별이 현실이라면 블랙홀도 될 수 있을까? 그 후 1971년 상상으로 백조자리 X-1으로 명명된 북반구 백조자리에 있는 X선 원천은 이 블랙홀 백조자리의 첫 번째 후보로 확인되었다. 당시 X선 천문학은 지구 대기 위에서만 수행할 수 있었기 때문에 초기 단계였다. 하지만 이제, 현대 X선 위성 1개 부대와 지상에서의 무선 광학 망원경의 조합으로, 우리는 백조자리 X-1의 중요 통계에 대해 매우 좋은 아이디어를 가지고 있다.

태양계로부터 6,070광년 떨어진 곳에 있는 백조자리 X-1은 거대한 별에 의해 공전하는 15개의 태양 질량 블랙홀로 구성되어 있으며, 이 블랙홀에서 가스가 침출되고 있다. 그 가스는 블랙홀 적도 주변에서 물질의 소용돌이치는 원반(부착 원반으로 알려진) 속으로 떨어지며, 그 원반의 격렬한 운동이 X선과 전파 방출의 원천이다. 게다가 블랙홀 자체는 초당 약 800회 회전하며, 블랙홀의 회전축을 따라 바깥쪽으로 빠르게 움직이는 물질 두 개의 제트를 집중시키는 거대한 자기장을 생성한다.

백조자리 X-1에 가까이 서 있을 수 있다면 소용돌이치는 부착 원반과 직각을 이루는 두 개의 제트가 시야를 지배할 것이다. 물론 메시에 87 블랙홀의 새로운 이미지에서처럼 중앙에 박힌 사건의 지평선은 검게 보일 것이다. 하지만 그 주변의 우주는 블랙홀의 중력에 의해 너무 촘촘하게 구부러져서 강한 렌즈처럼 작용하여 그 뒤에 있는 부착 원반을 매우 왜곡된 모습으로 보여준다. 그리고 여러분이 그것에 충분히 가까이 있었다면 여러분은 여러분의 머리 뒤를 볼 수 있을 것이다. 그러나 그것을 시도하는 것은 권장하지 않는다.

백조자리 X-1의 특징은 '별의 질량' 블랙홀의 전형이다. 이 블랙홀은 대략 단일 별의 질량을 가지고 있다(비록 백조자리 X-1은 이 범주에 비해 다소 우뚝 솟아 있다). 30개 정도의 은하계가 은하계 전체에 알려졌지만, 천문학자들은 은하계 밖에는 훨씬 더 많다고, 아마도 수백만 개가 더 숨어 있으리라 추측한다.

그러나 그 총계는 다른 급의 블랙홀에 의해 잘 가려져 있으나, 현재 우리는 70개가 훨씬 넘는 것을 발견했다. 그리고 이것은 우주의 괴물이다. 소위 초거대 블랙홀이라고 불리는데, 그 크기는 태양 질량이 아니라 수백만 개의 태양 질량으로 측정된다. 모든 은하의 중심에 초거대 질량 블랙홀이 있는 것으로 추정되며, 가장 큰 것은 수백억 개의 태양 질량으로 측정된다.

초대형 블랙홀의 무게를 어떻게 측정하는가? 일반적인 방법은 가스가 물체를 향해 떨어질 때 가스를 가열하는 블랙홀의 능력에 의존한다. 일부 미묘한 열역학에 따르면 가스 온도가 높을수록 블랙홀이 커진다. 멀리 떨어진 은하에서도 가스 온도는 반출되는 X선 에너지로 측정할 수 있으므로 중앙 블랙홀의 질량을 간접적으로 측정할 수 있다. 그러나 우리 은하의 경우, 블랙홀은 우리 우주의 문 앞에 약 26,000광년 거리에 있으므로 측정이 훨씬 더 직접적이고 결과적으로 더 정확할 수 있다.

지난 20년 동안 최소 두 개의 전문 천문학자 팀이 대형 광학 망원경을 사용하여 우리 은하 중심에 대한 우리의 시야를 가리는 연기가 자욱한 진흙 속을 들여다보았다. 그들은 먼지를 투과하는 적외선 복사의 힘을 사용하며 시간이 지남에 따라 아무것도 순환하지 않는 것처럼 보이는 별 무리의 움직임을 매우 정확하게 그릴 수 있었다.

그러나 여기에 속임수가 있다. 별의 속도를 사용하여 무게를 결정하기 위해 그들이 궤도를 도는 것은 볼 필요조차 없다. 그들이 얻는 대답은 별들이 태양의 질량이 410만 배인 무언가가 주위를 순환하고 있다는 것이다. 블랙홀 자체는 적외선으로 보이지 않지만, 이 블랙홀의 부착 원반은 전파의 강한 방출체이며, 이 전파는 궁수자리A*(A-star로 발음함)'이라는 공식 명칭을 부여한다. 천문학자들은 무리 지어 다니는 별들의 궤도뿐만 아니라 전파 방출을 이용하여 가운데 있는 것의 최대 크기를 결정할 수 있다. 그리고 그것은 너무 작아서 블랙홀 이외에는 아무것도 될 수 없다.

메시에 87의 중심에 있는 거대 괴수보다 1,000배 이상 작지만, 궁수자리 A* 블랙홀은 훨씬 더 가까우며, 사건의 지평선 망원경의 명백한 표적이 된다. 사실, 2019년 4월 미디어 콘퍼런스에서 전 세계가 말했듯이, 이미 관찰되었으며 데이터를 분석하고 있다. 그러나 글을 쓰는 시점에 결과는 공개되지 않았다.

이 초대형 블랙홀은 어떻게 그렇게 커졌을까? 우리의 최선의 추측은 숙주 은하의 중앙 지역에서 가스와 별을 소비하는 것이며, 이에 대한 몇 가지 상세한 메커니즘이 제안되었다.

때때로 느린 증가 속도에도 불구하고 은하의 수명은 매우 기므로 블랙홀이 꾸준히 성장할 수 있다. 퀘이사(블랙홀이 주변 물질을 집어삼키는 에너지에 의해 형성되는 거대 발광체) 활동(은하의 조밀한 핵이 제한된 기간 극도로 밝아지는 현상)으로 알려진 증거도 있다. 은하 진화의 특정 초기 단계에서 중앙 블랙홀은 많은 양의 가스와 먼지를 소비하여 주변

부착 디스크와 수반되는 제트의 밝기가 엄청나게 증가했다. 은하계 우주와 먼 과거를 깊이 들여다봄으로써 우리는 이 퀘이사에 대해 상세한 관찰을 할 수 있고, 그것을 움직이는 물리적 과정에 관해 이해를 향상할 수 있다. 오늘날의 우주에서 그것들은 멸종되었다.

우리가 블랙홀을 이해하는 데 남아 있는 한 가지 수수께끼는 이상한 크기의 차이가 있다는 것이다. 우리는 별의 질량 블랙홀과 초거대 질량 블랙홀을 가지고 있지만 그사이에는 아무것도 없는 것 같다.

태양의 수백 배에 달하는 질량을 가진 소위 중간 질량 블랙홀에 대한 탐색은 몇 개 발견되었지만, 식별은 많은 경우 안전하지 않다. 일부 후보는 우리 은하의 중심에 가깝고 다른 후보는 우리 은하 주위를 공전하는 고대 구체 성단에 박혀 있으며 식인 풍습에 의해 조각난 소 은하의 잔재일 수 있다. 이 주제에 대한 많은 작업이 진행 중이며, 앞으로 몇 년 동안 더 많은 결과가 있을 것이다.

블랙홀에 대해 내가 만들고 싶은 또 하나의 중요한 사항은 처음에는 관련이 없는 것처럼 보일 수 있는 두 가지를 연결한다. 하나는 내가 이미 언급했다. 특이점에 대한 아이디어인데, 무한한 밀도를 가진 우주의 단일 지점이다. 밀도는 단지 질량을 부피로 나눈 것이다.

그리고 그것은 질량이 어떤 일이 일어나더라도 밀도를 무한대로 추진하는 단일 점의 부피가 0이라는 사실이다. 부피 0인 점은 천체 물리학자가 되더라도 정신을 차리기가 매우 어렵다. 블랙홀이 무엇인지 설명하려는 오스트레일리아의 전문 천문학자들의 재미있는 비디오 클

립을 찾기 위해 온라인에서 너무 멀리 볼 필요가 없다. 그들 대부분은 분노에 손을 내밀게 된다. 왜냐하면, 우리는 단지 특이점에서 무슨 일이 일어나고 있는지 설명할 언어가 없기 때문이다.

아마도 단서는 블랙홀이 증발할 수 있다는 유사하게 반 직관적인 아이디어에서 비롯된 것 같다. "하지만 잠깐만요. 아무것도 블랙홀을 벗어날 수 없다고 말한 줄 알았는데?" 하고 나는 그가 외치는 소리를 듣는다. 좋다. 그렇다.

중력이 작용하는 방식에 대한 우리의 최선의 이론인 일반상대성이론은 그렇게 할 수 없다고 말하는 것이 사실이다. 그러나 1974년, 블랙홀이 현재 호킹 복사로 알려진 뭔가를 방출함으로써 질량을 잃을 수 있다고 이론적으로 가정한 사람은 고인이 된 스티븐 호킹이었다. 매우 넓은 범위의 파문에서 발생하지만, 매우 약한 전자기 복사이다. 사실 너무 약해서 보편적으로 현실로 받아들여졌음에도 불구하고 실험적으로 확인된 적이 없다.

어떻게 그런 일이 일어날까? 아마도 호킹 복사가 어떻게 생성되는지 상상하는 가장 간단한 방법은 가상 입자쌍으로 알려진 실체를 생각하는 것인데, 이 실체는 양자 물리학이 우리에게 진공 상태에서 존재와 소멸을 말해 준다. 이것이 블랙홀 근처에서 발생하면 가상 입자쌍 중 일부는 사건의 지평선에 의해 분리될 수 있으며, 하나의 입자는 블랙홀 내부에 영원히 갇히고 다른 입자는 우주로 날아간다.

이것의 순 효과는 비록 사라질 정도로 작은 속도이지만 블랙홀이 질량을 잃는다는 점에서 나를 믿어야 한다. 그러나 질량 손실은 '증발'

이라고 불리는 이유이며, 가장 작은 블랙홀이 가장 빨리 증발하는 것으로 나타났다. 그러나 그때에도 시간 척도는 우주의 현재 시대보다 훨씬 더 길다. 예를 들어, 태양 질량 하나의 블랙홀이 증발하는 데 걸리는 연수는 10 뒤에 64개의 0이 있다. 페인트가 마르는 것을 보는 것에 관해 이야기해보자.

이 모든 것에서 내가 말하고 싶은 것은 상대성이 모든 답을 제공하지 않는다는 점이다. 어떤 수준에서, 아마도 특이점에서 물리학은 이상하지만 매우 작은 규모에서 사물이 작동하는 방식에 대한 매우 강력한 이론인 양자역학을 가져온다.

그리고 현재 우리는 이 둘을 연결하는 통일된 이론이 없다. 전 세계 물리학자들의 최선의 노력에도 불구하고 우리는 확인된 양자 중력 이론이 없다. 이는 우리의 이해가 불완전하다는 것을 의미한다. 어떤 면에서 그것은 매우 흥미롭다. 왜냐하면, 결국 양자역학과 상대성이 조화를 이룰 수 있는 '새로운 물리학'은 우리를 시간과 공간을 넘어서는 차원으로 이끌 수 있고, 암흑물질과 같은 우주 신비에 대한 더 깊은 이해를 할 수 있기 때문이다.

스티븐 호킹은 2018년 3월 14일(아인슈타인 탄생 139주년)에 세상을 떠났고, 물리학계는 그를 많이 그리워한다. 나는 그가 한때 휠체어로 나를 덮쳤지만, 공식적으로 만난 적이 없다. 나는 그가 친숙한 인물이었던 케임브리지의 다른 주민들과 함께 나누는 영광이라고 생각한다.

내가 이 글을 쓰는 동안 스티븐의 생애를 기념하는 새로운 영국

50펜스 동전이 유통되고 있다. 그것은 스티븐 호킹과 제이콥 베켄슈타인이 1970년대 초에 도달한 블랙홀 엔트로피(무질서의 정도)에 대한 방정식과 함께 블랙홀에 대한 보다 영리한 묘사를 한다. 그것은 블랙홀 물리학에서 우리가 여전히 배울 것이 많다는 것을 분명하게 상기시켜 준다.

## CHAPTER 19

# 중력의 렌즈를 통해

## 암흑물질의 기이한 문제

블랙홀은 중력적으로 뒤틀린 공간의 가장 극단적인 예로서, 사건의 지평선 안에서 빛을 끌어당긴다. 하지만 덜 위협적인 환경에서 뒤틀린 우주는 천문학자에게 정말 유용한 도구가 될 수 있다. 왜냐하면, 그것이 거대한 자연과학 망원경처럼 작동할 수 있다는 것이 밝혀졌기 때문이다.

여러분은 이 아이디어가 앨버트 아인슈타인이 중력에 대한 우리의 이해에 혁명을 일으킨 일반상대성이론을 연구하던 20세기 초로 거슬러 올라간다는 사실에 놀라지 않을 것이다. 우리의 이해는 아이작 뉴턴이 자신의 만유인력의 법칙을 정립한 1687년 이후 크게 변하지 않았다. 뉴턴의 이론에 따르면, 중력은 우주의 어떤 물체라도 다른 물체를 끌어당기는 힘이다. 다행히도 그것은 별, 행성, 인간 및 작은 동물과 같은 일반 물체에 완벽하게 작동한다. 그러나 아인슈타인이 행성 수성에서 발견했듯이 중력이 강한 곳에서는 뉴턴의 법칙이 무너진다.

아인슈타인의 이론은 1915년에 출판되었으며, 개별 물체 사이의 힘에 대한 아이디어를 모두 배제하기 때문에 강한 중력에서 울림을 놓치지 않는다. 중력은 우주 전체의 속성이라고 말한다. 일반상대성이론은 중력을 우주의 숨어 있는 '구조(더 정확하게는 시공의, 왜냐하면 이러한 맥락에서 시간은 4차원처럼 작용하기 때문에)의 왜곡으로 본다. 왜곡은 물질의 존재로 인해 발생하며 이론의 첫 번째 예측 중 하나는 별과 같은 거대한 물체에 가까이 다가가는 빛이 왜곡된 공간을 통과할 때 작은 각도로 휘어질 것이라는 점이다.

태양의 경우 아인슈타인은 굽힘이 1.75초의 호에 달하리라 예측했다. 이것이 무엇을 의미하는지 알기 위해, 스티븐 호킹을 기념하는 영국 50펜스짜리 새 동전(1인치가 조금 넘는 가로 27.5mm) 중 하나를 3km 또는 2마일을 조금 넘는 거리에서 본다고 상상해보라. 동전의 원반은 1.75초의 호각을 커버하며 큰 망원경 없이는 완전히 보이지 않을 것이다. 그러나 천문학자들은 천문학으로 알려진 과학 분야에서 이러한 미세한 각도를 측정하는 방법을 가지고 있다.

그래서 1919년 5월 29일, 영국의 천체 물리학자 아서 에딩턴은 태양과 달의 보기 드문 정렬을 이용하여 태양 원반에 가까운 먼 별의 위치를 측정했다. 다행히도, 그가 그날 촬영한 개기 일식은 히아데스 성단이라고 알려진 밝은 별들의 풍부한 무리 바로 앞에서 일어났고, 그가 그것이 꺾이는 것처럼 보이는 정도를 측정할 수 있게 해주었다.

에딩턴의 결과는 물리학자를 즉시 세계적 명성으로 끌어올린 아인슈타인의 예측을 확인시켰다. 아마도 더 중요한 것은 전쟁의 쓰라린 상처를 치유하기 위해 먼 길을 갔다. 그들은 과학계에서 특히 날카로웠으나, 이제 한 영국 천문학자가 독일 태생의 물리학자의 이론적 예측을 확인하였고, 둘 다 열렬한 평화주의자였다. 좋은 소식이었다.

1912년에 아인슈타인은 여전히 자신의 이론을 수정하는 동안 베를린천문대의 천문학자 동료인 에르윈 프로인들리히를 방문했다. 사실, 프로인들리히는 나의 '학문적 할아버지'였다. 수십 년 후, 그는 스코틀랜드로 이주하여 나중에 내 석사학위를 지도해준 폴란드의 젊은 천문학자인 타데우스 슬레바르스키를 가르쳤다. 나는 프로인들리히를 만난 적이 없지만, 모든 면에서 그는 살짝 광채가 빛나는 유쾌한 사람이었다. 실제로 슬레바르스키도 마찬가지였다.

아인슈타인과 프로인들리히는 과학과 마찬가지로 음악에 관해 사랑을 나누는 좋은 친구가 되었다. 1912년 모임 동안, 그들은 상대성 이론의 더 난해한 결과 중 하나인 우주에 있는 거대한 물체는 그 뒤의 더 먼 곳에서 나오는 빛에 특이한 초점을 맞출 수 있다는 것을 알아냈다. 지상의 유리한 지점에서 보는 것은 거대한 물체와 먼 광원이 얼마나 완벽하게 정렬되었는지에 따라 달라진다. 일반적으로, 정렬이 정확하지 않기 때문에 근처의 거대한 물체에 의해 유발된 왜곡은 더 먼 근원의 두 개의 이미지를 만들 것이다. 즉, 더 가까운 물체의 양쪽에 하나씩, 질량이 크더라도 보이지 않을 정도로 희미할 수 있다.

아인슈타인과 프로인들리히는 그것을 다룰 계산적인 힘을 가지고 있지 않았지만, 우리는 이제 더 가까운 물체(예를 들어, 은하)의 본질적인 모양 또한 그 주변의 공간 왜곡에 영향을 줄 것이라는 것을 안다. 어떤 상황에서, 그것은 심지어 현재 아인슈타인 십자가로 알려진 십자가로 배열된 먼 근원의 네 개의 이미지를 만들 수도 있다.

그리고 먼 물체, 더 가까운 물체, 지구가 완벽하게 일직선으로 정렬되면 어떻게 될까? 아인슈타인도 그것을 알아냈지만 1936년까지 출판을 위해 글을 쓰지 않았다. 이렇게 정확하게 정렬하면 먼 근원이 하늘에 있는 작은 탁 트인 원처럼 보일 수 있다. 우리는 그것을 아인슈타인 고리라고 부르지만, 그 사람은 실제 우주에서 그렇게 정확한 라인업을 관찰할 확률은 너무 낮아서 결코 수학적 호기심에 지나지 않을 것으로 생각했다.

1919년 말에 다소 거친 과학 논문에서, 상대성 이론을 실제로 믿지 않았던 영국의 물리학자인 올리버 로지는 거대한 물체에 의한 시공간 왜곡이 유리 렌즈와 똑같은 효과를 낼 것이라고 시사했다. 그러나 일반 렌즈의 매끄러운 볼록하거나 오목한 표면이 아니라 중앙에 돌출된 뾰족한 것이 있는 특이한 것이다. 그가 옳았다는 것이 밝혀졌다. 그리고 수년간의 실험을 통해 이러한 뾰족한 렌즈에 대한 적절한 근사치가 평균적인 와인 잔의 토대에 의해 형성된다는 사실을 알게 되었다.


1960년대 초, 천문학자들은 퀘이사라고 알려진 멀리 떨어져 있는 점 같은 물체를 발견하기 시작했다. 우리는 이제 그것들이 초질량 블랙홀에 의해 움직이는 어린 은하의 비행 핵이라는 것을 알고 있다.

1960년대에 우리는 그것들이 무엇인지 전혀 몰랐지만, 그것들이 매우 멀리 떨어져 있어야 한다는 것을 금방 알게 되었다. 그러고 나서 1979년에 이상한 '이중 퀘이사'를 발견했다.

믿을 수 없을 정도로 비슷한 특성이 있는 두 개의 퀘이사가 나란히 있었다. 나는 이것이 이러한 신화적인 중력 렌즈 중 하나의 첫 번째 예가 될 수 있다는 제안을 받았을 때 동료들 사이의 흥분을 잘 기억한다. 그리고 실제로, 그것은 시간의 망원경으로 보기에는 너무 희미했던 중간 은하에 의해 중력적으로 반사된 하나의 먼 퀘이사였다.

그 후 얼마 지나지 않아, 천문학자들은 깊은 우주의 사진 이미지에서 신비로운 빛의 짧은 원호를 발견했다. 다시 한번 큰 흥분이 일었는데, 일부 사람들은 사진 속의 커피잔 얼룩에 불과하다고 주장하기도 했다. 천문학자들이 중력 렌즈를 기억했기 때문에, 그것들이 갈라진 나선은하 일부일 수 있다는 제안도 빠르게 일축되었다.

그리고 그 원호는 결국 불완전한 아인슈타인 고리로 확인되었다. 1988년이 되어서야 최초의 완전한 아인슈타인 고리가 전파 망원경을 사용하여 발견되었지만, 우리는 현재 많은 것을 알고 있다. 또한, 일부 멋진 아인슈타인 십자가를 포함하여 중력 렌즈에 의해 생성된 다중 이미지의 많은 예가 있다.

별과 행성조차도 마이크로 렌즈라고 하는 중력 렌즈 효과가 있어 다른 별 주변의 보이지 않는 행성을 지구에서 감지할 수 있게 했다. 전형적으로, 희미하고 가까운 별은 더 먼 별 앞을 지나갈 것이다. 이 행성이 이동하는 동안 더 가까운 별 주위의 일그러진 렌즈 같은 우주는 먼 별의 빛을 때로는 천 배까지 증폭시킨다.

이동하는 몇 주 또는 몇 달 동안 빛을 그래프로 그리면 두 별이 가장 가깝게 정렬된 시점의 밝기가 최고조임을 알 수 있다. 종종 그렇듯이 몇 시간 또는 며칠 동안만 지속하는 하나 또는 그 이상의 보조 봉우리가 있으면 더 가까운 렌즈별 주위에 행성의 존재를 나타낸다.

이것은 일회성 관찰인데, 우연한 정렬의 결과인 렌즈 효과는 다시는 볼 수 없다. 미세렌즈 관측은 태양 외 행성에 대한 전반적인 지식에는 여전히 많은 기여를 할 수 있지만, 특히 모항성으로부터 먼 거리를 공전하는 저 질량 행성의 경우에는 더욱 그러하다.

다른 탐지 방법은 그러한 물체에 대해 꽤 민감하지 않다. 이러한 이유로 가령 광학 중력렌즈실험OGLE 및 미세중력렌즈 후속네트워크 MicroFUN와 같이 하늘에서 마이크로 렌즈 이벤트를 지켜보기 위해 적절하게 명명된 여러 국제 공동 작업이 존재한다.

이 이야기에 또 다른 가닥을 가져오기 위해 몇십 년 전으로 돌아가 보자. 1933년에 프리츠 츠비키라는 이름을 가진 저명한 스위스계 미국 천문학자가 은하단에 대한 수수께끼를 관찰했다. 이것들은 일반적으로 우주 전체에서 발생하며, 비교적 조밀한 우주 지역에 집중된 수백 또는 수천 개의 은하를 포함할 수 있다.

츠비키가 관측하고 있는 성단(1000개 이상의 은하)은 거대하고(약 3억 2천만 광년 떨어진) 비교적 가까이 있었다. 그것은 북반구의 머리털자리(학명: Coma Berenices, 신들에게 감사의 뜻으로 머릿단을 바친 이집트 여

왕의 이름을 땄다)에 있다.

분광 기법을 사용하여 츠비키는 성단에 있는 개별 은하의 속도를 측정하고 있었는데, 자신이 발견한 것에 자신이 놀랐다. 그가 볼 수 있는 은하가 성단의 전체 내용물을 대표한다면 은하단의 개별적인 움직임이 그것을 붙잡을 수 없을 만큼 성단의 중력이 너무 커서 문제가 있었다.

따라서 성단은 수십억 년 전에 증발해버렸고, 각각의 은하들은 고속으로 각자의 길을 갔어야 했다. 츠비키는 중력에 의해 그것을 붙잡고 있는 성단에 보이지 않는 구성요소가 있을 것이라고 추론했다. 그는 심지어 1937년 '암흑물질'이라는 자신의 연구 결과를 발표할 때 그것에 그 이름을 붙였다.

나는 천문학계가 이 발견에 너무 당황해서 그냥 무시했다고 말하는 것이 타당하다고 생각한다. 1970년이 되어서야 암흑물질의 개념이 다시 고개를 들었고, 그때 다른 저명한 천문학자가 무언가가 이치에 맞지 않는다는 것을 깨달았다. 이 사람은 캔버라에 있는 오스트레일리아 국립대학의 캔 프리먼이었다.

내 오랜 친구이자 동료인데, 1970년에 했던 중추적인 작업이 최근에야 제대로 인정받았다. 현재 그는 오스트레일리아에서 가장 높은 과학상과 명예를 안고 있다. 캔은 은하를 자세히 연구하고, 1960년대 후반에 은하가 회전하는 방식에 관심이 있었다. 이것은 우리 자신에게 가장 가까운 원반 은하를 선택함으로써 조사할 수 있다.

그러한 은하의 아름다운 나선 구조는 우리에게 영원히 숨겨져 있지만, 분광사진기를 사용하여 회전 속도를 측정하는 것이 비교적 간단하다는 사실에 약간의 보상이 있다. 1970년에 그는 중력이 그것들을 하나로 묶을 수 없을 정도로 자신의 은하가 너무 빨리 회전한다는 불안한 결과를 발표했다. 너무 빨라서 그냥 날아갈 수밖에 없다. 하지만 다시 한번, 천문학계는 그저 발을 동동 구르며 설명하기 쉬운 다른 것에 착수했다.

그러나 천문학에서 가장 뛰어난 사람 중 한 명이 8년 후 같은 결과를 발견했을 때, 상황이 바뀌었다. 세상은 마침내 그 문제를 심각하게 받아들였다. 베라 루빈은 천문학 세계에서 진정으로 재능 있는 과학자이자 많은 사랑을 받은 인물일 뿐만 아니라 과학 분야에서 초기 여성 챔피언 중 한 명이기도 했다. 그녀는 경력 대부분을 워싱턴 D.C.에 있는 카네기 인문 연구소에서 근무했다. 슬프게도 2016년 크리스마스에 베라를 잃었다. 그녀는 88세였다.

1970년대에 공동연구자인 켄트 포드가 만든 새로운 분광사진기로 작업하면서 베라는 은하의 회전을 자세히 측정했다. 실제로 그녀는 은하의 회전 속도가 중심으로부터 거리에 따라 어떻게 변하는지를 보여주는 그래프인 회전 곡선으로 알려진 것을 그렸다. 은하계에 보이는 별과 먼지, 가스보다 더 많은 것이 없다면 회전은 중간 부근에서 빨라져야 하지만 점점 더 멀어져 가야만 한다.

루빈과 포드는 그 반대를 발견했다. 회전 속도는 계속해서 증가한다는 것과 각 은하의 외곽 지대에서 서서히 평평해진다는 것. 이것에 대한 가장 간단한 해석은 은하가 거대하지만, 전혀 보이지 않는 무언가 구의 표면 후광 속에 있다는 것이다. 다시 츠비키의 암흑물질은 천체 물리학에서 즉시 화제가 되었고, 광범위한 자원들이 그것의 정체성의 문제를 해결하도록 요구되었다.

과학자들은 세 가지 가능성에 관해 재빨리 노력을 집중했다. 첫째는 암흑물질은 실제로 존재하지 않는다는 생각이었고, 물리학을 이해하는 데는 다른 무언가가 잘못되었다는 것이다. 이러한 선상에서 가장 심각한 공격은 이스라엘 와이즈만 연구소의 물리학자 모르더하이 밀그롬으로부터 나왔다.

밀그롬은 은하 내에서 궤도를 도는 별이 경험하는 매우 낮은 가속도(태양계의 행성이 경험하는 것보다 훨씬 훨씬 낮음)에서 다른 물리 법칙을 따를 수 있다고 추론했다. 그래서 그는 암흑물질의 필요성을 제거하는 것을 목표로 하는 수정뉴턴역학MOND를 제안했다.

밀그롬의 이론은 1983년에 발표되었는데, 그 자체로 즉시 공격을 받았다. 비판의 중심은 은하의 내부 운동을 이해할 수는 있지만 다른 많은 측면에서 천문 관측과 일치하지 않는다는 사실이다. 예를 들어, 한 가지 실패는 암흑물질의 필요성을 완전히 제거하지 못한다는 것이다. 더 근본적인 또 다른 하나는 수정뉴턴역학은 빛과 중력의 속도가 달라야 한다고 예측하는 반면, 다음 장에서 볼 수 있듯이, 이제는 같은 것으로 측정되었다. 밀그롬의 이론은 아직 연구 중이지만 주류 천문학은 그것을 암흑물질 문제에 대한 해결책으로 받아들이지 않았다.

그렇다면 수정뉴턴역학MOND이 아니면 무엇이 남았을까? 암흑물질에는 두 가지 다른 가능성이 있다. 마초MACHO와 약하게 상호작용하는 무거운 입자(WIMP). 아마도 이것은 전체 천체 물리학에서 가장 적절한 약어일 것이다. MACHO는 억세고 거친 남자이다. 그것들은 헤일로를 이루고 있는 거대 질량체이다. 주변에 부착 원반이 없는 거대한 블랙홀, 죽은 백색 왜성, 고아 행성 및 은하 주변의 베라 루빈의 구체 후광에 숨어 있는 기타 어두운 천체의 잔해와 같은 보이지 않는 물체이다.

우리는 반세기가 넘도록 오래된 희미한 별들이 대부분의 나선은하 주변의 구체 영역을 차지하며 은하의 원반보다 훨씬 희미해 보인다는 사실을 알고 있다. 그래서 후광에 대한 아이디어는 새로운 것이 아니다. 문제가 되는 것은 후광에 포함되어 있을 수 있다. 하지만 무거운 고밀도 후광물체MACHO는 아니다. 그것들은 1990년대에 천문학자들이 무거운 고밀도 후광물체들이 만들어 낼 중력 마이크로 렌즈 사건을 찾기 위해 많은 수의 별을 관측했지만 발견하지 못했을 때 효과적으로 배제되었다.

약하게 상호작용하는 무거운 입자 즉, WIMPs를 남긴다. 중력 이외의 다른 방법으로는 결코(또는 매우 드물게) 정상 물질과 상호작용하지 않는 아원자 입자의 일부 종이다. 따라서 그들의 존재를 드러낸 것은 중력적으로 기이하다. 이 입자는 아직 발견되지 않았지만, 천문 관측 덕분에 우리는 그것에 대해 많이 알고 있다. 예를 들어 우리는 암흑물질이 실제로 은하 주변의 후광에 집중되어 있다는 것을 알고 있다. 사실, 우리는 오랜 친구인 중력 렌즈를 사용하여 은하단 내의 암흑물질의 정확한 분포를 그릴 수 있다.

## 암흑물질의 언덕에 있는 빛의 등대

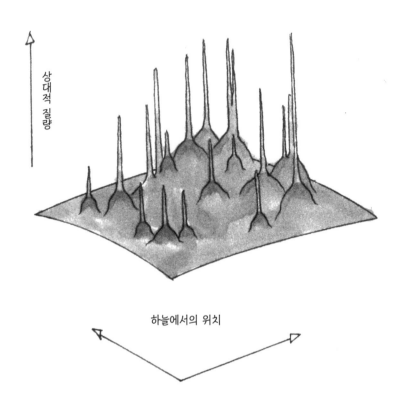

상대적 질량

하늘에서의 위치

동굴 바닥에 있는 종유석이 아니라, 더 먼 물체에서 나오는 빛에 대한 중력에 의해 드러난 은하단의 물질 분포이다. 개별 은하의 뾰족한 질량 농도와 더불어 관측은 은하가 포함된 암흑물질 후광을 보여준다. _작성자, 대형종합관측망원경[LSST] 이후

1990년 허블 우주 망원경이 출현한 이래로 우리는 은하단을 아주 자세하게 연구할 수 있었다. 그리고 그것 중 다수는 성단을 둘러싸고 그 중심에 있는 여러 짧은 빛의 원호를 드러낸다. 이것들은 전경 성단 뒤에 있는 훨씬 더 먼 은하들의 왜곡된(그러나 또한 증폭된) 이미지이며 보이는 것과 어두운 것, 둘 다 그 안에 있는 물질에 의해 중력적으로 반사되어 보인다. 먼 은하의 실제 모양과 분포에 대한 통계적 가정을 함으로써 그것이 둘러싸여 있는 암흑물질 덩어리의 구조를 포함하여 전경 성단의 모든 물질에 대해 그릴 수 있다. 내 동료 중 한 명인 오스트레일리아 국립대학의 매튜 콜리스는 은하단에 있는 은하를 '암흑물질의 언덕에 있는 빛의 등대'라고 설득력 있게 묘사했으며, 이것이 바로 이 지도가 보여주는 것이다.

놀라운 점은 전경 성단이 제공하는 중력 왜곡이 없으면 배경 은하의 대부분이 너무 멀리 떨어져 있어서 망원경에 완전히 보이지 않을 것이다. 사실, 은하단 자체는 수억 광년에 걸쳐 거대한 자연 망원경이 되어, 권리상으로는 볼 수 없는 물체들을 드러낸다.

이 모든 것의 결론은 암흑물질은 정상적인 물질이 있는 곳을 좋아한다는 것이다. 이것은 그 입자들이 내가 이 단어들을 타이핑하고 있는 방뿐만 아니라 여러분이 이것을 읽을 때도 여러분을 둘러싸고 있다는 것을 의미한다. 우리와 우리 주변의 모든 것이 만들어지는 정상적인 물질과 상호 작용하지 않고 끊임없이 우리를 통과하는 수백만 개의 암흑물질 입자는 완전히 감지할 수 없다.

그뿐만 아니라 암흑물질은 일반적인 물질보다 전체적으로 5 대 1로 더 많다. 이것은 지금까지 우주에서 가장 큰 물질적 구성요소이며, 개별 은하 연구뿐만 아니라 대규모 은하 지도 조사에서도 측정된다. 전체적인 큰 그림을 보면 암흑물질과 정상 물질의 5 대 1 비율과 같은 미묘함을 추론할 수 있다.

사실, 이 모든 것을 138억 년 역사에서 우주가 어떻게 진화해 왔는지에 대한 모델에 대입해보면, 암흑의 경우에는 우리가 여기에 있지 않으리라는 것을 밝혔다. 빅뱅의 여파로 우주는 암흑물질로 이루어진 거미줄로 구성되었고, 이것은 수소가 별과 은하, 그리고 궁극적으로 행성과 우리를 형성하기 위해 집중된 일종의 중력 구조를 제공하였다. 우리는 오늘날 우주를 가로지르는 은하의 대규모 분포에서 그 구조의 나머지 증거들을 본다.

나는 몇 가지 예외(암흑물질 입자의 상호 소멸 가능성)를 제외하고 천문학은 암흑물질과 함께 진행했고, 그것의 본질을 발견하려는 운동이 입자 물리학자들에게 전달되었다고 말하는 것이 타당하다고 생각한다. 물론 그들은 아원자 세계의 여러 다른 양상이 이미 우리 주변의 우주를 구성하는 것, 즉 입자 물리학의 표준 모델에 관해 그것의 그림에서 불완전함을 지적하고 있으므로 감격한다. 암흑물질은 그것을 확인하는 역할을 할 뿐이며, 그들에게 쫓을 다른 무언가를 준다.

입자 물리학자들은 일부 불완전성에 대처하고 암흑물질 후보를 포함하는 복잡한 이론적 모델을 발전시켰다. 이를 초대칭성이라고 하는데, 전자, 뮤온, 쿼크 등과 같은 표준 입자는 훨씬 더 높은 질량의 초대칭 '그림자 입자'를 갖는다고 가정한다.

이 그림자는 어디에 숨어 있다고 생각되는가? 숨겨진 차원에? 아마도 나는 초대칭 입자에 관해 전문가가 아님을 고백한다. 사실 나는 완전 아마추어이다. 그러나 나는 제네바 근처의 프랑스-스위스 국경을 가로지르는 거대한 입자 가속기인 대형 강입자 충돌기와 같은 주요 실험 시설에서 동료들의 실망을 공유한다. 지금까지 초대칭성의 흔적은 발견되지 않았다. 많은 입자 물리학자들은 우리가 헛다리를 짚고 있는지, 그리고 다른 이론적 틀이 필요한지 궁금해하고 있다.

나는 대형 강입자 충돌기가 있는 유럽핵연구센터인 유럽입자물리연구소CERN를 여러 번 방문하게 되어 영광이었다. 거기는 여름 점심시간에 연구를 주제로 논의하는 과학자들로 가득한, 잎이 무성한 야외 카페테리아가 있어 물리학자들에게 놀라운 곳이다. 그러나 그것은 또한 내가 모든 것을 원근법으로 생각하는 또 다른 것을 내세울 만하다.

카페테리아 가장자리 근처에는 작은 토끼 우리가 있는 잔디가 깔린 곳이 있다. 그리고 거기 표지판에는 '컴퓨터 마우스를 위한 유럽원자핵공동연구소CERN 동물보호소'라고 쓰여 있다. 그리고 물론, 여러분이 안을 들여다보면, 노후 생활을 행복하고 만족스럽게 유지하기 위한 많은 음식과 물, 짚, 그리고 쉼터를 가진 수십 마리의 낡은 컴퓨터 마우스들이 있다. 물론, 약탈하는 컴퓨터 고양이로부터 완벽하게 보호받고 있다.

짐작하겠지만, 나는 연구에 열심히 노력하지만, 너무 진지하게 생각하지 않는 과학자들을 존경한다. 이 입자 물리학자들이 연구의 부업에서 응원하는 것 이상을 할 수는 없지만, 암흑물질을 깨뜨리는 데 그리 오래 걸리지 않을 것이라고 확신한다.

## CHAPTER 20

# 우주의 잔물결
## 우주의 탄생 탐구하기

　　최근 몇 년 동안 우주와 관련된 날짜가 하나 있는데, 그 중요성은 허풍떨기가 거의 불가능하다. 우리는 운 좋게도 우주에 새로운 창문이 열리는 것을 목격했다. 그 창문은 정말 숨 막힐 정도로 잠재력이 있었다. 그것을 쉽게 한 공학도 마찬가지이다. 나는 2015년 9월 14일 미국에서 최초로 특별한 '망원경'에 의해 중력파를 감지했던 이야기를 하고 있다.

　　이 소식은 이듬해 2월까지 공개되지 않았지만, 과학 언론은 그 중요성을 즉시 알아채고 숨 막히는 열정으로 발견을 선포했다. 이 발견은 LIGO, 즉 레이저 간섭계 중력파 관측기라는 기기로 이루어졌다.

　　이것은 길이의 미세한 변화를 감지하는 기계를 표현하는 엉뚱한 방식이다. 미세하다는 게 무슨 뜻인가? LIGO는 수소 원자의 중심에 있는 아원자 입자인 양성자 지름의 1만 분의 1에 달하는 4km 광선의 길이 변화를 탐지할 수 있다. 수학적으로 말하면, $10^{-19}$m보다 더 정확하다.

내가 처음 알았을 때처럼 여러분의 머리가 휘청거리는 동안, LIGO의 이름이 어떻게 기술을 제공하는지 설명하겠다. 기술적으로 이전 개발 버전과 구별하기 위해 '고성능 LIGO'라고 알려졌지만, 걱정할 필요는 없다.

내가 방금 언급한 광선은 물론 레이저에서 비롯된다. 간섭계란 무엇인가? 이것은 빛의 광선을 받아 두 개로 나눈 다음 재결합하여 개별 광선이 단계적으로 또는 거의 같은 단계로 모이도록 하는 장치이다. 예를 들어, 두 개의 파동이 재결합할 때 한쪽의 정점이 다른 쪽의 골 점에 닿는 단계에서 크게 벗어나면, 완전히 상쇄되고 어둠을 생성한다. 그것은 내가 항상 약간 마술적이라고 생각했던 물리학의 특질이다.

그러나 단 몇 분의 1단계만 벗어나면 두 파동을 간섭계에서 높은 정확도로 비교하고 측정할 수 있으므로 이것이 바로 매우 강력한 도구이다. 그리고 애초에 빛을 쪼개야 하는 이유가 뭘까? 이렇게 하면 결과로 초래된 광선 두 개가 서로 90도 각도에 도달하게 된다.

예를 들어, 하나의 광선이 북쪽으로 보내지면 다른 광선은 서쪽으로 향하게 된다. 사실, LIGO는 약간 다른 나침반 방위에 있지만, 그것의 4km 길이의 두 팔은 거대한 'L'처럼 여전히 정확히 직각이다. 'L'의 각 끝에는 광선을 다시 결합하도록 보내는 거울이 있다. 따라서 LIGO가 머리 회전 정밀도로 감지하는 것은 우주의 방향만 다른 두 개의 같은 광선 사이의 미세한 길이 차이이다.

그리고 거기서 중력파 비트가 들어온다. 우리는 지금 빛의 파동이나 지구 표면을 덜컹거리는 지진파가 아니라 시공간 자체에 파동을 일으키는 것에 관해 이야기하고 있다. 그것들의 존재는 아인슈타인의 일반상대성이론 결과이다. 여러분은 기억하겠지만 우주는 완벽하게 경직되지 않고 물질에 반응하여 미세하게 구부러진다고 말한다. 구부릴 수 있는 것은 또한 파동을 전달할 수 있는 경향이 있다. 공기 중의 음파, 연못의 잔물결, 기타 줄의 헤비메탈 등을 생각해보라.

아인슈타인의 일반상대성이론이 지난 백여 년 동안 던져진 모든 비판적 시험을 견뎌냈기 때문에 중력파의 예측은 항상 진지하게 받아들여졌다. 그리고 필요한 수준의 감도로 장비를 설계하고 구축할 수 있을 때 이를 감지할 수 있다고 오랫동안 예상됐다.

이제 수십 년의 개발 끝에, 이것은 LIGO의 광선 길이의 미세한 떨림이 중력파의 통로를 드러내면서 지나가게 되었다. 신기하게도 감지된 파동은 사람의 귀가 민감한 주파수 범위에 속하기 때문에 LIGO 신호가 크게 증폭되면 들을 수 있다.

나는 오히려 LIGO에 대한 설명을 얼버무렸다. 예를 들어, 두 개의 커다란 간섭계가 있다는 사실을 무시했다. 하나는 루이지애나 리빙스턴에 있고 다른 하나는 워싱턴 핸포드에 있다. 지도에서 이 두 장소를 살펴보면 적어도 현지 지리가 허용하는 한, 미국 본토의 반대쪽 모서리에 있음을 알 수 있다.

손전등을 한 곳에서 다른 곳으로 비출 수 있다면 빛은 약 10밀리초, 즉 100분의 1초 안에 거리를 가로지른다. 이론은 중력파가 빛의 속도로 이동한다고 예측하므로 두 개의 넓은 간격의 감지기를 사용하면 접근하는 방향을 파악할 수 있다.

　　그렇다면 중력파의 원인은 무엇인가? 그것들은 거대한 물체가 가속될 때 방출된다. 2015년 첫 번째 탐지의 경우, 파동은 약 13억 년 전 중력 교란에서 시작되어 멀리 떨어진 두 개의 블랙홀이 서로 나선형을 이루면서 합쳐져 더 큰 블랙홀을 형성했다. 이러한 병합은 시간이 지남에 따라 발생하며 블랙홀은 서로 더 빠르게 회전한다. 그 결과 발생하는 중력파는 두 구멍이 함께 회전하면서 강도와 주파수가 증가함에 따라 바깥쪽으로 맥박치지만, 일단 합쳐지면 사라지고, 그 결과 발생하는 블랙홀 '링다운'이라고 불린다.

　　오디오로 재생되는 파도는 갑자기 조용해지기 전에 소리의 크기와 음조가 점점 더 빠르게 증가하는 짧은 휘파람처럼 들리는데, 이를 소위 '챠프(빛의 주파수가 시간에 따라 연속적으로 변화하는 것)'라고 한다.

　　여러분은 2015년 9월 14일의 첫 번째 중력파 탐지가 GW150914로 지정되었다는 사실에 놀라지 않을 것이다. 그러나 그 신호의 분석이 사건의 거리(13억 광년)뿐만 아니라 두 개의 합병 블랙홀(태양의 35.6배, 30.6배)의 질량과 63.1 태양 질량의 최종 블랙홀 질량을 산출했다는 것을 알면 더 감명을 받을지도 모른다.

　　이러한 질량 수치는 합산되지 않으며 불일치가 말하는 것은 합병이 중력파에서 태양 질량 3.1에 해당하는 에너지를 생성한다.(질량과 빛의 속도 제곱인 c와 연결하는 다소 유명한 방정식을 사용하여 얼마나 많은 에너지가 있는지 알아낼 수 있다) 엄청난 에너지 방출은 우주를 10억 년 이상

여행한 후에도 우주의 파문이 여전히 감지 가능한 이유이다.

예상대로, 이 첫 발견은 국제 시상식에서 멋진 결과를 낳았는데, 거기서의 역할로 2017년 노벨 물리학상은 라이너 바이스, 킵 손, 배리 배리시에게 돌아갔다.

그 이후, 중력파 천문학에서 상당한 진전이 있었다. 고성능 LIGO는 피사에 있는 갈릴레오가 자주 가는 곳 근처에 있는 고급형 비르고Virgo(이탈리아에 있는 중력파 관측소)로 알려진 유럽 기기와 결합하였다. 다른 것은 개발 중이다. 세계의 중력파 관측소 세트에 추가할 때의 이점은 더 잘 간격을 둔 감지기가 우리의 감도를 향상할 뿐만 아니라 주어진 신호가 오는 방향을 정확히 찾아내는 능력을 향상한다는 것이다.

글을 쓰는 시점에서 GW150914는 파이프라인에 더 많은 것이 있는 10개의 확인된 사건 탐지와 결합하였다(2019년 5월에 보고된 것 중 하나가 중성자별을 집어삼킨 블랙홀의 첫 번째 예일 수도 있다). 확인된 10개 중 단 하나인 GW170817은 블랙홀을 병합한 것이 아니라 약 1억 3천만 광년 거리에서 중성자별을 병합한 것이다. 중력파 신호는 이 사건의 마지막 100초에서 나왔고, 다시 한번 챠프는 태양 질량의 1.5배와 1.3배인 선조 물체의 질량을 드러냈다.

그러나 항성 질량 블랙홀의 합병은 전자기 파동을 생성할 것으로 예상하지 않지만, 중성자별의 합병은 예상된다. 그리고 국제 협력의 승리에서 GW170817은 전체 전자기 스펙트럼에 걸쳐 있는 전 세계 및 궤도에 있는 70개의 관측소의 협업으로 탐지되었다. 감지 범위는 중력파 신호 1.7초 후 도착한 감마선부터 16일 후에 감지된 전파까지 다양했다. 다양한 방출 메커니즘의 물리학을 고려했을 때, 이러한 관찰은 중력파가 실제로 빛의 속도로 이동한다는 놀라운 확인을 제공했다.

나는 이제 깊은 우주에서 이국적인 물체를 합친 것보다 훨씬 더 큰 그림으로 돌아가고 싶다. 일반적으로 받아들여진 우주의 시작 이론은 빅뱅(우주의 행성 대폭발)이라고 불리는 것으로, 약 138억 년 전 모든 공간, 시간 및 물질의 기원을 가정한다. 그것은 우주 전체의 기원과 진화를 연구하는 우주론 과학에서 지지하는 유일한 이론은 아니지만 가장 확실한 증거를 가진 이론이다.

그것은 이론적 토대를 형성하는 관찰과 일반상대성이론의 혼합을 기반으로 한다. '빅뱅'은 연상을 불러일으키는 설명이지만 우주론자들은 종종 '람다 CDM'로 알려진 보다 정확한 수학적 공식을 언급한다. 몇 분 후에 설명하겠다. 재생 우주나 여러 이론 같은 다른 이론들은 파티에서 이야기하기에 아주 훌륭하지만 보다 확실하지 않다.

그렇다면 빅뱅 이론은 무엇일까? 그것은 1929년 에드윈 허블이 실제 팽창을 발견하기 전인 1920년대에 팽창하는 우주의 성질의 일부를 독자적으로 만든 알렉산더 프리드만이라는 이름의 러시아 수학자와 벨기에 성직자 조르주 르메트르의 연구 덕분이다. 특히 르메트르는 우주와 그 내용이 진화한 '원시 원자'에 초점을 맞추었다.

그 후 수십 년 동안, 그 이론은 매우 뜨겁고 밀도가 높은 시작이라는 개념을 포함하도록 개선되었는데, 오늘날은 특이성으로 간주하지

우주 연대기

만, 무한 온도와 무한의 밀도를 가지고 있다. 오늘날의 물리학은 이 특이점의 내부를 조사할 준비가 되어 있지 않지만, 그 즉각적인 여파에 대해 놀랍도록 좋은 이해를 제공한다.

20세기 중반에 빅뱅 이론은 물질이 무한히 오래된 우주 내에서 지속적으로 생성된다고 상상하는 경쟁 모델에 맞서고 있었다. 그것은 영국의 천문학자 프레드 호일과 다른 사람들이 옹호한 '정상 상태' 이론이었다. 그러나 두 가지 발견이 정상 상태 이론의 머리를 세게 두드렸다.

첫 번째는 1960년대 중반에 도입된 새로운 세대의 민감한 전파 망원경에서 나왔다. 그것 중 하나는 하늘 전체를 덮는 것처럼 보이는 마이크로파 스펙트럼에서 신비한 배경 히스(쉬하는 소리)를 드러냈다. 과학자들이 그들이 집어 들고 있는 것이 거의 20년 전인 1948년에 예측된 것이라는 것을 깨닫기까지는 시간이 필요했다.

그것은 사실상 빅뱅의 잔광이었다. 아기 우주를 가득 채운 빛나는 빛은 그 이후의 팽창 때문에 파장으로 뻗어 나가 마이크로파로 변했다. 우리는 이 잔광에 기술적 이름을 부여했는데, 이것은 우주 마이크로파 배경복사CMBR라고 한다.

왜 우리는 이 고대 화석 방사능을 인식할 수 있을까? 다시 한번, 우주를 볼 때마다 항상 시간을 거슬러 올라가기 때문에 가능하다. 사실 우리 은하계의 경계를 넘어서면 이른바 '회고 시간'이 실제 거리보다 더 관련성이 높은 개념이 된다.

따라서 8분간의 태양의 회고 시간, 4.3년 동안 가장 가까운 밝은 별(켄타우루스자리의 알파별)의 회고 시간, 또는 250만 년 동안 가장 가까운 큰 은하(안드로메다, 가을의 초저녁 동쪽 하늘에 보이는 별자리)의 회고 시간은 진화적인 측면에서 특별히 중요한 시간은 아니지만, 일단 더 먼 은하로 돌아가면 여러분은 훨씬 더 일찍 신기원을 되돌아보게 될 것이다.

우연히도, 이것은 정상 상태 이론을 떠난 두 번째 타격이었다. 천문학자들은 수십억 년의 회고 시간에 은하가 오늘날의 은하와 상당히 다르며 진화적인 변화를 겪었다는 것을 알 수 있었기 때문이다. 정상 상태 우주에서는 그렇지 않다.

그러나 CMBR로 돌아간다. 그 기원을 이해하려면 우주가 탄생한 후 처음 몇십만 년 동안은 빛나는 복사 안개로 가득 차 있었다는 사실을 이해해야 한다. 본질에서 불덩어리였다. 여기 지구상의 물방울 안개처럼 그것을 통해 볼 방법이 없었다. 물방울은 빛을 산란시키고 어떤 의미에서 우주를 투과하는 복사선도 마찬가지였다.

빅뱅 이후 약 38만 년 후, 안개는 우주 전체에 걸쳐 상당히 빠르게 맑아져 오늘날처럼 투명해졌다. 그래서 우리가 투명한 우주를 통해 시간을 더 멀리 거슬러 올라가 보면 결국 안개가 걷히는 순간에 도달하게 되고 하늘 전체를 덮는 복사벽으로 볼 수 있다. 우리는 이것을 '마지막 산란면'이라고 부르는데, 우주가 투명해진 이후 약 1,300배 확장되어 복사를 마이크로파로 확장한 것이다. 만약 그것이 아니었다면 하늘은 찬란한 빛의 영역이 될 것이고, 밤과 같은 것은 없을 것이다.

잠시 생각해보면, 이 마이크로파 복사 영역(마지막 산란면)이 빛의 속도로 우리에게서 멀어지고 있다는 것을 알 수 있을 것이다. 왜냐하면, 안개가 걷히는 순간은 초 단위로, 과거로 후퇴하고 있기 때문이다. 이 일을 헤쳐나가는 가장 좋은 방법은 눈부신 안개가 걷히는 순간 우주에 있는 자신을 상상하는 것이다.

그것이 정확히 동시에 모든 곳에서 깨끗해졌다는 것을 알고 있는 여러분은 즉시 어둠을 볼 수 있는가? 대답은 '아니오'이다. 맑게 된 지 1초 후에는 30만km 떨어진 곳에 빛이 방금 도달한 조명의 벽이 보이기 때문이다. 그 빛나는 성벽은 2초 후에 60만km 떨어져 있을 것이다……. 시작부터 빅뱅의 섬광이 여러분의 과거 속으로 사라지고 있지만, 여전히 그렇다.

실제로 배경복사CMBR는 물리적인 장벽이 아니므로 거대한 착시 현상이다. 그러나 그 안에는 우리가 우주에서 볼 수 있는 모든 것이 있다. 그리고 그것은 또한 우주의 진화 연구에서 매우 중요한 또 다른 속성을 가지고 있다.

배경복사CMBR의 파장대는 우주가 가시광선에서 마이크로파까지 확장됨으로 변화함에 따라 온도도 변화하여 오늘날 절대 영도보다 2.7도 높은 곳으로 방출되었을 때 수천 도에서 떨어졌다. 사실상 그것은 우주 온도이다. 그리고 그것은 전체 하늘에서 거의 균일하다. 하지만 정답은 아니다. 배경복사에는 10만 분의 1 정도의 미세한 수준에서 온도의 물결이 있다.

놀랍게도, 이러한 파동은 여러분이 원한다면 빅뱅의 소리인 원시 불덩어리를 통해 울려 퍼지는 음파에서 비롯되었다. 그것들이 덮는 온도의 범위가 점점 작아졌음에도 불구하고, 지난 20년 동안 일련의 우주 발생 전파 망원경에 의해 잔물결이 상세하게 그려져 더운 초기 우주의 상태에 대해 많은 것을 드러내고 있다.

그것은 또한 우주가 진화한 방식에 대한 우리의 조사에 기준을 제공한다. 왜냐하면, 약간 더 시원한 지점은 불덩어리에서 밀도가 높은 영역이기 때문이다. 그것은 은하가 우주에 분포하는 방식으로 밝혀진 것처럼 오늘날 우리가 우주에서 볼 수 있는 대규모 구조의 씨앗이라고 생각된다. 오늘날 우주를 배경복사와 비교하면 암흑물질의 기여를 포함하여 팽창의 세부 사항을 우리에게 말해준다.

배경복사CMBR의 지도는 중력파, 노벨상 물질과 같이 현대 우주론의 중요한 기반을 형성한다. 일반적으로 배경복사를 다양한 색상으로 묘사하고, 이 복사가 우주에서 볼 수 있는 다른 모든 것의 배후에 있으므로 나는 때때로 그것을 '우주 벽지'라고 부른다.

하지만, 비록 중요하긴 하지만, 우주 벽지는 단점을 가지고 있다. 그것은 우리가 전파 망원경, 가시광선 망원경, 또는 전자기 방사선에 의존하는 다른 어떤 종류의 망원경으로도 결코 볼 수 없는 지평선을 형성한다.

그것은 뚫을 수 없다. 하지만 왜 우리는 그 너머를 보고 싶어 해야! 하는가. 그에 대한 답은 이 문맥에서 '너머'가 '일찍이'를 의미한다는 사실에 있다. 즉, 우주 마이크로파 배경을 꿰뚫는 수단이 있다면 우주가 투명해지기 전에 발생한 사건을 감지할 수 있다. 그리고 이것은 우리가 현재 이론의 영역에만 있는 빅뱅의 세부 사항을 탐험할 수 있게 한다.

우리가 알고 싶은 것은 어떤 종류인가?

하나는 내가 이 책에서 감히 다루지 못한 기원에 관한 것이다. 그것은 암흑물질에 대한 수수께끼가 무의미해지는 또 다른 '암흑' 미스터리이다. 암흑물질의 본질에 대한 우리의 지속적인 탐구는 적어도 성공 가능성이 있지만, 이것은 이론 물리학자들의 노력을 완고하게 무시한다. 그리고 그것은 우주 자체의 팽창과 관련이 있다.

1970년대와 80년대에 대부분의 우주학자는 우주에 있는 모든 것의 상호 중력적 끌어당김에 의해 점차 팽창을 늦출 수 있는 충분한 물질이 우주에 있을 것이라고 가정했다. 어쩌면 먼 미래의 언젠가 팽창이 멈추고 수축으로 변할 수도 있을 정도로 우주의 궁극적인 운명은 그것이 다시 특이하게 무너지면서 '우주 대붕괴'가 될 수도 있다. 노벨상 수상자인 브라이언 슈미트(현재 오스트레일리아 국립대학 부총장)는 우주의 끝에서 빅뱅의 반전을 '장대한 이벤트'라고 일컬었다.

1990년대에 슈미트는 우주의 예상되는 감속도를 도표로 만들기 위해 멀리 떨어진 초신성의 관측을 독립적으로 사용하는 두 과학자 그룹 중 하나를 이끌고 있었다. 하지만 그들이 발견한 것은 그 반대였다. 놀랍게도, 두 그룹은 지난 60억 년 정도 동안 우주의 팽창이 가속화되고 있다는 것을 발견했다. 1998년에 발표된 이 발견은 동료 아담 리스와 다른 그룹의 리더인 사울 펄무터와 함께 슈미트에게 2011년 노벨 물리학상을 안겨주었다.

당연히 당면한 질문은 "왜?"였다. 초신성 작업은 우주의 현재 대규모 구조와 CMBR의 구조를 비교한 결과, 우주 자체에 가속을 유발하는 압력이 부여되었음을 시사한다. 더 나은 용어가 없으므로 우리는 그것을 암흑 에너지라고 부르며, 그것은 지역적 효과라기보다는 우주 전체의 속성이다.

확장을 가속하는 것이 오늘날의 상황인 것은 분명하지만, 항상 그랬던 것은 아닐 수도 있다. 우리는 우주 역사의 처음 60~70억 년 동안 우주의 물질이 충분히 밀집되어 상호 중력의 제동 효과가 우주를 감속시킬 수 있다고 믿는다. 가속은 은하가 암흑 에너지가 중력을 극복하기 시작할 만큼 충분히 멀리 떨어져 있을 때만 시작되었다.

가장 최근의 연구에 따르면, 우주 일부의 암흑 에너지는 부피와 관련이 있으므로 공간이 팽창됨에 따라 팽창은 더 활기차고 속도가 빨라진다. 그런 점에서 그것은 아인슈타인이 1917년에 자신의 상대성 방정식에 도입한 수학적 실체와 닮았는데, 그는 이것을 '우주 상수'라고 불렀다.

그는 이 상수를 그리스 기호 람다(그리스어 알파벳 열한 번째 글자)로 표시했고, 그래서 이것에 '람다 CDM 모델'이라는 이름을 사용하는 이유이다. 람다는 암흑 에너지를 나타내며, CDM은 '차가운 암흑물질'을 나타낸다. 이 두 실체는 정상적인 물질(기록상 우리는 무역에서 중입자 물질이라고 부르며, 수소가 지배한다)과 함께 우주의 질량 에너지 예산을 구성한다.

가장 좋은 관측치 결정 비율은 68:27:5(암흑 에너지 대 암흑물질 대

정상 물질)이다. 다시 한번, 우주는 볼 수 있는 모든 것이 그 내용물의 경우 5%에 불과하다는 사실 때문에 우리를 우리 자리에 머무르게 했다. 그리고 그것은 우리가 다른 95%를 구성하는 것을 이해하지 못한다는 사실을 인정하면서 천문학자들이 확고하게 자리를 잡게 했다.

.

물리학자들은 현재 암흑 에너지를 억제하기 위해 열심히 일하고 있다. 과거에 서로 다른 시대에서 우주의 팽창 속도에 대한 더 많은 관찰이 우리에게 더 많은 통찰력을 줄 수 있고, 그것은 광섬유 기술을 사용하여 달성하고 있다. 그것은 먼 중성자별의 합병에 대한 중력파 관측으로 도움이 될 수 있다.

예를 들어, 그것은 우주 거리 척도를 개선하는 등 표준 광원을 더 잘 바로잡는 데 사용할 수 있다. 하지만 우주가 여전히 밝게 빛나고 있는 동안 우리가 배경복사를 넘어서 작업에서 무슨 일이 벌어지고 있는지 볼 수 있다면 멋지지 않을까? 그건 좀 허황하겠지만, 우리가 그것을 성취하고 싶어 하는 가장 시급한 이유가 적어도 한 가지 더 있다.

그것은 중력파 감지가 제공하는 밝고 새로운 미래에 대한 열렬한 희망 중 하나이다. 그것들은 블랙홀이나 중성자별이 충돌할 때만이 아니라 거대한 물체가 가속될 때 방출된다는 점을 기억하라. 그리고 우리는 모든 엄청난 가속의 할아버지가 빅뱅 그 자체 이후 1초 만에 일어났다고 믿는다.

그때 전 우주가 순식간에 짧고 순간적인 격렬한 팽창의 에피소드를 겪었다. 유아 우주가 1초 이전의 $10^{-36}$ 시간에(1 앞에 35개의 0과 소수점이 있는), 최소 1026승 배(천해의 10조 배) 확장되었다고 한다. 좋다. 이 숫자가 우스꽝스럽게 보인다는 것을 알고 있다. 그것은 빅뱅 직후 우주가 머리카락 지름에서 은하의 지름으로 변했다는 것을 의미한다. 그리고 완전히 절제된 표현으로, 우리는 이것을 인플레이션의 시기라고 부른다. 그 직후 오늘날에도 여전히 일어나고 있는 훨씬 완만한 팽창 때문에 그 뒤를 이었다.

인플레이션 이론은 당시 이해되었던 빅뱅 모델의 일부 문제를 극복하기 위해 1970년대 후반에 개발되었다. 배경복사 온도의 거의 완벽한 부드러움은 그중 하나였다. 왜냐하면, 물리학은 팽창이 상호 작용할 수 없을 만큼 너무 멀리 떨어져 있는 그것의 다른 부분을 전달하기 전에는 화염구가 그러한 수준의 균일성을 달성하도록 허용하지 않았기 때문이다.

이것은 '지평선 문제'라고 알려져 있다. 다른 문제들도 있었지만, 새로운 인플레이션 모델은 그것들 모두를 꽤 잘 다루었다. 이것이 배경복사CMBR의 부드러움을 제외하고는 이를 뒷받침할 직접적인 관찰이 없음에도 불구하고 일반적으로 받아들여지는 표준 빅뱅 모델의 일부가 된 이유이다.

인플레이션은 우주를 통해 움직이는 물체가 아니라 우주 자체의 가속이었다. 따라서 블랙홀과 중성자별을 기존의 것으로 설명할 수 있다면 중력파 신호는 기존의 가속 질량에서처럼 간단하지 않다. 사실, 인플레이션 기간 생성될 것으로 예상하는 중력파는 주파수가 너무 낮으므로 정상적인 인간 시간 척도에서는 변화를 보여줄 수 없으며 단순히 배경복사에 각인된 동결 패턴으로 나타난다.

이 패턴은 거래에서 B-모드 편광으로 알려져 있으며, 직접적인 중력파 신호가 아닌 배경복사의 마이크로파 관측에서 결국 감지될 수 있다. 그러나 결론은 우주 벽지가 인플레이션의 중력 신호에 대한 장벽이 아니라는 것이다. 우주의 초기 단계에서 일어나는 다른 물리적 과정도 마찬가지이다.

최근 획기적인 발견을 한 두 개의 레이저 간섭계 중력파 관측소 LIGO 검출기는 민감성이 놀랍지만, 우주의 인플레이션을 포착할 만큼 민감한 곳은 어디에도 없다. 또한, 빅뱅 직후 사건을 감지하는 데 필요한 저주파 중력 파장대에 맞춰져 있지도 않다. 그러나 그것의 후예는 거의 확실하다.

오늘날의 중력파 기술은 설계와 구현 모두에서 아직 초기 단계이다. 레이저 간섭계 중력파 관측소 감지기에 대한 더 많은 개선이 계획되어 있으며, 더 많은 개선이 있을 것이다. 결국, 지구 크기의 고주파 중력파 탐지기를 제공하기 위해 결과를 결합하여 전 세계에 레이저 간섭계 중력파 관측소와 같은 탐지기 네트워크가 있을 것으로 예상한다.

그것은 우리가 방금 논의한 초질량의 블랙홀 합병과 은하 형성의 상세한 역학을 탐지할 수 있는 추가적인 가능성으로 인해 정확히 저주파 신호에 민감할 것이다. 2015년 12월 유럽우주국ESA는 리사 패스파인더라는 기술 시연 우주선을 발사했으며, 16개월간의 임무는 모든 기대치를 뛰어넘었다. 개념 증명으로서, 리사 패스파인더는 화려한 색상으로 성공을 거두어 리사 자체의 전망에 대한 자신감을 불어넣고 있다.

이러한 기술의 발전으로 인해 중력파를 사용하여 초기 우주의 비밀을 조사할 수 있을 것이라는 진짜 희망이 있다. 언젠가 우리가 암흑 에너지와 우주 인플레이션의 물리적 세부 사항뿐만 아니라 빅뱅 자체의 메커니즘을 알게 되기를 희망하는 것은 무리가 아닐 것이다. 그리고 그것은 얼마나 놀라운 발견인가.

# 짝사랑

## 거기 누구 없소?

나는 이 책을 좋은 옛 로맨스로 끝내고 싶다. 아마도 눈물을 흘리게 하는 것일 수도 있다. 여러분은 과학책에서 로맨스가 무엇인지 궁금할 수도 있지만, 이것은 우리의 감정과 우리가 누구인지에 대한 우리의 감각에 직접 작용하는 이야기다.

모든 로맨스에는 마찬가지로 주인공이 있다. 그리고 이 경우 주인공은 우리와 그들이다. 우리는 우리가 인간이기 때문에, 그리고 그들이 누구이든 무엇이든 간에 우리는 그들에 대해 생각하는 것을 멈출 수 없다.

사람들이 우주에서 지적 생명체에 대해 처음으로 진지하게 생각했던 때는 갈릴레오와 케플러 시대로 거슬러 올라간다. 우리는 그 이후로 멈추지 않았다. 요하네스 케플러는 17세기 초 행성 운동의 법칙을 연구한 독일의 수학자이자 천문학자였다.

1610년에 그는 새로 출판된《항성의 메신저》에서 우리 달과 목성의 위성과 관련하여 보고된 발견에 관해 갈릴레오에게 긴 편지를 썼다. 여기에는 달의 시민(그는 태양 방사능으로부터 자신을 보호하기 위해 원형 제방을 만들었다고 확신했다)과 목성의 주민들에 대한 몇 가지 암시가 포함되어 있다.

　　목성에 관한 그의 논리는 흠잡을 데가 없다.

　　결론은 아주 명확하다. 우리의 달은 지구상에서 우리를 위해 존재하는 것이지 다른 지구를 위해 존재하는 것이 아니다. 이 네 개의 작은 위성은 목성을 위해 존재하는 것이지, 우리를 위해 존재하는 것이 아니다. 각각의 행성은, 차례로, 그곳의 거주자들과 함께, 그것들 자신의 위성에 의해 서비스된다. 이러한 이유로 우리는 목성이 사람이 살고 있을 가능성이 가장 큰 확률로 추론한다.

　　이상이 내가 증명하려는 내용이었다$^{QED}$. 하지만 나는 그것이 여전히 잘 유지되는지 확신할 수 없다. 그것은《스타워즈》나 영국 만화《독수리》에서 나의 어린 시절 우주 영웅 댄 데어의 모험과 동등하다. 비록 댄 데어의 재능 있는 예술가인 프랭크 햄프슨도 상당한 양의 실제 과학을 쏟아부었지만, 적어도 그들의 업적은 부끄럽지 않은 허구였다. 그래서인지 나는 60년이 지난 지금도 여전히 이 일에 흥분하고 있다.

　　공상 과학 소설은 적대자에서 자비로운 자에 이르기까지, 각기 다른 모든 것에서 외계 생명체를 상상했다. 하지만 스티븐 호킹이 2016년에 언급했듯이 선진 문명을 만나는 것은 아메리카 원주민이 콜럼버스를 만나는 것과 같을 수 있다. 그것은 그다지 좋은 결과가 아니었다.

오스트레일리아에 있는 우리는 우리 역사에서 정말 파괴적인 유사점을 보기 위해 멀리 내다볼 필요가 없다. 그리고 그 외계 생명체들이 오븐에 준비되고 맛있게 털이 벗겨진, 세련된 새로운 단백질 공급원을 시험하는 데만 관심이 있을 수도 있을까? 그렇다, 아마 그럴 것이다.

그렇긴 하지만, 그들에게서 숨으려고 해도 소용없다. 우리가 태양계를 볼 가능성이 있는 무선 신호를 조준하는 습관을 들이지는 않았지만(몇 가지 초기 실험과는 별개로), 우리 행성은 80년 이상 무선으로 큰 소리를 내며 전체 우주에 방송과 통신을 내보내고 있다. 외계지적생명체탐사SETI 연구소의 천문학자 세스 쇼스탁은 '누출이 하늘을 향하여'에 관해 이야기하는데, 우리를 위협할 수 있는 어떤 외계 사회도 이것을 탐지할 수 있을 것이다.

그리고 아마도 수십억 년 동안 성간 우주를 돌아다니기 위해 태양계를 떠나는 다섯 개의 NASA 우주선이 있다. 두 개의 파이오니아 호(1972년과 1973년 발사), 두 개의 보이저호(둘 다 1977년 발사), 그리고 호라이즌 호(2006년 발사)가 그것이다. 각각은 우리를 찾는 방법과 어떤 경우에서는 우리가 얼마나 맛있어 보이는지 묘사하는 방법을 포함하는 인류의 상징을 담고 있다.

그러나 성간 표적에 우리의 존재를 알리기 위해 빔 신호를 보내는 문제에는 2015년 러시아 기업가 유리 밀너가 설립한 브레이크스루 주도에는 '브레이크스루 메시지'라는 것이 포함된다. 그것의 선언된 목표는 "우주로 메시지를 보내는 윤리적이고 철학적인 문제에 대한 글로벌 토론을 장려하는 것"이다.

그렇다면, 외계인 정보를 찾기 위한 탐구는 어디에 있을까?

우주 생명의 기원, 진화, 분포에 관한 연구를 하는 우주생물학의 과학이 번창하고 있다. 그것은 우리 자신과 우리의 동료 지구 종에 대해 많은 것을 가르치고 있고, 우주 다른 곳의 생명 존재 가능성에 관해 통찰력을 제공한다. 우리는 지구의 지각과 대기는 말할 것도 없고, 지구상에서 미생물들이 산꼭대기에서부터 깊은 바다에 이르기까지 가능한 모든 틈새를 차지하고 있다는 사실에 고무되어 있다. 완보동물과 같은 극한 환경에서 서식하는 미생물은 생명체의 끈기를 보여주는 좋은 예이다.

그러나 그것은 생명이 실제로 어떻게 정의되는지에 대한 의문을 제기한다. 그리고 우주적 의미에서 그것은 대답하기 쉬운 것이 아니다. DNA 같은 것을 찾아 최상의 것을 바라는 것은 좋지 않다. 지구별 정의가 더 필요하다. 내가 아주 좋아하는 사람은 살아있는 유기체를 다윈의 진화를 할 수 있는 자립적이고 자기 복제하는 존재로 정의한다. 하지만 그 특성을 나타내는 기계를 상상할 수 있으므로 충분히 구체적이지 않다고 생각할 수 있다.

나의 우주생물학 동료인 애리조나 주립대의 폴 데이비스와 오스트레일리아 국립대의 찰리 라인웨어는 훨씬 더 광범위한 생명체의 정의를 지지하고 싶어 한다.

하지만 1940년대 물리학자 에르빈 슈뢰딩거가 수행한 예상치 못한 작업에서 영감을 얻었다. 여러분은 그의 유명한 양자 고양이로부터 그를 기억할지도 모른다. 그것은 여러분이 상자 안을 들여다보기 전까지는 동시에 살아있고 죽었다. 그리고 그것은 확실히 하나 혹은 다른 하나일 것이다.

슈뢰딩거는 생명체를 응용물리학으로 줄이기 위해 용감한 시도를 했지만, 생명체가 열역학의 기본 법칙을 거스르는 것처럼 보이기 때문에 다른 어떤 일이 벌어지고 있는 것이 틀림없다는 결론에 도달했다. 데이비스는 '다른 것'이 DNA에 암호화되어 있든 화학 반응 네트워크와 같은 무정형 구조든 정보라고 제안한다.

라인위버는 더 나아가 그가 "평형 소산 시스템과는 거리가 멀다"라고 부르는 것, 즉 화학적 또는 물리적 의미에서 주변 환경과 균형이 맞지 않는 것을 찾는다. 이 정의의 문제는 행성과 별의 격렬한 대기와 같이 일반적으로 살아있다고 생각하지 않는 개체가 포함된다는 것이다. 찰리 라인위버는 사람들이 그러한 문제에 대해 더 신중하게 생각하게 만든다는 사실을 인용하면서 당황하지 않는다.

대부분의 우주생물학자들은 우리가 알고 있는 늪지 표준 탄소 함유 수성 생명체인 지구상의 생명체에 집중함으로써 이러한 문제들을 피하는 경향이 있다고 나는 생각한다. 그런 점에서 천문학이나 행성 과학에서 나온 결과는 전적으로 고무적이다.

물은 어디에나 있다. 그것은 우주에서 가장 풍부한 2원소 분자이다. 그리고 태양계에는 풍부한 공급원이 있다. 화성의 지하 토양, 엔켈라두스(토성의 위성 중 하나)와 같은 달의 얼음 껍질, 그리고 혜성의 핵이 대부분 얼어 있다는 것은 명백하다. 액체 형태로도 예상보다 더 풍부하다.

예를 들어, 목성의 위성인 유로파는 얼음 지각 아래에 지구 바다보다 두 배 더 많은 물을 품고 있으며, 토성의 타이탄에는 더 많은 물이 있는 것으로 생각된다. 그리고 여기저기에서 발견되는 탄소는 종종 복잡한 유기 분자에 갇혀 있다.

태양계를 넘어 은하계로 시야를 넓히면 그 조짐이 좋아진다. 우리가 알고 있는 유일한 생명체가 한 행성에서 진화했기 때문에 다른 행성들은 시작하기에 좋은 곳처럼 보일 것이며, 외계 행성 공동체는 그것을 찾는 대단한 일을 해왔다.

우리의 확인된 태양계 밖의 행성은 2019년 3월에 4,000개를 넘었고, 결국 현재 확인을 기다리고 있는 2,870개의 다른 후보 행성들과 합류할 것이다. 그리고 그 이상으로 얼마나 더 많은지 누가 알겠는가?

결론은 행성이 평범하다는 것이다. 정상적으로 별을 공전하는 최초의 외계 행성이 발견되었을 때인 1995년에 우리는 알지 못했다. 통계적으로 은하계의 모든 별에는 적어도 하나의 행성이 있어야 한다.

1995년에 우리가 알지 못했던 또 다른 것은 저 밖에 있는 매우 다양한 행성계이다. 모항성의 표면을 거의 훑어보는 뜨거운 목성부터 궤도를 가로지르는 데 수천 년이 걸리는 원격 물체에 이르기까지 다양했다. 그것들은 목성보다 몇 배 큰 행성에서 달보다 조금 큰 행성까지 크기가 다양하며, 차가운 얼음 세계에서부터 구름 밖으로 철이 방울방울 떨어질 정도로 뜨거운 행성까지, 똑같이 눈부신 환경의 범위를 보

여준다.

이 반짝이는 다양한 행성의 한가운데 어딘가에 그들의 근거지가 되는 거주 가능 지역, 즉 물이 액체 형태로 존재할 수 있는 지역 내에서 궤도를 도는 행성들이 있다. 행성이 지구와 비슷한 조건을 가지고 있어 물과 생명체가 존재할 수 있는 항성 주변의 구역으로, 아쉽게 알려진 이곳은 온도가 너무 높지도 않고 너무 춥지도 않고 딱 좋은 곳이다. 그리고 지구 크기 정도의 골디락스 구역 물체는 우주생물학자에게 특히 호소력이 있다.

현세대의 대형 광학 망원경으로는 이러한 세계에 관한 자세한 연구가 어렵지만, 지름 20m 이상의 거울을 가진 차세대 '극대형 망원경'이 2020년대 중반이면 온라인으로 등장하여 새로운 기능을 제공할 것이다. 특히, 외계 행성 대기의 분광 분석이 일상화되어 살아있는 유기체와 관련된 화학 물질의 서명인 생명지표를 검색할 수 있게 한다. 만약 이 화학 물질 또한 자연적인 과정으로는 결코 만들어질 수 없는 산업 오염 물질을 포함한다면, 그것은 천년의 발견이 될 것이다.

마지막으로, 우주생물학자의 낙관주의는 우리 은하를 넘어 더 넓은 우주를 볼 때 나타나는 엄청난 숫자에서 비롯된다. 지구에서 관측할 수 있는 은하의 수에 관한 가장 최근 추정치는 2조이다.

일반적으로 각각 천억 개 정도의 별이 포함될 것으로 예상하므로 관측 가능한 우주의 총 별 수는 $2 \times 10$의 23승이다. 다음에 무엇이 올지 짐작할 수 있을 것이다. 지구의 모든 해변에 있는 모래알보다 우주에 더 많은 별이 있다는 칼 세이건의 유명한 진술과 어떻게 비교될까?

오래전에, 내가 그의 계산을 확인했는데, 그의 주장이 맞았다.

만약, 여러분이 은하수의 숫자에 대한 가장 최근의 추정치를 산출한다면, 그는 그가 알 수 있었던 것보다 더 많았다. 우주에 있는 별들은 하나가 아니라 200개 지구의 모든 해변에 있는 모래알보다 많다.

그렇다면 우주 전체에 생명체가 풍부한가? 그럴 수도 있다. 최소한 단세포 유기체 또는 미생물인 단순한 생명체는 그럴 수도 있다. 아마도 녹색 점액, 또는 행성 간 등가물일 것이다. 하지만 그 단세포 미생물이 복잡한 생명체로, 그리고 궁극적으로 지적 생명체로 진화할 확률은 얼마나 될까? 다시 한번, 우리는 정의의 문제에 즉시 부딪힌다.

지적 생명체란 무엇인가?

1995년 기사에서 칼 세이건은 지능형 유기체를 인간과 기능적으로 동등하다고 정의했다. 그리고 우주생물학자 찰리 라인위버는 이를 달성하기 위한 두 가지 가능한 경로를 지적한다. 진화 생물학에서 수렴 진화로 알려진 하나는 완전히 다른 혈통을 가진 관련 없는 종에 의해 같은 능력 향상 특성을 독립적으로 획득할 수 있다고 말한다. 비행의 진화가 좋은 예이다.

그러나 라인위버가 지적했듯이 지구상의 여러 환경은 아프리카에서 현재의 복잡성을 달성하는 데 인간의 두뇌로 걸리는 시간보다 훨씬 더 오랫동안 대륙판의 표류로 인해 서로 격리되었지만, 독립적으로 동등한 수준을 산출하지는 못했다. 그래서 그는 많은 진화 생물학자들과 마찬가지로 반대 견해를 채택했다.

이것은 지능의 진화가 드물고 아마도 반복 불가능한 일련의 사건으로 인해 발생하는 자연의 특성이라는 것이다. 만약 그것이 우울해 보인다면, 더 넓은 생물학적 사진은 편안함을 제공하지 않는다. 우리는 최초의 미생물 생물이 아마도 40억 년 전에 유아 지구에 나타났고 몇 억 년 후에 최초의 복잡한 유기체가 나타났다는 것을 알고 있다.

다른 품종이 있었을 수도 있지만 하나만 살아남았다. 그걸 어떻게 알지? 왜냐하면, 진핵생물로 알려진 지구상의 모든 복잡한 생명체는 유전적으로 모든 생물의 공통 조상LUCA이라고 알려진 독특한 시조로 거슬러 올라갈 수 있기 때문이다.

지금까지 우리는 지구에서 진핵생물의 두 번째 기원을 암시할 수 있는 진화론적 잘못된 시작의 흔적을 발견하지 못했다. 다시 한번 열역학이 여기 사진에 등장하는데, 몇몇 과학자들은 진핵생물이 단세포 조상보다 훨씬 더 에너지가 많이 필요하다고 지적한다. 그래서 아마도 그들의 출현은 일회성이었을 것이다.

생화학자 닉 레인은 에너지 수요 때문에 '단순한 생명체에서 복잡한 생명체까지 불가피한 진화 궤적은 없다'라고 지적했다. 그는 복잡한 생명체는 단지 우연이라고 말한다. 이 견해는 고등 생명체와 외계 지능은 말할 것도 없고 지구 너머의 다세포 유기체의 발달에 대해 비관적인 다른 우주생물학자들에 의해 공유한다.

이 비관론은 1950년 이탈리아 물리학자 엔리코 페르미가 제기한 질문에 대해 우울하게 설득력 있는 설명을 제공한다. 그것은 지금은 '페르미 역설'로 불리며 '다들 어디 있어?'라고 묻는다. 우주에서 '지구는 특별하지 않다' 혹은 '지구는 우주의 중심이 아니다'라는 원리(코페

르니쿠스의 원리)에 따라 우리에게는 특별한 것이 없으므로 지적 생명
체가 평범할 것으로 기대한다.

우리 은하계에 있는 수천억 개의 별과 약 120억 년의 나이를 고려
할 때, 지적 생명체가 다른 곳에서 진화했을 가능성이 작더라도 그 존
재는 지금까지 분명해야 한다. 그들은 어디에나 있다. 빛의 속도로 여
행할 수 있다면 성간 거리는 문제가 되지 않는다. 그렇게 할 수 없더라
도 계속되는 세대의 여행자를 포함하는 성간 항해의 가능성은 항상
있다.

그런 다음 수십 년 동안 지구가 방출해온 무선 전송이 있다. 그렇
다. 지능이 있는 종은 자신의 존재를 보이지 않게 하는 방식으로 진화
하지 않는 한 탐지 가능해야 한다. 아니면 그들이 가고 사라지고 지금
은 모두 멸종되지 않았다면 말이다. 하지만 열역학적으로 정신이 있는
생물학자들은 아직 나타나지 않았을 가능성이 훨씬 더 크다고 생각한
다. 여기 지구에서는 빼고.

이 견해는 1961년 미국 천문학자 프랭크 드레이크가 공식화한 유
명한 은하계 안의 지적 생물을 발견하는 확률을 추론하는 식(드레이크
방정식)을 자세히 살펴본 최근 옥스퍼드 대학 연구에서도 뒷받침된다.
이 방정식은 적절한 별의 형성 속도, 행성을 가진 별들의 분율, 생명체
에 적합한 행성의 수, 그리고 실제로 생명체가 나타나는 숫자와 같은
일련의 요소들을 살펴봄으로써 우리 은하에 있는 지적 문명의 수를 추
정하려고 시도한다.

그다음에는 생명체가 사는 행성 중 지능이 출현하는 부분, 우주로

신호를 방출할 수 있는 기술을 생산하는 행성의 수, 그리고 앞으로 나아가서 그렇게 하는 부분들을 고려하게 된다. 적어도 대부분 별에는 행성이 있다는 것을 알고 있을지라도 이러한 요소 대부분은 추측에 불과하다.

그러나 가장 좋은 현재 추정치로 새로운 연구는 관측 가능한 우주 내에 다른 문명이 있을 가능성이 작다는 것을 나타낸다. 그래서 페르미 역설은 더는 역설이 아니다. 그것은 거기에 있지 않다.

그만 찾아봐야 할까? 아니다. 그 이유는 바로 SETI나 브레이크스 루리슨과 같은 주도권에 열광하고 있기 때문이다. 더 높은 생명 형태에 관한 우리의 탐구는 불가피하게 우리를 태양계의 경계를 넘어서게 하고, 우리는 천문학 연구의 주식 거래인 기술에 의존한다.

이는 우리가 이 책의 다른 곳에서 만난 관련 스마트 기술을 사용하는 광학과 전파 망원경을 의미한다. 대부분은 초거대 질량 블랙홀의 간식 습관을 조사하든 먼 행성에서 지적 외계인의 흔적을 찾을 때든 기술은 같다. 그리고 대부분의 다른 천문학 분야와 마찬가지로 우주생물학은 이러한 기술을 한계까지 밀어붙인다.


나는 이 장의 시작 부분에서 여러분에게 로맨스를 약속했다. 우리는 우리와 같은 존재가 멀리 떨어진 은하계에서 사업을 한다는 생각을 여전히 좋아한다. 물론 그것은 가능성으로 남아 있다. 그리고 우리는 확인해야 할 모든 별과 함께 그것이 사실이 아님을 증명할 수 없다.

그러나 우리가 그들의 존재에 대한 증거를 얻을 때까지 외계인은 판타지의 영역에 남아 있을 것이다. 물론 그것은 자체적으로 한 가닥 희망을 가져온다.

'그들은 존재하지 않으면 우리를 먹을 수 없다.'

우주를 숙고할 수 있는 종은 단 한 종밖에 없다는 것에 관해 여러분이 읽어온 이 거대하고 믿을 수 없는 우주에 대한 아이디어에는 비뚤어진 로맨스도 있다고 생각한다. 이상하게 불안하다. 이게 다 무엇인가? 물리학 법칙과 자연 선택의 기이하고 있을 것 같지 않은 결과로서 우리가 실제로 여기에 속하지 않는다는 것을 암시하는가? 그리고, 우리가 여기 없었다면, 우주는 여전히 존재했을까?

이것들은 우리가 단순히 할 수 없으므로 대답할 수 없는 심오한 질문이다. 아마도 이 상황은 위대한 이론 물리학자이자 노벨상 수상자인 막스 플랑크가 가장 잘 요약했다. 그는 말했다.

'과학은 자연의 궁극적인 미스터리를 풀 수 없다'라며 '마지막 분석에서 우리 자신이 풀고자 하는 미스터리 일부이기 때문이다.'

감 사 의  말

이 책은 많은 사람들에게 큰 빚을 지고 있는데, 아마도 대부분은 그 빚을 알지 못한다. 그것을 알지 못하는 사람들은 당연히 내 가장 가까이 있고 가장 소중한 사람들이다.

물론, 그들은 그 빚을 언급할 수 없을 만큼 너무 겸손하다. 하지만 그들 없이는 이 일을 할 수 없었다. 이 부끄러운 작업에 재능과 지원을 아끼지 않는 내 파트너 마니에게 진심으로 감사한다. 내 딸 헬렌과 안나와 그들의 자녀 키아란, 알렉스, 이브, 헤이든, 파트너 리암과 브레트는 말할 것도 없고, 내 아들 제임스와 윌 그리고 윌의 파트너인 머레이드, 내 두 형제 존과 데이브와 그 가족들. 내 맘대로 오고 가는 것을 참는 다른 모든 사람. 내가 얼마나 그들을 사랑하는지…. 감사하다.

천문학계의 프로와 아마추어 모든 친구들과 동료들의 격려를 인정하는 것은 언제나 즐거운 일이다. 특히 오스트레일리아 산업혁신과학부의 동료와 전 오스트레일리아천문대는 오랫동안 기쁘게 해준 일에서 나를 아낌없이 지원했다.

또한, 나는 우주 과학, 우주 비행, 지구 및 생명 과학, 과학 역사, 수학, 기술 등에 대해 매일 새로운 것을 배우게 해주는 다른 많은 전문가의 공헌을 인정한다. 또한, 항상 신선한 과학계를 넘어 많은 친구, 특히 음악가, 여행가와 기차 애호가들에게도 감사드린다. 여러분은 여러분이 누구인지 안다.

그런 다음 방송인이 있다. 주로 오스트레일리아 국영 방송에서 20년 이상 영감을 주는 전문가 그룹과 함께 일하게 되어 영광이었다. 1997년에 나를 '발견'했다고 농담한 필립 클락, 크리스 배스, 스티브 마틴, 주간 Space Nuts 팟캐스트의 공동 공모자이자 전 ABC 진행자인 앤드류 던클리를 특별히 언급해야 한다. 물론, ABC 라디오 시드니에서 '자기계발' 부문을 맡은 멋지고 당당한 리처드 글로버는 이 책에 자극을 주었다.

얘기가 나와서 말인데, 뉴사우스출판사 팀에게 감사하는 마음을 전하게 되어 기쁘다. 캐시 바일, 엘스페스 멘지스, 폴 오베인, 조세핀 파저-마커스, 주마나 아와드, 해리엇 매키너니, 그리고 뒤에서 일하는 직원들 등. 세계 최고의 교정자인 조슬린 헝거포드와 색인 작성자인 제니 브라운은 말할 것도 없다. 또한 마니의 다크스카이트레블러 사의 캐시 액스포드에게도 감사드린다.

마지막으로, 50년이 넘는 휴식 시간을 보낸 후 다시 펜과 연필을 집어 들도록 격려해준 몇몇 사람들, 특히 친절하게 새로운 것을 제공한 예술가 디안 프랫에게 특별한 감사의 말을 전한다. 이 책의 스케치 기술을 재발견하는 것은 뜻밖의 즐거움이었다. 〈끝〉

# 용어

우주 연대기

## 21장